河南省杰出外籍科学家工作室项目（GZG2020012）资助
中原工学院优势学科实力提升计划（GG202415）资助

AI 视觉理论研究及应用

周同驰　赵启凤　骆　铮　著

中国纺织出版社有限公司

内 容 提 要

全书共 12 章内容，包括神经网络及深度学习、图像语义分割和人体动作识别理论的研究及实验分析，具体介绍了神经网络、深度学习理论基础和部分代码。在此基础上，以视觉数据为对象，采用传统方法和深度学习方法研究语义分割和动作识别，并给出实验结果和分析，将其推广于实际应用领域。

本书内容翔实、针对性强，将理论研究与实践应用紧密结合。不仅适合高等院校计算机、人工智能等专业的师生使用，也适合相关工程领域的技术人员学习参考。

图书在版编目（CIP）数据

AI 视觉理论研究及应用／周同驰，赵启凤，骆铮著.
北京：中国纺织出版社有限公司，2024.7. -- ISBN
978-7-5229-2014-6

Ⅰ. TP391.413

中国国家版本馆 CIP 数据核字第 2024EF3577 号

责任编辑：施 琦 亢莹莹 责任校对：寇晨晨
责任印制：王艳丽

中国纺织出版社有限公司出版发行
地址：北京市朝阳区百子湾东里 A407 号楼 邮政编码：100124
销售电话：010—67004422 传真：010—87155801
http://www.c-textilep.com
中国纺织出版社天猫旗舰店
官方微博 http://weibo.com/2119887771
三河市宏盛印务有限公司印刷 各地新华书店经销
2024 年 7 月第 1 版第 1 次印刷
开本：787×1092 1/16 印张：17.75
字数：450 千字 定价：78.00 元

凡购本书，如有缺页、倒页、脱页，由本社图书营销中心调换

前　言

　　党的二十大报告指出："教育、科技、人才是全面建设社会主义现代化国家的基础性、战略性支撑。"在科技变革与竞争、国家发展战略需求的背景下，人工智能必将为社会、经济的发展带来翻天覆地的变化。近年来，人工智能潜移默化的应用触手可及，不经意间已然渗透社会生活的诸多领域。曾经出现于科幻电影和小说中的诸多场景开始在人们的日常生活中逐渐实现。人工智能在学校、医院以及其他很多机构的应用开始加速增长。国内外许多高校如斯坦福大学、莱斯大学、雷恩第一大学、清华大学、浙江大学、电子科技大学、上海交通大学、西安交通大学、南京大学、东南大学、中原工学院等均开设了与人工智能技术相关的院系或专业。以国外的微软（Microsoft）、谷歌（Google）、国际商业机器（IBM）和国内的百度、腾讯、阿里巴巴、华为、比亚迪、商汤科技以及大华等为代表的高科技企业也纷纷布局，投资人工智能相关领域的研究与应用。

　　人工智能诞生于 1956 年，在达特茅斯会议首次被正式提出，之后迅速影响并改变了人们与技术的交互模式。基于计算机视觉、语音识别、自然语言处理等方面的研究与创新，正是这些变革的内在驱动力。美国未来学家、奇点大学创始人雷·库兹韦尔（Ray Kurzweil）根据其提出的加速回报定律（The Law of Accelerating Returns）预测，人工智能在 2029 年左右将具有人类智能的水平，未来的人机关系将会更微妙，应通过对人工智能相关法律、伦理和社会问题的深入探讨，为智能化社会划出法律和伦理道德的边界，让人工智能更好地服务人类社会。

　　与很多新技术在应用初期遇到的情形类似，人工智能在给人类社会带来巨大科技进步的同时，也可能会在某个发展阶段给社会部分群体带来一定的恐慌，最直接的恐慌即安全与生存的问题。这种恐慌更多源于难以克服的对人类可能被边缘化的就业或工作场景的恐惧，以及可能存在的由人类隐私数据的泄露或社交关系的改变而带来的潜在风险。事实上，人工智能与机器人已经在很多领域开始逐步取代人类进行工作，我们现在正处于如何部署基于人工智能技术的紧要关头。对于个人而言，生活质量和基于个人贡献所获得的价值有可能会逐步发生变化，而且这些变化将会越来越明显。因此，在技术因素以外，人工智能领域的专家在接下来的很长一段时间将会集中部分精力研究技术进步带来的好处与风险之间的权衡机制，从而构建一个良好的社会监管框架和机制，让技术更好地服务于人类，同时防控潜在的社会危机。

　　人工智能（Artificial Intelligence，AI）技术主要以视、听等信号为研究对象。

当前，AI 视觉理论研究和应用成为众多研究的热点之一，其中目标检测、语义分割和识别技术在各个领域得到了广泛应用和快速发展。基于 AI 视觉的分割和识别技术通过模拟人类视觉系统，使计算机能够理解和识别图像和视频中的内容。本书主要以视觉数据为研究对象，从神经网络和深度学习如卷积神经网络及其变异网络 ［如残差神经网络（ResNet、VGG、NiN）、循环神经网络（RNN）等，图卷积神经网络（GCN、Transformer）］、图像分割、人体动作等方向介绍。神经网络和深度学习作为本书的理论基础，其不仅可以作为视觉领域研究的基础知识，也可以将其应用于其他领域，如听觉、阵列信号处理、通信信号等。在此基础上，本书分别从传统方法、深度学习方法角度研究并分析分割和识别技术。同时，对于基础网络和核心技术部分，给出了部分基于 Python 语言和 PyTorch 深度学习框架下的代码。

本书内容丰富，专业技术性较强，图文并茂，层次清晰，通俗易懂。每章衔接紧密，知识技能和学习重点明确。本书的编写人员均为中原工学院的教师（周同驰博士、赵启凤博士、骆铮老师）。其中，硕士研究生导师周同驰撰写第 1、第 5、第 7、第 10、第 11 章；赵启凤撰写第 3、第 4、第 6、第 8 章；骆铮撰写第 2、第 9、第 12 章；同时，非常感谢廖源、陈立翔、李征、张毫、陶爱民、王添一、李金明、赵庆林等研究生的审稿和编辑工作。

本书得到河南省杰出外籍科学家工作室项目（GZG2020012）、河南省高等学校重点科研项目计划（24B120009）、中原工学院优势学科实力提升计划（GG202415）的资助，为此特致以衷心的感谢。

由于编者的水平和能力有限，本书难免有疏漏之处，恳请各位同仁和广大读者给予批评、指正，也希望读者能将实践过程中的经验和心得与笔者交流。

著者

2023 年 12 月

目　　录

第 1 章　绪论 ……………………………………………………………………… 001

  1.1　机器视觉发展背景 ……………………………………………………… 001

  1.2　机器视觉应用 …………………………………………………………… 002

  1.3　本章小结 ………………………………………………………………… 003

  参考文献 ……………………………………………………………………… 003

第 2 章　Python 基础知识 ……………………………………………………… 005

  2.1　Python 简介 …………………………………………………………… 005

    2.1.1　Python 概述 ……………………………………………………… 005

    2.1.2　Python 发展历史 ………………………………………………… 005

    2.1.3　Python 特点 ……………………………………………………… 005

  2.2　Python 环境搭建 ……………………………………………………… 006

  2.3　Python 基础 …………………………………………………………… 006

    2.3.1　Python 基础语法 ………………………………………………… 006

    2.3.2　Python 变量类型 ………………………………………………… 007

    2.3.3　字典和集合 ……………………………………………………… 007

    2.3.4　分支和循环 ……………………………………………………… 009

    2.3.5　函数 ……………………………………………………………… 011

    2.3.6　类 ………………………………………………………………… 014

  2.4　深度学习框架 …………………………………………………………… 016

    2.4.1　PyTorch 简介 …………………………………………………… 016

    2.4.2　PyTorch 安装教程 ……………………………………………… 017

    2.4.3　张量与数组 ……………………………………………………… 018

    2.4.4　常用包 …………………………………………………………… 018

  2.5　本章小结 ………………………………………………………………… 018

  参考文献 ……………………………………………………………………… 019

第 3 章　神经网络基础知识 …………………………………………………… 020

  3.1　神经网络概述 …………………………………………………………… 020

    3.1.1　神经网络模型 …………………………………………………… 020

    3.1.2　神经网络的特点 ………………………………………………… 022

    3.1.3　神经网络的应用 ………………………………………………… 022

3.2　激活函数 ⋯⋯⋯⋯⋯⋯⋯⋯⋯⋯⋯⋯⋯⋯⋯⋯⋯⋯⋯⋯⋯⋯⋯ 023
3.3　损失函数 ⋯⋯⋯⋯⋯⋯⋯⋯⋯⋯⋯⋯⋯⋯⋯⋯⋯⋯⋯⋯⋯⋯⋯ 025
　　3.3.1　损失函数的作用 ⋯⋯⋯⋯⋯⋯⋯⋯⋯⋯⋯⋯⋯⋯⋯⋯⋯⋯ 025
　　3.3.2　损失函数的使用场景 ⋯⋯⋯⋯⋯⋯⋯⋯⋯⋯⋯⋯⋯⋯⋯⋯ 026
　　3.3.3　损失函数的特点 ⋯⋯⋯⋯⋯⋯⋯⋯⋯⋯⋯⋯⋯⋯⋯⋯⋯⋯ 026
　　3.3.4　常见的损失函数 ⋯⋯⋯⋯⋯⋯⋯⋯⋯⋯⋯⋯⋯⋯⋯⋯⋯⋯ 027
　　3.3.5　损失函数的代码示例 ⋯⋯⋯⋯⋯⋯⋯⋯⋯⋯⋯⋯⋯⋯⋯⋯ 027
3.4　梯度下降算法 ⋯⋯⋯⋯⋯⋯⋯⋯⋯⋯⋯⋯⋯⋯⋯⋯⋯⋯⋯⋯⋯ 028
3.5　本章小结 ⋯⋯⋯⋯⋯⋯⋯⋯⋯⋯⋯⋯⋯⋯⋯⋯⋯⋯⋯⋯⋯⋯ 031
参考文献 ⋯⋯⋯⋯⋯⋯⋯⋯⋯⋯⋯⋯⋯⋯⋯⋯⋯⋯⋯⋯⋯⋯⋯⋯ 032

第4章　卷积神经网络 ⋯⋯⋯⋯⋯⋯⋯⋯⋯⋯⋯⋯⋯⋯⋯⋯⋯⋯⋯⋯ 034
4.1　概述 ⋯⋯⋯⋯⋯⋯⋯⋯⋯⋯⋯⋯⋯⋯⋯⋯⋯⋯⋯⋯⋯⋯⋯⋯ 034
4.2　卷积网络模型 ⋯⋯⋯⋯⋯⋯⋯⋯⋯⋯⋯⋯⋯⋯⋯⋯⋯⋯⋯⋯⋯ 034
　　4.2.1　卷积层 ⋯⋯⋯⋯⋯⋯⋯⋯⋯⋯⋯⋯⋯⋯⋯⋯⋯⋯⋯⋯⋯⋯ 034
　　4.2.2　池化层 ⋯⋯⋯⋯⋯⋯⋯⋯⋯⋯⋯⋯⋯⋯⋯⋯⋯⋯⋯⋯⋯⋯ 036
　　4.2.3　全连接层 ⋯⋯⋯⋯⋯⋯⋯⋯⋯⋯⋯⋯⋯⋯⋯⋯⋯⋯⋯⋯⋯ 037
　　4.2.4　反向传输 ⋯⋯⋯⋯⋯⋯⋯⋯⋯⋯⋯⋯⋯⋯⋯⋯⋯⋯⋯⋯⋯ 037
4.3　卷积神经网络变异架构 ⋯⋯⋯⋯⋯⋯⋯⋯⋯⋯⋯⋯⋯⋯⋯⋯⋯ 041
　　4.3.1　ResNet ⋯⋯⋯⋯⋯⋯⋯⋯⋯⋯⋯⋯⋯⋯⋯⋯⋯⋯⋯⋯⋯⋯ 041
　　4.3.2　AlexNet ⋯⋯⋯⋯⋯⋯⋯⋯⋯⋯⋯⋯⋯⋯⋯⋯⋯⋯⋯⋯⋯ 049
　　4.3.3　VGG ⋯⋯⋯⋯⋯⋯⋯⋯⋯⋯⋯⋯⋯⋯⋯⋯⋯⋯⋯⋯⋯⋯⋯ 054
　　4.3.4　NiN ⋯⋯⋯⋯⋯⋯⋯⋯⋯⋯⋯⋯⋯⋯⋯⋯⋯⋯⋯⋯⋯⋯⋯ 057
4.4　本章小结 ⋯⋯⋯⋯⋯⋯⋯⋯⋯⋯⋯⋯⋯⋯⋯⋯⋯⋯⋯⋯⋯⋯ 060
参考文献 ⋯⋯⋯⋯⋯⋯⋯⋯⋯⋯⋯⋯⋯⋯⋯⋯⋯⋯⋯⋯⋯⋯⋯⋯ 060

第5章　循环神经网络 ⋯⋯⋯⋯⋯⋯⋯⋯⋯⋯⋯⋯⋯⋯⋯⋯⋯⋯⋯⋯ 062
5.1　概述 ⋯⋯⋯⋯⋯⋯⋯⋯⋯⋯⋯⋯⋯⋯⋯⋯⋯⋯⋯⋯⋯⋯⋯⋯ 062
5.2　循环神经网络模型 ⋯⋯⋯⋯⋯⋯⋯⋯⋯⋯⋯⋯⋯⋯⋯⋯⋯⋯⋯ 063
　　5.2.1　门控循环网络 ⋯⋯⋯⋯⋯⋯⋯⋯⋯⋯⋯⋯⋯⋯⋯⋯⋯⋯⋯ 064
　　5.2.2　门控循环单元 ⋯⋯⋯⋯⋯⋯⋯⋯⋯⋯⋯⋯⋯⋯⋯⋯⋯⋯⋯ 067
　　5.2.3　深层循环神经网络 ⋯⋯⋯⋯⋯⋯⋯⋯⋯⋯⋯⋯⋯⋯⋯⋯⋯ 069
　　5.2.4　双向循环神经网络 ⋯⋯⋯⋯⋯⋯⋯⋯⋯⋯⋯⋯⋯⋯⋯⋯⋯ 070
5.3　本章小结 ⋯⋯⋯⋯⋯⋯⋯⋯⋯⋯⋯⋯⋯⋯⋯⋯⋯⋯⋯⋯⋯⋯ 073
参考文献 ⋯⋯⋯⋯⋯⋯⋯⋯⋯⋯⋯⋯⋯⋯⋯⋯⋯⋯⋯⋯⋯⋯⋯⋯ 073

第6章　图卷积网络 ⋯⋯⋯⋯⋯⋯⋯⋯⋯⋯⋯⋯⋯⋯⋯⋯⋯⋯⋯⋯⋯ 075
6.1　概述 ⋯⋯⋯⋯⋯⋯⋯⋯⋯⋯⋯⋯⋯⋯⋯⋯⋯⋯⋯⋯⋯⋯⋯⋯ 075
6.2　网络架构 ⋯⋯⋯⋯⋯⋯⋯⋯⋯⋯⋯⋯⋯⋯⋯⋯⋯⋯⋯⋯⋯⋯ 076

6.3　图卷积网络的发展 ……………………………………………………… 077

　　6.3.1　基于谱域的图神经网络 …………………………………………… 077

　　6.3.2　切比雪夫网络 ……………………………………………………… 077

　　6.3.3　图卷积网络 ………………………………………………………… 077

　　6.3.4　基于空域的图神经网络 …………………………………………… 078

6.4　本章小结 ………………………………………………………………… 084

参考文献 ……………………………………………………………………… 084

第 7 章　Transformer 网络 …………………………………………………… 086

7.1　概述 ……………………………………………………………………… 086

　　7.1.1　Transformer ……………………………………………………… 086

　　7.1.2　ViT（Vision Transformer）………………………………………… 086

7.2　网络结构 ………………………………………………………………… 087

　　7.2.1　Transformer 网络结构 …………………………………………… 087

　　7.2.2　ViT 网络结构 ……………………………………………………… 089

7.3　Transformer 网络的发展 ……………………………………………… 094

　　7.3.1　Transformer 技术发展背景 ……………………………………… 094

　　7.3.2　计算机视觉领域的 Transformer ………………………………… 094

7.4　本章小结 ………………………………………………………………… 098

参考文献 ……………………………………………………………………… 099

第 8 章　图像语义分割 ……………………………………………………… 103

8.1　背景以及研究现状 ……………………………………………………… 103

　　8.1.1　研究背景 …………………………………………………………… 103

　　8.1.2　研究现状 …………………………………………………………… 103

8.2　图像分割数据集及分割的评价指标 …………………………………… 105

　　8.2.1　图像分割数据集 …………………………………………………… 105

　　8.2.2　图像分割的评价指标 ……………………………………………… 106

8.3　基于智能优化算法的 FCM 分割 MRI ………………………………… 106

　　8.3.1　FCM 相关算法 …………………………………………………… 106

　　8.3.2　改进的 FCM ……………………………………………………… 107

　　8.3.3　基于 PSO 的 FCM 分割 MRI …………………………………… 109

　　8.3.4　基于花粉算法的 FCM 分割 MRI ………………………………… 119

8.4　基于滤波技术改进 FCM 分割 MRI …………………………………… 123

　　8.4.1　滤波技术 …………………………………………………………… 123

　　8.4.2　FLICM 相关算法 ………………………………………………… 124

　　8.4.3　滤波技术与改进的 FCM 结合 …………………………………… 124

　　8.4.4　实验结果分析 ……………………………………………………… 126

8.5　ResNet 和 Transformer 在遥感图像语义分割的研究及应用 ………… 129

8.5.1 方法 …………………………………………………………………… 130

8.5.2 实验 …………………………………………………………………… 139

8.6 本章小结 …………………………………………………………………… 146

参考文献 …………………………………………………………………………… 147

第 9 章 基于局部特征的视频人体行为识别 …………………………………… 151

9.1 视频人体行为识别研究的背景和意义 …………………………………… 151

9.1.1 智能视频监控 …………………………………………………………… 151

9.1.2 基于内容的视频检索 …………………………………………………… 151

9.1.3 人机交互 ………………………………………………………………… 152

9.1.4 运动分析 ………………………………………………………………… 152

9.2 常用的视频人体行为数据集 ……………………………………………… 152

9.2.1 KTH 行为数据库 ……………………………………………………… 153

9.2.2 UCF 行为数据库 ……………………………………………………… 153

9.2.3 Hollyhood 行为数据库 ……………………………………………… 154

9.2.4 Weizmann 数据集 …………………………………………………… 154

9.2.5 KARD 数据集 ………………………………………………………… 155

9.2.6 Drone—Action 数据集 ……………………………………………… 156

9.3 基于有效提取和描述局部特征的行为识别 ……………………………… 157

9.3.1 引言 ……………………………………………………………………… 157

9.3.2 方法框架 ………………………………………………………………… 158

9.3.3 提取相对运动点的轨迹 ………………………………………………… 158

9.3.4 轨迹形状特征和多核组合表示 ………………………………………… 160

9.3.5 实验结果及分析 ………………………………………………………… 162

9.4 分层树结构的稀疏编码视频行为识别应用 ……………………………… 167

9.4.1 引言 ……………………………………………………………………… 167

9.4.2 相关文献与存在的问题 ………………………………………………… 167

9.4.3 学习结构字典及描述局部特征 ………………………………………… 169

9.4.4 实验结果及分析 ………………………………………………………… 173

9.5 本章小结 …………………………………………………………………… 176

参考文献 …………………………………………………………………………… 177

第 10 章 基于局部特征之间的关系的视频人体行为识别 ……………………… 180

10.1 分层语义特征的行为模型 ……………………………………………… 180

10.1.1 引言 …………………………………………………………………… 180

10.1.2 已有的研究成果 ……………………………………………………… 181

10.1.3 分层特征提取方法 …………………………………………………… 182

10.1.4 行为表示和分类 ……………………………………………………… 186

10.1.5 实验结果及分析 ……………………………………………………… 186

10.2　人体部位特征的树结构行为模型 ……………………………………………… 190
　　10.2.1　引言 ………………………………………………………………………… 190
　　10.2.2　已有的相关工作 …………………………………………………………… 191
　　10.2.3　学习特征树 ………………………………………………………………… 192
　　10.2.4　行为表示和特征融合 ……………………………………………………… 195
　　10.2.5　实验结果及分析 …………………………………………………………… 197
10.3　学习概念特征对判别共生统计的行为模型 …………………………………… 204
　　10.3.1　引言 ………………………………………………………………………… 204
　　10.3.2　已有的相关工作 …………………………………………………………… 205
　　10.3.3　概念特征的判别共生统计 ………………………………………………… 206
　　10.3.4　行为表示和特征融合 ……………………………………………………… 210
　　10.3.5　实验结果及分析 …………………………………………………………… 211
10.4　本章小结 ………………………………………………………………………… 216
参考文献 ………………………………………………………………………………… 217

第 11 章　基于深度学习的视频人体行为识别 ………………………………………… 221
11.1　基于深度学习的视频人体行为识别的研究现状 ……………………………… 221
11.2　基于多尺度特征交互加权融合的人体行为识别研究 ………………………… 223
　　11.2.1　整体网络模型框架 ………………………………………………………… 224
　　11.2.2　网络结构 …………………………………………………………………… 224
　　11.2.3　实验环境与参数设置 ……………………………………………………… 230
　　11.2.4　实验结果与分析 …………………………………………………………… 231
11.3　基于改进密度聚类和上下文引导双向 LSTM 模型的行为识别 ……………… 233
　　11.3.1　整体网络模型框架 ………………………………………………………… 234
　　11.3.2　实验设置与分析 …………………………………………………………… 240
11.4　本章小结 ………………………………………………………………………… 244
参考文献 ………………………………………………………………………………… 244

第 12 章　基于骨骼信息的行为识别 …………………………………………………… 249
12.1　基于骨骼信息的行为识别的研究现状 ………………………………………… 249
12.2　基于骨架特征 Hough 变换的行为识别 ………………………………………… 250
　　12.2.1　引言 ………………………………………………………………………… 250
　　12.2.2　整体网络模型框架 ………………………………………………………… 250
　　12.2.3　二维姿态估计 ……………………………………………………………… 251
　　12.2.4　特征描述 …………………………………………………………………… 252
　　12.2.5　特征编码 …………………………………………………………………… 255
　　12.2.6　实验分析 …………………………………………………………………… 256
12.3　基于关节引导的全局自适应图卷积网络的骨架行为识别 …………………… 260
　　12.3.1　引言 ………………………………………………………………………… 260

12.3.2 整体网络模型框架 ·· 261

12.3.3 网络模块 ·· 262

12.3.4 实验设置与结果分析 ·· 266

12.4 本章小结 ··· 270

参考文献 ··· 271

第1章 绪论

1.1 机器视觉发展背景

机器视觉是智能系统的子领域，也是人工智能的一个重要分支和实现方式。其起源于 20 世纪 60 年代，当时美国麻省理工学院的弗兰克·罗森布拉特（Frank Rosenblatt）和劳伦斯·G. 罗伯茨（Lawrence G. Roberts）等的理论构想，和为之开始的对于数字图像处理技术的研究，被认为是机器视觉研究的开端。20 世纪 70 年代，机器视觉技术开始应用于工业领域，主要用于产品质量检测，如电子元件的检测和分类等。20 世纪 80 年代，电荷耦合器件（Charge-coupled Device，CCD）图像传感器的发明提供了高质量的视觉输入方式，计算机处理能力的增强也奠定了技术基础，机器视觉应用开始蓬勃发展。1982 年，霍夫（Hough）变换和形态学理论的出现为机器视觉的发展奠定了基础，机器视觉在 20 世纪 80 年代开始得到更多的关注和研究。机器视觉技术进一步发展，应用领域逐渐扩大，如医学图像处理、机器人视觉等。20 世纪 90 年代，随着计算机处理能力的提高和计算机视觉算法的不断优化，机器视觉技术得到了广泛应用，如应用在安防监控、智能交通[1]、无人驾驶等领域。21 世纪以来，随着深度学习、神经网络等技术的发展和普及，机器视觉技术进一步得到提升和应用，应用在如人脸识别、自然语言处理、虚拟现实等领域[2-6]。同时，机器视觉技术也面临着机遇和挑战，如算法精度和速度的提高带来的机遇、数据隐私和安全保障等问题面临的挑战。

机器视觉是涉及图像处理[4]、机械工程[6,7]、光学、传感[8-10] 以及计算机等技术的综合技术，其底层逻辑在于为机器植入"人眼与大脑"，使机器代替人工对被检测物品做测量与判断。主要为通过工业相机与工业镜头的机器视觉产品捕捉被检测物品的图像，并将其信息转换为图像信号，随后将传送至图像处理系统的亮度、颜色以及尺寸等信息转化为数字信号，机器视觉系统最后将此类信号进行计算以抽取目标特征，并利用其运算结果控制现场设备。其处理技术包含图像采集和预处理（通过摄像机、传感器等采集设备获取图像和视频数据，并进行去噪、增强、校正等一系列预处理）、特征提取和分析（利用视觉算法从数字图像和视频数据中提取出目标物体的特征，并进行分析）、目标检测和识别（通过机器学习、深度学习等技术，对目标物体进行检测和识别）、三维重建和场景分析（通过多视角图像融合、激光扫描等技术，实现对物体的三维重建和分析）。

机器视觉系统[8,9] 包含的内容较多，其中有图像采集单元（镜头、摄像头等）、图像处理单元（计算机、处理软件等）和执行单元（执行器、电控模块等），作为模拟人眼的一门技术，摄像头成为其中的最重要部件，能严重影响采集来的图像的分辨率、对比度等属性。图像质量的好坏主要取决于后期对图像的处理，对知识的理解程度以及决策执行是否到位。如果要获取某一物体的像素、轮廓、颜色以及亮度等信息，必须让机器视觉系统的摄像头进行拍摄，然后对相关信息进行提取和处理。机器视觉系统的能力高低由图像处理算法技艺是否高超来决定。现阶段，要实现目标物的轮廓提取，其中一个有效的方法是将图像分成很多部分。要突出图像的某些细节，就要调整对比度。要辨别图像中的目标物，就要明确图中的背景信息和前景信息。

随着智能制造技术不断发展，中国机器视觉产业也将迎来新的爆发式增长，相关技术与产业链的完善性正在不断强化，部分地区已开始重点布局机器视觉全产业链。

1.2　机器视觉应用

机器视觉技术在工业生产、安防监控、智能交通、医疗诊断、农业生产、机器人导航、航空航天等各个领域都有广泛的应用[7-10]。

工业生产作业中会出现种种限制，有很多需要采集图片的地方不适合人为作业，或者人的肉眼难以进行观察。这时就需要运用机器视觉技术中的摄像功能。在工业领域中，为了能够充分有效地对产品的质量进行检测，已经把机器视觉技术引入其中。比如，在制作电路板时，利用其来确定一些微小部件的精准位置；制作机械产品时，用其对产品中一些细微的瑕疵进行捕捉，可以提高产品的合格率；在进行食品加工和合格检查时，为了加快检验速度，可以采用机器视觉技术对包装质量进行检测，同时对食品进行合理的分类；在纸张的制作过程中，人眼很难观察到纸的表面厚度是否均匀，对于人工很难完成的一项任务，机器视觉可以完成。综上所述，机器视觉技术在工业领域的运用在一定程度上可以大量节约工厂耗费的人力、物力和财力；在医疗领域能够摒除在诊断过程中人的主观意念的影响。

机器视觉也可以应用于医疗图像的标注、分析等方面。机器视觉技术是客观存在的，不会产生因私人情感而导致病情误诊的情况，因此是分析图像、判断病情较适用的工具，应该在医疗领域加强使用，避免更多主观因素造成的病情诊断不准确。当患者的病情过于复杂时，我们需要对核磁共振图像、电子计算机断层扫描（CT）图像和 X 射线图像都进行相关分析才能判断患者的病情，此时就要运用机器视觉技术中的数字图像处理技术和信息融合技术进行图像整合，进而对患者的病情有正确的诊断；在医学研究领域，有时需要对人体内的细胞数进行计算和染色体分类，都可以应用机器视觉技术。这样既可降低人为工作发生错误的概率，又可减少在这方面耗费的人力。除此之外，关于医疗领域中的机械生产方面，也需要广泛应用机器视觉技术，比如对一次性注射器针尖毛刺的检测。

目前，汽车的使用随着人们生活需求的增加而变得日益广泛，汽车带来方便的同时也带来了如安全事故等众多问题，对人们的生命和财产构成了极大的威胁。为了更好地保证人们的安全，减少交通事故的出现，不少科研机构都投身于研究和开发汽车安全防护系统。在汽车辅助驾驶系统中，对机器视觉技术的应用体现得淋漓尽致，比如车道线检测技术、交通标志识别技术、车辆识别技术、行人检测技术，以及对驾驶员驾驶过程中的状态检测都与机器视觉技术息息相关。在驾驶过程中，驾驶员通常通过视觉观察获取道路信息，所以如果能将机器视觉技术应用于车辆，实现人工智能化，对于人类来说将是巨大的飞跃。智能化的视觉技术比人的眼睛所能包含的信息量更大，对于检测物体周围的环境不会造成损坏，安装装备也比较便捷。最重要的是功能更强大，在进行信息获取和数据分析的时候，不需要对实地进行考察，仅仅需要一张图像即可进行，绝对保证车辆之间不会因为安装了机器视觉系统而出现干扰和发生安全事故，是一项可以实现车辆智能化的热门技术。

1.3 本章小结

机器视觉作为人工智能领域的一个重要分支，旨在通过模拟人类视觉系统来赋予计算机感知和理解世界的能力。随着科技的不断发展，机器视觉已经广泛应用于工业自动化、智能交通、医疗诊断、安全监控等众多领域。

机器学习是一门多领域交叉的学科，涉及概率论、统计学、逼近论凸分析、算法复杂度理论等多门学科。对一个预测任务，输入特征向量为 x，输出标签为 y，我们选择一个函数 $f(x, \theta)$，通过学习算法 A 和一组训练样本 D，找到一组最优的参数 θ^*，得到最终的模型 $f(x, \theta^*)$。从而实现对新输入的 x 进行预测。21 世纪以来，随着深度学习技术的突破，机器视觉迎来了快速发展的黄金时期。尤其是近年来，随着大数据的普及和计算能力的提升，机器视觉在许多领域都取得了显著的成果。

相信未来机器视觉技术将继续在更多领域得到更广泛的应用，并带来更多的创新。随着工业 4.0 的推进，机器视觉通过与其他技术的结合，如机器人技术、物联网技术等，可以实现更高效、更智能的生产线自动化。作为实现安全驾驶的关键技术之一，随着自动驾驶技术的不断成熟，机器视觉在未来也会更好地支持自动驾驶系统的决策和控制。随着医疗技术的进步，机器视觉将通过更精准的图像识别和分析，帮助医生更好地诊断和治疗疾病。在未来安防需求增加的趋势下，机器视觉将应用于安全监控，通过构建更智能的视频分析和预警系统，能更好地预防和应对安全事件。机器视觉在家居控制和监测中也会发挥更大的作用，通过更智能的家居系统和更好的用户体验，可以创造更舒适、更便捷的家居生活环境。

参考文献

[1] 郑凯，谢国坤，王娟娟 . 一种基于机器视觉技术的城市轨道交通客流量检测方法 [J]. 河北工业科技，2021，38（1）：45-49.

[2] 陈建平，侯楠，申振腾 . 风力机叶片运行状态机器视觉监测技术研究 [J]. 太阳能学报，2020，41（12）：238-244.

[3] 李万润，张建斐，王雪平，等 . 基于图像处理技术的风电叶片表面划痕特征提取方法研究 [J]. 太阳能学报，2020，41（12）：278-287.

[4] 李旺枝，陆健强，王卫星，等 . 基于卷积神经网络的热红外图像检测模型 [J]. 自动化与信息工程，2020，41（6）：1-5.

[5] 刘坚，董力成，索鑫宇 . 基于平均模板法的锆管坡口异物视觉检测研究 [J]. 湖南大学学报（自然科学版），2020，47（12）：53-60.

[6] 曹思佳，代扬，余洪山，等 . 基于机器视觉的机械表走时精度测量 [J]. 湖南大学学报（自然科学

版），2020，47（12）：86-94.

［7］谢柳辉，冯晓蕾，周晓，等 . 基于机器视觉的金属结构变形测量［J］. 自动化与仪表，2020，35（12）：50-53.

［8］张伟，陈栋，赵进慧 . 金属铣削件视觉检测与机器人分拣系统［J］. 工业控制计算机，2020，33（12）：91-93，96.

［9］马新玲，郭兆阳，乐祺中，等 . 多种识别方式组合的智能分类垃圾桶［J］. 机械与电子，2020，38（12）：33-36，41.

［10］林淑彬，吴贵山，许甲云，等 . 多帧监督的相关滤波无人机目标跟踪［J］. 计算机工程与应用，2021，57（24）：152-160.

第 2 章　Python 基础知识

2.1　Python 简介

从 Python 官方网站下载并安装好 Python 3.5 后，就直接获得了一个官方版本的解释器——CPython。这个解释器是用 C 语言开发的，所以叫 CPython。在命令行下运行 Python 就是启动 CPython 解释器。

Python 的实现有很多方法[1-3]，除了 CPython 外还有 Jython，是用 Java 实现的 Python；还有烧脑的 PyPy，使用 Python 再把 Python 实现了一遍；目前 CPython 是使用最广的 Python 解释器。

2.1.1　Python 概述

Python 是一种语法结构简洁、易读易学、面向对象广、可扩展性和可移植性强的人性化语言[4-6]。其较易上手，且应用范围广，尤其是在科学计算、数据分析、人工智能、Web 开发等方面。例如，NumPy、SciPy 和 Pandas 等库使 Python 成为科学计算和数据处理的热门选择；Django 和 Flask 等框架使 Python 成为 Web 开发的利器；TensorFlow 和 PyTorch 等库使 Python 成为人工智能领域的主流语言。

Python 拥有庞大的社区和生态系统，包括 Python 软件基金会（PSF）、众多开源项目和库、活跃的社区论坛、丰富的文档和教程等。这些资源为 Python 开发者提供了充足的支持和帮助。

2.1.2　Python 发展历史

Python 语言的历史可以追溯到 20 世纪 80 年代末 90 年代初，作为一种高级编程语言，由吉多·范罗苏姆（Guido van Rossum）于 20 世纪 90 年代初设计开发，并于 1991 年首次发布。Python 凭借其简洁、清晰、易读的语法以及强大的生态系统，被广泛应用于科学计算、Web 开发、人工智能等领域，已经成为当今最受欢迎的编程语言之一，其广泛的应用和持续发展的趋势也预示着它在未来的地位将更加稳固和重要。Python 的命名来源于范罗苏姆喜欢的 Monty Python 喜剧团体。

在未来，Python 将继续保持其领先地位，特别是在人工智能、数据科学和 Web 开发等领域。同时，Python 3.x 版本的持续更新和改进也将为开发者提供更好的开发体验和更强大的功能。

2.1.3　Python 特点

Python 是一个高层次的，结合了解释性、编译性、互动性和面向对象的脚本语言，具有许多独特的特点。

①Python 具有比其他语言更有特色的语法结构，因其经常使用英文关键字和其他语言的

一些标点符号，所以其设计具有很强的可读性。

②Python 是交互式语言，也就是说可以在一个 Python 提示符 >>> 后直接执行代码。

③Python 是面向对象语言，这意味着 Python 支持面向对象的风格或代码封装在对象的编程技术。

④类似于 PHP 和 Perl 语言，Python 作为一种解释型语言，其开发过程中没有编译这个环节。

⑤Python 支持广泛的应用程序开发，从简单的文字处理到万维网（WWW）浏览器再到游戏都可以胜任，对初级程序员而言，是一种实用的语言。

这些特点使 Python 成为一种广泛应用于不同领域的编程语言。

2.2　Python 环境搭建

Python 3 可应用于多个平台，包括 Windows、Linux、Unix、Macintosh、OS/2、DOS、PalmOS、Nokia、Acorn/RISC OS、BeOS、Amiga、VMS/OpenVMS、QNX、VxWorks。

在开始学习 Python 之前，需要先搭建 Python 环境。以下是搭建 Python 环境的步骤。

（1）下载 Python 安装程序

从 Python 官网下载 Python 安装程序，根据计算机系统选择对应的版本。

（2）安装 Python

运行下载的安装程序，按照提示进行安装即可。在安装过程中，可以选择将 Python 添加到系统环境变量中，这样就可以在任意位置运行 Python。

（3）验证

在安装完成后，可以在命令行窗口输入 "Python --version" 来验证 Python 是否安装成功。如果输出了 Python 的版本信息，则表示 Python 安装成功。

（4）配置 Python 环境变量

在 Windows 系统中，可以右键点击 "计算机" 图标，选择 "属性"，然后点击 "高级系统设置"，在 "高级" 选项中点击 "环境变量" 按钮，在系统变量中找到 "Path 变量"，点击 "编辑"，将 Python 的路径添加到 Path 变量中即可。

（5）安装第三方库

Python 拥有众多的第三方库，可以满足不同的开发需求。例如，在数据分析领域常用的 Pandas 库、在机器学习领域常用的 Scikit-learn 库等。可以使用 pip 或者 conda 命令来安装第三方库，如要安装 Pandas 库，在命令行窗口输入 "pip install pandas" 即可。

2.3　Python 基础

2.3.1　Python 基础语法

Python 是一门独特的语言，其基础要点如下。

①面向对象：每一个变量都是一个类，有自己的属性与方法。

②语法块：因为缩进用四个空格来标记，所以行首的空格不能随意书写。

③注释：行内用"#"号，行间注释写在两组连续的三单引号之间：''''''。

④续行：行尾输入一个反斜杠加一个空格（"\"），再换行。如果行尾语法明显未完成（比如以逗号结尾），可以直接续行。

⑤打印与输入：函数 print（）与函数 input（），要注意 print（）的 sep 与 end 参数。

⑥变量：无须指定变量类型，也不需要提前声明变量。

⑦删除变量：del（）。

⑧复制变量：直接将变量 a 赋值给 b，有时仅仅复制了一个"引用"。此后 b 与 a 的改动仍会互相影响。必要时使用 a is b 来判断是否同址。

⑨模块：通过 import pandas 的方式加载模块（或者 import pandas as pd），并用形如 pandas. DataFrame（或 pd. DataFrame）的方式调用模块内的方法。也可以使用 from pandas import DataFrame 的方式，这样在下文可以直接使用 DataFrame 作为调用名。

⑩帮助：配合使用 dir（）与 help（）命令；其中前者是输出变量所有的成员。

2.3.2　Python 变量类型

Python 变量有整型、字符串、布尔、浮点、列表、组、字典、集合。

整型（int）：整型是一种整数值的数据类型，可以是正数、负数或零。在 Python 中，整型可以自动适应其值的大小，常用于计数、计算和逻辑运算。例如，整型可计算两个数的和或比较两个值的大小。

字符串（str）：字符串是由零个或多个字符组成的一种数据类型。字符串可以包含字母、数字、符号等字符，并可以使用引号来表示。常用于文本处理、文件读写和用户交互。

布尔（bool）：布尔是一种逻辑数据类型，只有两个值：True 和 False。布尔常用于条件测试和控制结构中。

浮点（float）：浮点是一种具有小数部分的数据类型，可以是正数或负数。浮点常用于表示实数和进行浮点运算。常应用于数值计算、科学计算和金融领域。

列表（list）：列表是一种有序的数据类型，可以包含任意类型的数据项。列表使用方括号括起来，元素之间用逗号分隔。列表用于存储一组有序的数据项。

元组（tuple）：元组与列表类似，也是一种有序的数据类型，但元组的元素不能修改。元组使用圆括号括起来，每个元素之间用逗号分隔。与列表类似，常用于存储一组有序的数据项，也用于返回多个值或作为函数的参数。

字典（dict）：字典是一种无序的数据类型，用于存储键值对，并快速查找和访问键对应的值。字典使用大括号括起来，每个键值对之间用冒号分隔，键和值之间用等号分隔。

集合（set）：集合是一种无序的数据类型，用于存储唯一元素。集合使用大括号括起来，每个元素之间用逗号分隔。集合常用于进行集合运算、去除重复元素和快速成员测试。

2.3.3　字典和集合

字典是无序的且查询速度很快，其作用和列表一样用来存储多个值，但需注意 value 可以不唯一，可以修改，但 key 是唯一的；和字典一样，集合也是无序的，用于存储唯一元素。

集合中的元素不会重复出现，这就是所说的"去重"（Duplication Removal）。这种数据类型常用于进行集合运算和去除重复元素。在 Python 中，集合使用大括号" {} "来表示，类型是 set，元素之间用逗号分隔。

字典的形式是用大括号包裹起来的键值对（也叫 key vlue 形式），其键和值之间用冒号":"分隔，每一项键值对之间用逗号分隔，定义的 key 通常都是字符串类型（表 2-1）。

表 2-1　常用字典的操作命令

操作命令	功能	操作命令	功能
dict. clear（）	删除字典内所有元素	dict. keys（）	返回一个视图对象
dict. fromkeys（）	创建一个新字典，以序列 seq 中元素为字典的键，val 为字典所有键对应的初始值	dict. setdefault（key，default＝None）	和 get（）类似，但如果键不存在于字典中，将会添加键，并将值设为 default
dict. copy（）	返回一个字典的浅复制	dict. update（dict2）	把字典 dict2 的键值对更新到 dict 里
dict. get（key，default＝None）	返回指定键的值，键不在字典中返回设置的默认值	pop（key［，default］）	删除字典 key（键）所对应的值，返回被删除的值
key in dict	键在字典 dict 里返回 true，否则返回 false	dict. values（）	返回一个视图对象
dict. items（）	以列表返回一个视图对象	popitem（）	返回删除字典中的最后一对键和值

在字典中通过键（key）去取值，如下：

class_info_dict1 = {' name' :'刘备' ,' ranking' :' 1' ,' industry' :' manufacturer' }
class_info_dict2 = {' name' :'关羽' ,' ranking ' :' 2' ,' industry' :' sale' }
class_info_dict3 = {' name' :'张飞' ,' ranking ' :' 3' ,' industry' :' butcher' }
print（class_info_dict3［' industry' ］）

在这里输出就是：butcher。

对于字典的操作还有增、删、改、查等。

①字典名 setdefault（self，_key，_default），是往选中字典里面加一个默认值。

②字典名 pop（self，k），是删除传入键的键值对。

③字典名 popitem（self），是删除字典最后一对键值对。

④字典名 . clear（self），是清空字典。

⑤字典名 update（），是直接传入一个键值对进行修改。

⑥字典名 . values（self），是查看所有的值，查看键值还有一个办法，就是 print（info. items（）），其会把这个字典转换为一对一对的元组再输出结果。

⑦字典名 print（len（info）），是查看字典的长度。

同样，对于集合也有增、删、查等操作。

①集合名 add（），是增加单个数据。

②集合名 update（［］），是增加多个数据。

③集合名 . remove（），是删除传入集合中的元素值。

④集合名 . pop（），是随机删除一个元素。

⑤集合名 . update，可以将集合插入另一个集合中。

⑥集合名 union，也可以将集合联合到另一个集合中。

⑦集合的查与字典区别较大，集合中只能用 in 做一个判断查询。

set1 = { ' 蜘蛛侠 ' , ' 钢铁侠 ' , ' 绿巨人 ' , ' 美国队长 ' , ' 喜羊羊 ' }

print （ ' 钢铁侠 ' in set1 ）

print （ ' 铠甲勇士 ' in set1 ）

其结果也只会是：True（正确的），False（错误的）。

2.3.4　分支和循环

Python 中的分支和循环是控制程序流程的重要结构。

Python 中的分支语句包括 if 语句和 elif 语句。if 语句用于判断一个条件是否成立，如果成立则执行相应的代码块，否则执行 else 语句中的代码块。elif 语句相当于其他语言的 else if 语句，用于判断多个条件，如果条件成立则执行相应的代码块。

示例如下：

```
x = 10
if x > 0：
    print("x is positive")
elif x = = 0：
    print("x is zero")
else：
    print("x is negative")
```

输出结果：

x is positive

Python 中的循环语句包括 for 循环和 while 循环。for 循环用于遍历一个序列（列表、元组、字符串等），可以同时迭代多个序列。while 循环用于反复执行一段代码，直到条件不再满足。Python 循环语句的控制结构如图 2-1 所示。

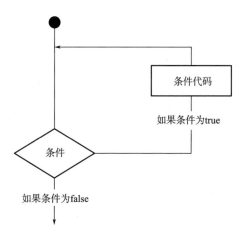

图 2-1　Python 循环语句的控制结构

for 循环和 while 循环示例（图 2-2、图 2-3）如下：

```
# for 循环
for i in range(5)：
    print(i)
# while 循环
i = 0
while i < 5：
    print(i)
    i += 1
```

输出结果：

```
0
1
2
3
4
0
1
2
3
4
```

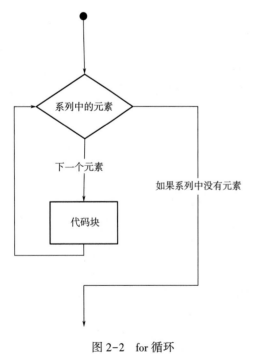

图 2-2　for 循环

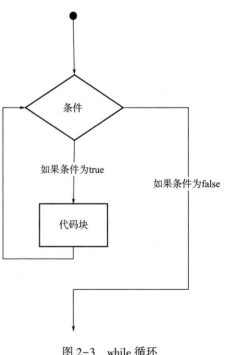

图 2-3　while 循环

如果 while 后面的条件语句为 false 时，则执行 else 的语句块。示例如下：

```
count = 0
while count<5:
    print(count,"小于 5")
    count = count+1
else:
    print(count,"大于或等于 5")
```

条件语句为 true，执行"print(count," 小于 5")　 count ＝ count＋1"，如果为 false，则执行"print(count,"大于或等于 5")"。

脚本输出结果如下：

```
0  小于 5
1  小于 5
2  小于 5
3  小于 5
4  小于 5
5  大于或等于 5
```

2.3.5　函数

如果在开发程序时，多次需要某块代码，但是为了提高编写的效率以及代码的重复调用，所以把具有独立功能的代码块组织为一个小模块，这个模块就叫作函数。

函数是一种组织代码的有效方式，它可以在任何地方进行调用，并且可以接收输入参数，然后返回结果。函数代码块以 def 关键词开头，后接函数标识符名称和圆括号"（）"。所有传入参数和自变量都必须放在圆括号中间，圆括号之间可以用于定义参数。函数的第一行语句可以选择性地使用文档字符串——用于存放函数说明。其内容以冒号"："起始，并且缩进。return［表达式］结束函数，选择性地返回一个值给调用方，不带表达式的 return 相当于返回 None，一个函数中可以有多个 return 语句，但是只要有一个 return 语句被执行，那么这个函数就会结束，因此后面的 return 没有什么用处。具体如下：

```
def printInfo( ):
    print('----------------------------------')
    print('          用 Python')
    print('----------------------------------')
```

定义了函数之后，就相当于有了一个具有某些功能的代码，但函数是不会自动执行的，想要让这些代码能够执行，需要调用。

调用函数很简单，通过函数名（ ）即可完成调用 printInfo（ ）。

输出如下：

```
----------------------------------
      用 Python
----------------------------------
```

在定义函数或方法时，我们列出了函数或方法可能需要的参数，这些参数就是形参，其作用是接收传递给函数或方法的值。在函数或方法被调用时，形参会临时存储传递的值，然后在函数或方法内部使用这些值。形参是在函数或方法定义中列出的变量，它们只在函数或方法内部有效。在调用函数或方法时，我们提供的参数就是实参。实参是实际传递给函数或方法的值。实参可以是常量、变量或表达式，只要在调用时具有确定的值即可。实参必须与形参类型兼容，如果形参是整数类型，那么实参也必须是整数类型。实参在函数或方法调用时传递给形参，并在函数或方法内部使用这些值。

在形参中默认有值的参数，称为"缺省参数"，调用函数时，缺省参数的值如果没有传入，则取默认值。具体如下：

```
def printinfo( name, age = 35 ) :
    # 打印任何传入的字符串
    print( "name:%s" % name )
    print( "age %d" % age )
# 调用 printinfo 函数
printinfo( name = "L" )    # 在函数执行过程中 age 取默认值 35
printinfo( age = 25 , name = "L" )
输出 :
name:L
age:35
name:L
age:25
```

有时可能需要一个函数来处理比当初声明时更多的参数，这些参数叫作"不定长参数"，声明时不会命名。加了星号（*）的变量 args 会存放所有未命名的变量参数，args 为元组。加 ** 的变量 kwargs 会存放命名参数，即形如 key = value 的参数，kwargs 为字典。如果很多值都是不定长参数，那么可以将缺省参数放到 *args 的后面，但如果有 **kwargs，**kwargs 必须是最后的。

示例如下：

```
def fun( a, b, * args, * * kwargs ) :
    print( "a =%d" % a )
    print( "b =%d" % b )
    print( "args:" )
    print( args )
    print( "kwargs:" )
    for key, value in kwargs. items( ) :
        print( "key=%s" % value )
fun( 1, 2, 3, 4, 5, m = 6, n = 7, p = 8 )    # 注意传递的参数对应
输出 :
a = 1
```

```
b = 2
args:
(3,4,5)
kwargs:
key = 6
key = 7
key = 8
```

在实际应用中，我们在复杂模型中避免不了某个函数的定义中包含对另一个函数的调用。这种方式可以增加代码的可读性和可维护性，同时也可以实现更复杂的逻辑。我们可以根据需要嵌套任意数量的函数，但是过多嵌套可能会导致代码难以阅读和维护。因此，在使用函数嵌套时要注意适度。

示例如下：

```python
# 求 3 个数的和
def sum3Number(a,b,c):
    return a+b+c # return 的后面可以是数值,也可是一个表达式
# 完成对 3 个数求平均值
def average3Number(a,b,c):
    # 因为 sum3Number 函数已经完成了 3 个数的求和,所以只需调用即可
    # 即把接收到的 3 个数当作实参传递即可
    sumResult = sum3Number(a,b,c)
    aveResult = sumResult/3.0
    return aveResult
# 调用函数,完成对 3 个数求平均值
result = average3Number(11,2,55)
print("average is %d"%result)
```

输出：average is 22

在函数内部定义的变量被称为局部变量，其作用是保存临时数据，需要在函数中定义变量来进行存储；其作用范围只有这个函数内部，即只能在这个函数中使用，在函数的外部是不能使用的。既能在一个函数中使用，也能在其他的函数中使用的变量被称为"全局变量"。但当函数中出现"global 全局变量的名字"，这个函数中即使出现和全局变量名相同的"变量名=数据"也应理解为对全局变量进行修改，而不是定义局部变量。

示例如下：

```python
# 定义全局变量
a = 100
def test1():
    global a
    print('-–––test1––修改前-- a=%d'%a)
    a = 200
```

```
        print（' ----test1----修改后--a=%d ' %a)
def test2（）：
        print（' ----test3----a=%%d ' %a)
#调用函数
test1（）
test2（）
输出：
----test1----修改--a=300
----test1----修改后--a=200
----test3-----a=100
```

2.3.6 类

类是一种创建对象的蓝图，它定义了一个对象的结构，包括它的属性（变量）和方法（函数）。类在 Python 中定义使用 class 关键字。在 Python 中，类表示具有相同属性和方法的对象的集合。在使用类时，需要先定义类，然后创建类的实例，通过类的实例就可以访问类中的属性和方法。

类的定义使用 class 关键字来实现，语法如下：

```
class ClassName：
""类的帮助信息""          # 类文本字符串
statement                # 类体
```

ClassName：用于指定类名，一般使用大写字母开头，如果类名中包括多个词，第二个单词的首字母也要大写，这种命名方法也称"驼峰式命名法"，这是惯例。当然，也可以根据自己的习惯命名，但是一般推荐按照惯例来命名。

类的帮助信息用于指定类的文档字符串。定义该字符串后，在创建类的对象时，输入类名和左侧的括号"（"后，将显示信息。

statement：类体，主要由类变量（或类成员）、方法和属性等定义语句组成。如果在定义类时，没有想好类的具体功能，也可以在类体中直接使用 Pass 语句代替。定义完成后，并不会真正创建一个实例。class 语句本身并不创建该类的任何实例。所以在类定义完成以后，可以创建类的实例，即实例化该类的对象。

在创建类后，类通常会自动创建一个__init__（）方法。该方法是一个特殊的方法，类似 JAVA 语言中的构造方法。每当创建一个类的新实例时，Python 都会自动执行它。init（）方法必须包含一个参数，并且必须是第一参数。self 参数是一个指向实例本身的引用，用于访问类中的属性和方法。在方法调用时会自动传递实际参数 self。因此，当__init__（）方法只有一个参数时，在创建类的实例时，就不需要指定参数了。

示例如下：

```
# 创建类
class Geese：
    """"类 1""""
```

```
    def __init__(self):
        print("鸟类")
wildGoose = Geese()
```

输出：

鸟类

在__init__( )方法中,除了 self 参数外,还可以自定义一些参数,参数间使用逗号","进行分隔。例如,下面的代码将在创建__init__( )方法时,再指定 3 个参数,分别是 beak、wing 和 claw。

```
# 创建类
class Geese:
    """大雁类"""
    def __init__(self,beak,wing,claw):
        print("鸟类有以下特征:")
        print(beak)
        print(wing)
        print(claw)
beak_1 = "喙"
wing_1 = "翅膀"
claw_1 = "爪"
wildGoose = Geese(beak_1,wing_1,claw_1)
```

输出：

鸟类有以下特征:

喙

翅膀

爪

类的成员主要由实例方法和数据成员组成。在类中创建了类的成员后，可以通过类的实例进行访问。实例方法是类中定义的方法，它们用于定义类的行为和操作。实例方法可以访问和操作类的数据成员，也可以调用其他方法。实例方法在创建类的实例后，通过实例进行调用。通过实例方法，可以对数据成员进行访问、修改和操作，从而实现类的功能和行为。实例方法是指在类中定义函数。该函数是一种在类的实例上操作的函数。同__init__( )方法一样，实例方法的第一参数必须是 self，并且必须包含一个 self 参数。创建实例方法的语法格式如下：

```
def functionName(self,parameterlist):
    block
```

其中，functionName 用于指定方法名，一般使用小写字母开头。self 是必要参数，表示类的实例，其名称可以是 self 以外的单词，使用 self 只是一个习惯而已。parameterlist 用于指定除 self 参数以外的参数，各参数间使用逗号","进行分隔。block 是方法体，实现具体功能。

实例创建完成后，可以通过类的实例名称和点"."操作符进行访问。具体的语法格式如下：

instanceName. functionName（parametervalue）

其中，instanceName 为类的实例名称；functionName 为要调用的方法名称；parametervalue 表示为方法指定对应的实际参数，其值的个数与创建实例方法中 parameterlist 的个数相同。

数据成员是类中定义的变量，用于存储对象的状态和属性。数据成员可以包括实例变量和类变量。实例变量是每个类实例独有的，它们的值在不同实例之间可以有所不同。类变量是共享的，它们的值在所有实例之间是共享的。

示例如下：

```
class Geese：
    """鸟类"""
    beak_1 = "喙,较硬"   # 定义类属性(喙)
    wing_1 = "翅膀,较大"
    claw_1 = "爪,较利"
    def __init__(self)：
        print("鸟类有以下特征:")
        print(Geese.beak_1)    # 输出喙的属性
        print(Geese.wing_1)
        print(Geese.claw_1)
```

再创建实例,如下：goose = Geese( )　# 实例化一个雁的对象

运行上述代码创建 Geese 类的实例后,将显示以下内容：

鸟类有以下特征：

喙,较硬

翅膀,较大

爪,较利

2.4　深度学习框架

目前，基于 Python 的深度学习框架主要有 Keras、TensorFlow、Caffe、PyTorch 等，其中 Keras 为深度学习的基础框架，最常用的框架是 PyTorch、TensorFlow。

2.4.1　PyTorch 简介

PyTorch 是一个由脸书（Facebook）人工智能研究院（FAIR）开发的开源机器学习库，它使用 Python 语言编写，支持动态计算图。PyTorch 提供了两个主要的功能：张量计算（类似于 NumPy）和深度神经网络。张量是一个多维数组，可以用来处理图像、文本和音频等各种类型的数据。PyTorch 的深度神经网络部分包括卷积神经网络（CNN）、循环神经网络（RNN）和全连接神经网络（FCNN）等。

PyTorch 的特点如下。

①动态计算图：PyTorch 使用动态计算图，相对于 TensorFlow 等使用静态计算图的框架，更加灵活和易于使用。

②张量计算：PyTorch 提供了类似 NumPy 的张量计算功能，支持各种张量操作，如切片、索引、重塑等。

③深度神经网络：PyTorch 提供了丰富的深度神经网络模块，可以轻松构建各种类型的神经网络模型，包括卷积神经网络、循环神经网络和全连接神经网络等。

④自动微分：PyTorch 使用自动微分功能，可以自动计算梯度，使训练神经网络变得非常简单和方便。

⑤图形处理器（GPU）加速：PyTorch 支持 GPU 加速，可以大大提高训练和推断速度。

⑥动态图调试：PyTorch 提供了动态图调试功能，可以方便地调试模型并进行可视化。

⑦模型库：PyTorch 提供了丰富的模型库，包括预训练模型和各种常见模型的实现，使快速构建和训练模型变得非常容易。

2.4.2　PyTorch 安装教程

PyTorch 是一个功能强大、易用性和灵活性高的机器学习库，适用于各种类型的机器学习任务，包括图像分类、语音识别、自然语言处理，是深度学习不可或缺的框架，以下是 PyTorch 的安装教程。

（1）Anaconda 下载安装

这里直接用清华大学开源软件镜像站进行下载。

按照需要选择适合自己的版本。

运行安装包，安装时需要记清楚路径，因为后期还需要进行环境变量配置。安装好 Conda 后，可以通过命令"conda create -n 环境名"来创建一个新的 Conda 环境，然后使用"conda activate 环境名"命令激活新建 Conda 环境，这将使后续的安装和操作都在该环境中进行。

（2）查看 CUDA 版本

Pytorch 安装的 CUDA 版本不能高于电脑的 CUDA 版本，所以在安装前，需要知道电脑的版本，可以通过控制面板查看电脑 CUDA 版本。

（3）下载 PyTorch

在 Pytorch 官网里选择与自己的电脑 CUDA 相对应的 PyTorch 版本，如果电脑 CUDA 版本较低，就在历史版本中选择比较低的安装指令，复制后粘贴到"anaconda"命令窗口进行安装。

（4）验证

依次输入：

python

import torch

print(torch. cuda. is_available( ))

如果测试返回 True，就表示安装成功，如果测试返回 False，表示安装并不成功，原因可能是 Python 版本、显卡驱动版本、PyTorch 不兼容等问题，需要逐一尝试排除。

2.4.3 张量与数组

张量（Tensor）是 PyTorch 最基本的操作对象，是具有统一类型的多维数组。大家对标量、向量和矩阵都非常熟悉，但是当想描述一个高维数据时，标量、向量和矩阵有些"力不从心"，因此，张量应运而生。

在几何定义中，张量是基于标量、向量和矩阵概念的延伸。通俗来讲，可以将标量视为 0 维张量，将向量视为 1 维张量，将矩阵视为 2 维张量。在深度学习领域可以将张量视为一个数据的水桶，当水桶中只放一滴水时就是 0 维张量，多滴水排成一排就是 1 维张量，联排成面就是 2 维张量，以此类推，扩展到 n 维张量。张量的维度指的是张量中用来索引元素的索引个数，对于向量而言，只需要一个索引就可以得到相应元素。高维张量其实就是对低维张量的堆叠。张量的形状指的是张量中每一维度的大小。张量的类型指的是张量中每个元素的数据类型。

torch. rand（）：生成服从均匀分布的随机数。

torch. randn（）：生成服从标准正态分布的随机数。

torch. normal（）：指定均值和标准差的正态分布的随机数。

torch. linspace（）：生成均匀间隔的随机数；

torch. manual_ seed（）：用来固定随机种子，生成相同的随机数。

像 Python 数值和字符串一样，所有张量都是不可变的，永远无法更新张量的内容，只能创建新的张量。

2.4.4 常用包

torch：类似 NumPy 的张量库，支持 GPU。

torch. autograd：基于 type 的自动区别库，支持 torch 中的所有可区分张量运行。

torch. nn：为最大化灵活性而设计，与 autograd 深度整合的神经网络库。

torch. optim：与 torch. nn 一起使用的优化包，包含 SGD、RMSProp、LBFGS、Adam 等标准优化方式。

torch. multiprocessing：Python 多进程并发，用于在相同数据的不同进程中共享视图。

torch. utils：数据载入器，具有训练器和其他便利功能。

torch. legacy（. nn/. optim）：出于向后兼容性考虑，从 torch 移植来的 Legacy 代码。

2.5 本章小结

PyTorch 是 torch 的 Python 版本，是脸书开源的神经网络框架，专门针对 GPU 加速的深度神经网络（DNN）编程。Torch 是一个经典的对多维矩阵数据进行操作的张量，tensor 库在机器学习和其他数学密集型应用中有广泛应用。PyTorch 的计算图是动态的，可以根据计算需要实时改变计算图。

由于 Torch 语言采用 Lua，导致其在国内一直很小众，并逐渐被支持 Python 的 TensorFlow 抢走了用户。作为经典机器学习库 Torch 的端口，PyTorch 为 Python 语言使用者提供了舒适的写代码选择。

参考文献

［1］ 胡世杰，徐旭彬 . Python 高性能编程［M］. 北京：人民邮电出版社，2022.

［2］ 明日科技 . 零基础学 Python［M］. 长春：吉林大学出版社，2021.

［3］ 王博 . 零基础 Python 编程从入门到精通［M］. 北京：北京时代华文书局，2021.

［4］ 刘瑜 . 算法之美：Python 语言实现［M］. 北京：中国水利水电出版社，2020.

［5］ 弗朗索瓦·肖莱 . Python 深度学习［M］. 张亮，译 . 2 版 . 北京：人民邮电出版社，2022.

［6］ 孙玉林 . Python 机器学习：基础、算法与实战［M］. 北京：化学工业出版社，2023.

第3章　神经网络基础知识

3.1　神经网络概述

神经网络是一种受人脑神经元结构启发的机器学习算法。它由多个神经元（或称为"节点"）组成的网络层级结构构成，通过权重和激活函数进行信息传递和处理。神经网络具有强大的模式识别和特征提取能力，广泛应用于图像识别、自然语言处理、语音识别等领域。

神经网络的基本组成部分是神经元[1-3]。每个神经元接收多个输入信号，并通过权重相加得到一个加权和，然后将该加权和输入激活函数中进行非线性转换。常用的激活函数包括 Sigmoid 函数、ReLU 函数等。激活函数的引入使神经网络具有非线性的映射能力，能够学习和表示更复杂的函数关系。神经网络由多个神经元组成的层级结构构成，通常包括输入层、隐藏层和输出层。输入层接收原始数据作为输入，隐藏层通过多个神经元进行特征提取和抽象；输出层给出最终的预测结果或分类结果；隐藏层的数量和规模可以根据实际问题和网络设计进行灵活选择。

在训练过程中，神经网络通过反向传播算法来调整权重，使网络的输出能够尽可能接近真实标签或期望输出。反向传播算法通过计算损失函数的梯度，根据梯度下降的原理来更新网络中的权重。常用的损失函数包括均方误差（Mean Squared Error）和交叉熵（Cross Entropy）等。为了更好地应对过拟合问题，常常在网络中引入正则化技术，如 L1 正则化和 L2 正则化，来限制权重的大小并增加模型的泛化能力。此外，还可以采用批归一化（Batch Normalization）、随机失活（Dropout）等技术来提高网络的稳定性和泛化能力。

近年来，深度神经网络（Deep Neural Network，DNN）的发展取得了巨大的突破，并在许多任务中获得了优秀的表现。深度神经网络是指具有多个隐藏层的神经网络，通过层层堆叠的方式进行特征提取和表示学习。著名的深度神经网络包括卷积神经网络（Convolutional Neural Network，CNN）[3,4]和循环神经网络（Recurrent Neural Network，RNN）[5,6] 等。

总而言之，神经网络是一种强大的机器学习算法，具有出色的模式识别和特征提取能力。通过组合多个神经元形成的网络结构，神经网络可以学习和建模复杂的非线性关系，广泛应用于各个领域。随着深度神经网络的发展，可以期待神经网络在未来的进一步突破和应用。

3.1.1　神经网络模型

神经网络模型是一种数学模型[8,9]，它受人类神经系统的启发，可以用来对复杂的输入数据进行建模和处理。神经网络模型由大量的人工神经元（或称为"节点"）组成，这些神经元按照一定的结构和方式相互连接，形成一个多层次的网络结构。神经网络模型通常包括输入层、隐藏层和输出层，每一层都由多个神经元组成。

在神经网络模型中，每个神经元都和上一层的所有神经元相连，并且具有权重和偏置，通过对输入信号进行加权求和并施加激活函数，产生输出信号。整个神经网络模型通过反向传播算法来学习调整每个连接处的权重和偏置，以便更好地适应特定的任务或数据集。

神经网络模型在深度学习领域得到了广泛的应用，如用于图像识别、语音识别、自然语言处理等领域[10,11]。常见的神经网络模型包括多层感知机（Multilayer Perceptron，MLP[12-14]，图 3-1）、卷积神经网络（图 3-2）、循环神经网络（图 3-3）等，它们在不同的任务中展现出强大的表达能力和泛化能力。

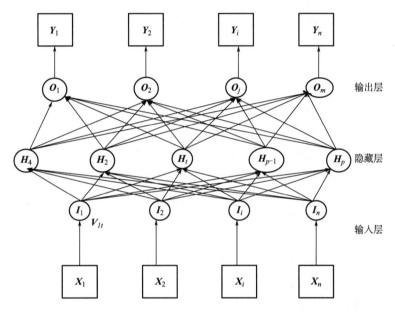

图 3-1　多层感知机模型

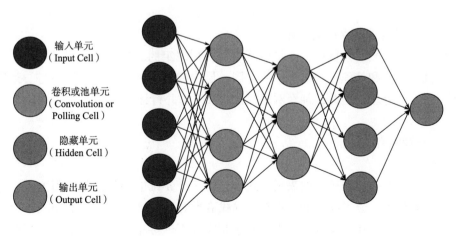

图 3-2　卷积神经网络模型

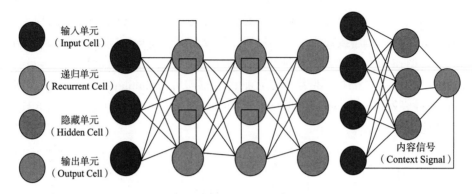

图 3-3　循环神经网络模型

3.1.2　神经网络的特点

（1）自学习与自适应性

自适应性是指一个系统能够改变自身的性能以适应环境变化的能力。当环境发生变化时，相当于给神经网络输入新的训练样本，网络能够自动调整结构参数，改变映射关系，从而对特定的输入产生相应的期望输出。因此，神经网络比使用固定推理方式的专家系统具有更强的适应性，更接近人脑的运行规律。

（2）非线性

现实世界是一个非线性的复杂系统，人脑也是一个非线性的信号处理组织。人工神经元处于激活或抑制状态，表现为数学上的非线性关系。从整体上看，神经网络将知识存储于连接权值中，可以实现各种非线性映射。

（3）鲁棒性和容错性

神经网络具有信息存储的分布性，故局部的损害会使人工神经网络的运行适度减弱，但不会产生灾难性的错误。

（4）计算的并行性与存储的分布性

神经网络具有天然的并行性，这是由其结构特征决定的。每个神经元都可以根据接收到的信息进行独立运算和处理，并输出结果。同一层中的不同神经元可以同时进行运算，然后传输到下一层进行处理。因此，神经网络往往能够发挥并行计算的优势，大大提升运行速度。

3.1.3　神经网络的应用

（1）模式分类

模式分类问题在神经网络中的表现形式为：将一个 n 维的特征向量映射为一个标量或者向量表示的分类标签。分类问题的关键在于寻找恰当的分类面，将不同类别的样本区分开来。现实中的分类问题往往比较复杂，样本空间中相距较近的样本也可能分属不同的类别。神经网络良好的非线性性能可以很好地刻画出非线性分类曲面，具备更好的模式识别能力。

（2）聚类

聚类与分类不同，分类需要正确类别的样本，进行有监督学习；聚类不需要提供已知样本，只需给定类别数 n。

（3）回归与拟合

相似的样本输入在神经网络的映射下，往往能得到相近的输出。因此，神经网络对于函数拟合问题具有不错的解决能力。

（4）优化计算

优化计算是指在已知约束条件下，寻找一组参数组合，使由该组合确定的目标函数达到最小值。BP 神经网络[7] 和其他部分神经网络的训练过程就是调整权值使输出误差最小化的过程。

（5）数据压缩

神经网络将特定知识存储于网络的权值中，相当于将原有的样本用更小的数据量进行表示，这实际上就是一个压缩的过程。神经网络对输入样本提取模式特征，在网络输出端恢复原有样本向量。

3.2 激活函数

激活函数（Activation Function）就是在人工神经网络的神经元上运行的函数，负责将神经元的输入映射到输出端。

激活函数对于人工神经网络模型学习、理解非常复杂和非线性的函数来说具有十分重要的作用。它们将非线性特性引入网络中，如图 3-4 所示。

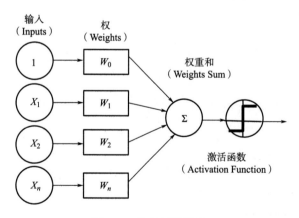

图 3-4　神经网络结构

在神经元中，输入（Inputs）通过加权求和后，经激活函数处理。引入激活函数是为了增加神经网络模型的非线性。没有激活函数的每层都相当于矩阵相乘。就算叠加了若干层之后，无非还是矩阵相乘。常用的神经网络激活函数如下。

①Sigmoid 激活函数、表达式见式（3-1），函数图像如图 3-5 所示。

$$\sigma(x) = \frac{1}{1 + e^{-x}} \tag{3-1}$$

式中：$\sigma(\cdot)$ 表示激活函数；x 表示输入的数据；e 为常数。

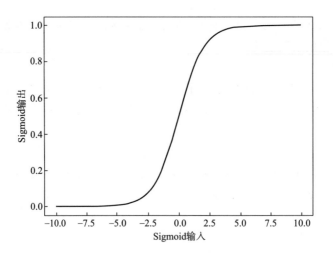

图 3-5　Sigmoid 激活函数

②Tanh 激活函数：表达式见式（3-2），函数图像如图 3-6 所示。

$$\mathrm{Tanh}(x) = \frac{\mathrm{e}^x - \mathrm{e}^{-x}}{\mathrm{e}^x + \mathrm{e}^{-x}} = \frac{2}{1 + \mathrm{e}^{-2x}} - 1 \tag{3-2}$$

Tanh（·）函数可以看作放大并平移的 Sigmoid 函数，解决了 Sigmoid 函数不是 zero-centered 的输出问题。然而，梯度消失的问题和幂运算问题仍然存在。激活函数对应的曲线如图 3-6 所示。

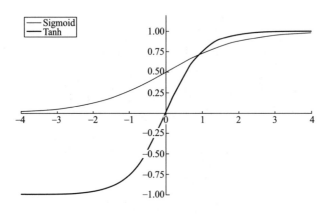

图 3-6　激活函数曲线

③Softmax 激活函数：表达式见式（3-3），函数图像如图 3-7 所示。

$$y_i = \mathrm{Softmax}(z_i) = \frac{\mathrm{e}^{z_i}}{\sum_{j=1}^{c} \mathrm{e}^{z_j}} \tag{3-3}$$

式中：Softmax 函数将多个标量映射为一个概率分布；y_i 表示第 i 个输出值，即属于类别的概率，所有类别概率加起来为 1，即 $\sum\limits_{i=1}^{c} y_i = 1$ 其中 $z = \boldsymbol{W}^{\mathrm{T}} x$ 表示数据的线性变换；图 3-7 中的 z_i 表示 z 的第 i 个元素的值。Softmax 函数用于多种分类，会对应多个方程。

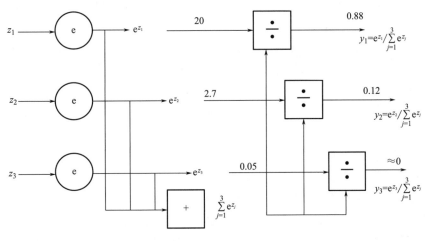

图 3-7　Softmax 函数

3.3　损失函数

损失函数（Loss Function）是在机器学习和深度学习中用来衡量模型预测结果与真实数值之间差异的一种函数，通常表示为一个关于模型参数的函数，用来衡量模型输出与实际标签之间的误差程度。优化算法的目标通常是最小化损失函数，以便使模型的预测结果尽可能地接近真实数值。

在监督学习任务中，损失函数通常根据任务类型和模型结构的不同而有所差异。例如，对于回归任务，常用的损失函数包括均方误差（Mean Squared Error，MSE）和平均绝对误差（Mean Absolute Error，MAE）等；对于分类任务，常用的损失函数包括交叉熵损失（Cross Entropy Loss）等。在深度学习中，损失函数也可以根据任务需求和特定的模型结构进行设计，例如，在目标检测任务中常用的损失函数包括平滑 L1 损失等。

总之，损失函数在机器学习和深度学习中扮演着非常重要的角色，它帮助模型衡量预测结果的准确性，并且通过优化算法来不断调整模型参数，使损失函数的取值尽可能地减小，从而提高模型的性能和泛化能力。

3.3.1　损失函数的作用

损失函数通常有以下作用。

①衡量模型性能：损失函数用于评估模型的预测结果与真实结果之间的误差程度。较小的损失值表示模型的预测结果与真实结果更接近，反之则表示误差较大。因此，损失函数提供了一种度量模型性能的方式。

②参数优化：在训练机器学习和深度学习模型时，损失函数被用作优化算法的目标函数。通过最小化损失函数，可以调整模型的参数，使模型能更好地逼近真实结果。

③反向传播：在深度学习中，通过反向传播算法计算损失函数对模型参数的梯度。这些梯度被用于参数更新，以便优化模型。损失函数在反向传播中扮演着重要的角色，指导参数的调整方向。

④模型选择和比较：不同的损失函数适用于不同类型的问题和模型。通过选择合适的损失函数，可以根据问题的特性来优化模型的性能，并对不同模型进行比较和选择。

因此，损失函数在机器学习和深度学习中起到衡量模型性能、指导参数优化和模型选择的重要作用。它是模型训练和评估的核心组成部分。

3.3.2 损失函数的使用场景

损失函数的使用场景包括但不限于以下四个方面。

①模型训练：在机器学习和深度学习中，损失函数被用于指导模型的训练过程。通过最小化损失函数，可以调整模型的参数，使其能更好地拟合训练数据，提高模型的性能。

②模型评估：损失函数用于评估模型在训练数据以外的数据上的性能。通过计算模型在验证集或测试集上的损失值，可以判断模型的泛化能力和预测准确度。较小的损失值通常表示模型更好地适应了新数据。

③优化算法：损失函数在优化算法中起到重要作用，特别是在梯度下降等基于梯度的优化算法中。通过计算损失函数对模型参数的梯度，可以确定参数的更新方向和步长，以便优化模型。

④模型选择和比较：不同类型的问题和模型可能适用于不同的损失函数。根据问题的特性和需求，选择合适的损失函数可以帮助优化模型性能，并对不同模型进行比较和选择。

需要注意的是，选择适当的损失函数取决于问题的性质和所需的模型行为。不同的损失函数对模型的训练和性能产生不同的影响，因此需要根据具体情况进行选择和调整。

3.3.3 损失函数的特点

损失函数具有以下六个特点。

①衡量模型性能：损失函数用于衡量模型的预测结果与真实结果之间的差异或误差。它提供了对模型性能的度量，通过损失值的大小可以判断模型的拟合能力和预测准确度。

②反映目标：损失函数的设计应该与问题的目标密切相关。例如，对于回归问题，常用的均方误差损失函数关注预测值与真实值的平方差；对于分类问题，交叉熵损失关注预测结果的概率分布与真实标签的差异。

③可微性：在深度学习中，损失函数的可微性对于使用梯度下降等基于梯度的优化算法至关重要。可微性意味着可以计算损失函数对模型参数的导数，从而进行参数更新和优化。

④凸性：对于优化问题，具有凸性的损失函数通常更容易求解。凸性意味着损失函数的局部最小值也是全局最小值，从而使优化算法更有可能收敛到全局最优解。

⑤鲁棒性：损失函数应该对异常值或噪声具有一定的鲁棒性。一些损失函数，如胡伯（Huber）损失，对于离群点的影响相对较小，从而能更稳健地适应数据中的异常情况。

⑥可解释性：有些损失函数具有良好的可解释性，可以提供有关模型性能的直观理解。例如，对于分类问题，交叉熵损失函数可以解释为最小化模型对真实类别的不确定性。

需要根据具体的问题和需求选择合适的损失函数，以达到对模型性能的有效评估和优化。不同的损失函数可能适用于不同的情况，因此在实践中需要进行权衡和选择。

3.3.4　常见的损失函数

①均方误差：用于回归问题，计算预测值与真实值之间的平均平方差。

②交叉熵损失：用于分类问题，特别是二分类和多分类问题。常见的交叉熵损失函数有二分类交叉熵损失（Binary Cross-Entropy Loss）和多分类交叉熵损失（Categorical Cross-Entropy Loss）。

③对数似然损失（Log Loss）：与交叉熵损失类似，常用于二分类问题。

④铰链损失（Hinge Loss）：铰链损失又称为最大边界损失（Max-Margin Loss），用于支持向量机（SVM）中的最大间隔分类问题。

⑤KL 散度（Kullback-Leibler Divergence）：用于衡量两个概率分布之间的差异。

⑥胡伯损失（Huber Loss）：介于均方误差和绝对值误差之间，对异常值不敏感。

⑦绝对值误差：计算预测值与真实值之间的平均绝对差。

⑧二分类铰链损失（Binary Hinge Loss）：用于支持向量机（SVM）中的二分类问题。

这些仅是常见的损失函数示例，根据具体问题的性质和需求，还可以使用其他定制的损失函数。

3.3.5　损失函数的代码示例

下面是几个常见损失函数的代码示例，使用 Python 和一些常见的深度学习框架（如 TensorFlow 和 PyTorch）来实现。

（1）均方误差

```python
import tensorflow as tf
# 预测值
predictions = tf.constant([1.0,2.0,3.0])
# 真实值
labels = tf.constant([0.5,2.5,3.5])
# 计算均方误差
mse = tf.reduce_mean(tf.square(predictions - labels))
# 打印均方误差
print(mse.numpy())
```

（2）交叉熵损失

```python
import torch
import torch.nn as nn
# 创建损失函数对象
loss_fn = nn.CrossEntropyLoss()
```

```
# 预测值(模型输出)
predictions = torch.tensor([[0.5,0.2,0.3],[0.1,0.8,0.1]])
# 真实标签
labels = torch.tensor([0,2])
# 计算交叉熵损失
loss = loss_fn(predictions,labels)
# 打印交叉熵损失
print(loss.item())
```

(3) 对数似然损失

```
import numpy as np
# 预测概率
probabilities = np.array([0.9,0.2,0.8])
# 真实标签(二分类问题中的 0 和 1)
labels=np.array([1,0,1])
# 计算对数似然损失
log_loss=-np.mean(labels × np.log(probabilities)+(1-labels)×np.log(1-probabilities))
# 打印对数似然损失
print(log_loss)
```

3.4 梯度下降算法

梯度下降(Gradient Descent)在机器学习中应用得十分广泛,不论是在线性回归还是逻辑(Logistic)回归中,它主要目的是通过迭代找到目标函数的最小值,或者收敛到最小值。梯度下降法的基本思想可以类比为一个下山的过程。

假设这样一个场景:一个人被困在山上,需要从山上下来(找到山的最低点,也就是山谷)。但此时山上的浓雾很大,导致可视度很低;因此,下山的路径就无法确定,必须利用自己周围的信息一步一步地找到下山的路。这个时候,便可利用梯度下降算法来帮助自己下山。具体做法是:首先以他当前所处的位置为基准,寻找这个位置最陡峭的地方,然后朝着下降方向走一步,继续以当前位置为基准,再找最陡峭的地方,直到最后到达最低处;同理,上山也是如此,只是这时候就变成梯度上升算法了。

梯度下降的基本过程和下山的场景很类似。首先,有一个可微分的函数,这个函数就代表一座山。目标是找到这个函数的最小值,也就是山底。根据之前的场景假设,最快的下山方式就是找到当前位置最陡峭的方向,然后沿着此方向向下走,对应到函数中,就是找到给定点的梯度,然后朝着梯度相反的方向,就能让函数值下降得最快。因为梯度的方向就是函数变化最快的方向。

下面将用 Python 实现一个简单的梯度下降算法。场景是一个简单的线性回归,假设现在有一系列的点,如图 3-8 所示。

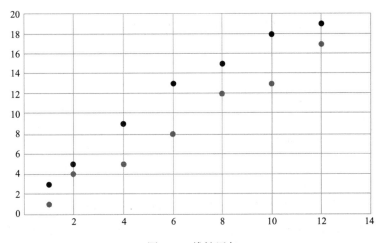

图 3-8　线性回归

将用梯度下降法来拟合出这条直线，首先，需要定义一个代价函数，在此选用均方误差代价函数（也称"平方误差代价函数"），见式（3-4）。

$$J(\Theta) = \frac{1}{2m} \sum_{i=1}^{m} (h_\theta[x^{(i)}] - y^i)^2 \tag{3-4}$$

式中：m 为数据集中数据点的个数，即样本数；$\frac{1}{2}$ 为常量，这样在求梯度的时候，没有多余的常数系数，方便后续的计算，同时对结果不会有影响；y 为数据集中每个点的真实 y 坐标的值，也就是类标签；h 为预测函数（假设函数），每输入一个 x，根据 Θ 计算得到预测的 y 值，即 $h\Theta[x^{(i)}] = \Theta_0 + \Theta_1 x_1^{(i)}$。

可以根据代价函数看到，代价函数中的变量有两个，所以是一个多变量的梯度下降问题，求解出代价函数的梯度，也就是分别对两个变量进行微分，见式（3-5）~式（3-7）。

$$\nabla J(\Theta) = \langle \frac{\delta J}{\delta \Theta_0}, \frac{\delta J}{\delta \Theta_1} \rangle \tag{3-5}$$

$$\frac{\delta J}{\delta \Theta_0} = \frac{1}{m} \sum_{i=1}^{m} (h_\Theta[x^{(i)}] - y^{(i)}) \tag{3-6}$$

$$\frac{\delta J}{\delta \Theta_1} = \frac{1}{m} \sum_{i=1}^{m} (h_\Theta[x^{(i)}] - y^{(i)}) x_1^{(i)} \tag{3-7}$$

明确了代价函数和梯度，以及预测的函数形式后，就可以开始编写代码了。但在这之前，需要说明一点，为了方便代码的编写，会将所有公式都转换为矩阵的形式，在 Python 中计算矩阵非常方便，同时代码也会变得非常简洁。

为了转换为矩阵的计算，观察到预测函数的形式，见式（3-8）。

$$h_\Theta = [x^{(i)}] = \Theta_0 + \Theta_1 x^{(i)} \tag{3-8}$$

式中有两个变量，为了对这个公式进行矩阵化，可以给每一个点 x 增加一维，这一维的值固定为 1，这一维将会乘到 Θ_0 上。这样就方便统一矩阵化的计算。

$$[x_1^{(i)}, y^{(i)}] \rightarrow [x_0, x_1^{(i)}, y^{(i)}], \text{with } x_0^{(i)} = 1, \forall i \tag{3-9}$$

然后，将代价函数和梯度转化为矩阵向量相乘的形式，见式（3-10）、式（3-11）。

$$J(\boldsymbol{\Theta}) = \frac{1}{2m}(\boldsymbol{X\Theta} - \vec{y})^{\mathrm{T}}(\boldsymbol{X\Theta} - \vec{y}) \tag{3-10}$$

$$\nabla J(\boldsymbol{\Theta}) = \frac{1}{m}\boldsymbol{X}^{\mathrm{T}}(\boldsymbol{X\Theta} - \vec{y}) \tag{3-11}$$

在写代码时，需要定义数据集和学习率。

```
from numpy import *
# 数据集大小 即 20 个数据点
m = 20
# x 的坐标以及对应的矩阵
X0 = ones((m,1))    # 生成一个 m 行 1 列的向量，也就是 x0，全是 1
X1 = arange(1, m+1).reshape(m,1)    # 生成一个 m 行 1 列的向量，也就是 x1，从 1 到 m
X = hstack((X0,X1))    # 按照列堆叠形成数组，其实就是样本数据
# 对应的 y 坐标
y = np.array([
    3,4,5,5,2,4,7,8,11,8,12,
    11,13,13,16,17,18,17,19,21
]).reshape(m,1)
# 学习率
alpha = 0.01
```

接下来以矩阵向量的形式定义代价函数和代价函数的梯度。

```
# 定义代价函数
def cost_function(theta,X,Y):
    diff = dot(X,theta)-Y    # dot( )数组需要像矩阵那样相乘，就需要用到 dot( )
    return (1/(2×m))×dot(diff.transpose( ),diff)
# 定义代价函数对应的梯度函数
def gradient_function(theta,X,Y):
    diff = dot(X,theta) - Y
    return (1/m)× dot(X.transpose( ),diff)
```

最后就是算法的核心部分，即梯度下降迭代计算。

```
# 梯度下降迭代
def gradient_descent(X,Y,alpha):
    theta = array([1,1]).reshape(2,1)
    gradient = gradient_function(theta,X,Y)
    while not all(abs(gradient)<= 1e-5):
        theta = theta - alpha × gradient
        gradient = gradient_function(theta,X,Y)
    return theta
optimal = gradient_descent(X,Y,alpha)
```

print('optimal:',optimal)

print('cost function:',cost_function(optimal,X,Y)[0][0])

当梯度小于 1e-5 时,说明已经进入比较平滑的状态,类似于山谷的状态,这时再继续迭代效果也不明显了,所以这时可以退出循环。

运行代码,计算得到的结果如下。

print('optimal:',optimal)　　# 结果 [[0.51583286][0.96992163]]

print('cost function:',cost_function(optimal,X,Y)[0][0])　　# 1.014962406233101

通过 Matplotlib 画出图像

```
# 根据数据画出对应的图像
def plot(X,Y,theta):
    import matplotlib.pyplot as plt
    ax = plt.subplot(111)
    ax.scatter(X,Y,s=30,c="red",marker="s")
    plt.xlabel("X")
    plt.ylabel("Y")
    x = arange(0,21,0.2)    # x 的范围
    y = theta[0] + theta[1]×x
    ax.plot(x,y)
    plt.show()
plot(X1,Y,optimal)
```

所拟合出的直线如图 3-9 所示。

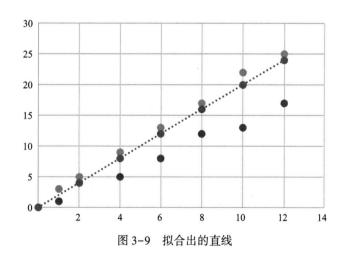

图 3-9　拟合出的直线

3.5　本章小结

神经网络是一种模拟人脑神经元之间信息传递和处理的计算模型。它由大量的人工神经

元组成，每个神经元都有多个输入和一个输出。神经网络的输入层接收外部输入，输出层输出结果，中间的隐藏层则进行信息处理和传递。神经网络的训练过程就是通过调整神经元之间的连接权值，使网络能够对输入数据进行正确的分类或预测。

神经网络的特点包括并行、容错、可以硬件实现，以及自我学习特性。并行是指神经网络中的多个神经元可以同时进行计算，从而提高了计算效率。容错指的是神经网络具有一定的容错能力，即当某些神经元出现故障时，网络仍然可以正常工作。可以硬件实现指的是神经网络可以通过硬件电路实现，从而提高了计算速度。自我学习特性指的是神经网络可以通过训练自动调整连接权值，从而提高网络的性能。

神经网络的应用非常广泛，包括图像识别、语音识别、自然语言处理、机器翻译、推荐系统等。在图像识别领域，神经网络可以通过学习大量的图像数据，自动提取图像的特征，从而实现图像分类、目标检测等任务。在语音识别领域，神经网络可以通过学习大量的语音数据，自动提取语音的特征，从而实现语音识别、语音合成等任务。在自然语言处理领域，神经网络可以通过学习大量的文本数据，自动提取文本的特征，从而实现文本分类、情感分析等任务。在机器翻译领域，神经网络可以通过学习大量的双语数据，自动学习翻译规则，从而实现机器翻译。

激活函数是神经网络中非常重要的一部分，它决定了神经元的输出。常用的激活函数包括 Sigmoid 函数、Softmax 函数、Tanh 函数等。损失函数是神经网络中用来衡量预测结果与真实结果之间差距的函数，常用的损失函数包括均方误差、交叉熵等。梯度下降算法是神经网络中用来更新连接权值的算法，它通过计算损失函数对连接权值的偏导数来更新连接权值，从而使损失函数逐渐减小。

综上所述，神经网络是一种模拟人脑神经元之间信息传递和处理的计算模型，具有并行、容错、可以硬件实现以及自我学习特性。神经网络的应用非常广泛，包括图像识别、语音识别、自然语言处理、机器翻译、推荐系统等。激活函数、损失函数和梯度下降算法是神经网络中非常重要的组成部分。

参考文献

[1] 周飞燕，金林鹏，董军. 卷积神经网络研究综述 [J]. 计算机学报，2017，40 (6)：1229-1251.

[2] 朱大奇，史慧. 人工神经网络原理及应用 [M]. 北京：科学出版社，2006.

[3] 徐冰冰，岑科廷，黄俊杰，等. 图卷积神经网络综述 [J]. 计算机学报，2020，43 (5)：755-780.

[4] 范高锋，王伟胜，刘纯，等. 基于人工神经网络的风电功率预测 [J]. 中国电机工程学报，2008，28 (34)：118-123.

[5] 杨丽，吴雨茜，王俊丽，等. 循环神经网络研究综述 [J]. 计算机应用，2018，38 (S2)：1-6, 26.

[6] 冯定. 神经网络专家系统 [M]. 北京：科学出版社，2006.

[7] 张文鸽，吴泽宁，逯洪波. BP 神经网络的改进及其应用 [J]. 河南科学，2003，21 (2)：202-206.

[8] 许锋，卢建刚，孙优贤. 神经网络在图像处理中的应用 [J]. 信息与控制，2003，32 (4)：344-351.

[9] 王学武，谭得健. 神经网络的应用与发展趋势 [J]. 计算机工程与应用，2003，39 (3)：98-100, 113.

［10］ Johnson J L, Padgett M L. PCNN models and applications ［J］. IEEE Transactions on Neural Networks, 1999, 10 (3): 480-498.

［11］ Ma Y D, Liu Q, Qian Z B. Automated image segmentation using improved PCNN model based on cross-entropy ［C］//Proceedings of 2004 International Symposium on Intelligent Multimedia, Video and Speech Processing. Hong Kong, China. IEEE, 2005: 743-746.

［12］ Kong W, Zhang L, Lei Y. Novel fusion method for visible light and infrared images based on NSST-SF-PCNN ［J］. Infrared Physics & Technology, 2014, 65: 103-112.

［13］ Wu Y C, Feng J W. Development and application of artificial neural network ［J］. Wireless Personal Communications, 2018, 102 (2): 1645-1656.

［14］ Zhang Z H. Artificial neural network ［C］//Multivariate Time Series Analysis in Climate and Environmental Research. Cham: Springer, 2018: 1-35.

第 4 章　卷积神经网络

4.1　概述

卷积神经网络（Convolutional Neural Network，CNN）[1] 是一类包含卷积计算并且含有深层次结构的深度前馈神经网络，是深度学习的代表算法之一。21 世纪后，随着深度学习理论的提出和数值计算设备的改进，卷积神经网络得到了快速发展。较之传统方法，卷积神经网络的优点在于可自动提取目标特征，发现样本集中特征的规律，解决了手动提取特征效率低下、分类准确率低的不足，因此卷积神经网络被广泛应用于图像分类、目标识别、自然语言处理等领域，取得了瞩目的成就。

CNN 的基本结构由输入层、卷积层（Convolutional Layer）、池化层（Pooling Layer，也称"取样层"）、全连接层及输出层构成。卷积层和池化层一般会取若干个，采用卷积层和池化层交替设置，即一个卷积层连接一个池化层，池化层后再连接一个卷积层，依此类推。由于卷积层中输出特征面的每个神经元与其输入进行局部连接，并通过对应的连接权值与局部输入进行加权求和再加上偏置值，得到该神经元输入值，该过程等同于卷积过程，CNN 也由此而得名。

CNN 主要应用于图像识别（计算机视觉，CV），功能有图像分类和检索、目标定位检测、目标分割、人脸识别、骨骼识别和追踪等，还可应用于自然语言处理和语音识别[2-7]。在图像应用领域，CNN 主要解决两个难题：第一，图像需要处理的数据量太大，导致成本很高，效率很低；第二，图像在数字化的过程中很难保留原有的特征，导致图像处理的准确率不高。

4.2　卷积网络模型

4.2.1　卷积层

卷积层是 CNN 中的基本网络层[5-7]，主要用于对图像进行特征提取操作，其卷积核权重是共享权值的，对应的相关概念还包括步长、填充。

卷积运算实际是分析数学中的一种运算方式，在卷积神经网络中通常是仅涉及离散卷积的情形。下面以 $d^l = 1$ 的情形为例介绍二维场景的卷积操作。假设输入图像（输入数据）为图 4-1 中右侧的 5×5 矩阵，其对应的卷积核（也称"卷积参数"，Convolution Kernel 或 Convolution Filter）为一个 3×3 的矩阵。同时，假定卷积操作时每做一次卷积，卷积核移动一个像素位置，即卷积步长（Stride）为 1。

第一次卷积操作从图像（0，0）像素开始，由卷积核中参数与对应位置图像像素逐位相乘后累加作为一次卷积操作结果，即 1×1+2×0+3×1+6×0+7×1+8×0+9×1+8×0+7×1＝1+3+7+9+7＝27，如图 4-1 所示。类似地，在步长为 1 时，如图 4-2（a）～（d）所示，卷积核按照步长大小在输入图像上从左至右、自上而下依次将卷积操作进行下去，最终输出 3×3 大小的卷积特征，同时该结果将作为下一层操作的输入。

1	0	1
0	1	0
1	0	1

（a）3×3卷积核

1	2	3	4	5
6	7	8	9	0
9	8	7	6	5
4	3	2	1	0
1	2	3	4	5

（b）5×5的输入数据

图 4-1　卷积核和输入数据

与之类似，若三维情形下的卷积层 l 的输入张量为 $\boldsymbol{x}^l \in \mathbf{R}^{h^l \times W^l \times D^l}$，该层卷积核为 $\boldsymbol{f}^l \subseteq \mathbf{R}^{H \times W \times Q \times D^l}$。三维输入时卷积操作实际只是将二维卷积扩展到了对应位置的所有通道上（即 D^l），最终将一次卷积处理所有 HWD^l 个元素。

进一步地，若类似 $\boldsymbol{f}^l$ 这样的卷积核有 D 个，则在同一个位置上可得到 1×1×1×D 维度的卷积输出，而 D 即为第 l+1 层特征 x^{l+1} 的通道数 D^{l+1}。形式化的卷积操作可表示为式（4-1）。

$$\boldsymbol{y}_{i^{l+1},j^{l+1},d} = \sum_{i=0}^{H}\sum_{j=0}^{W}\sum_{d^l}^{D^l} f_{i,j,d^l,d} \times \boldsymbol{x}^l_{i^{l+1}+i,j^{l+1}+j,d^l} \tag{4-1}$$

式中：（i^{l+1}，j^{l+1}）为卷积结果的位置坐标，满足式（4-2）。

$$\begin{aligned} 0 \leqslant i^{l+1} &< H^l - H + 1 = H^{l+1} \\ 0 \leqslant j^{l+1} &< W^l - W + 1 = W^{l+1} \end{aligned} \tag{4-2}$$

需指出的是，式（4-1）中的 $f_{i,\ j,\ d^l,\ d}$ 可视作学习到的权重（Weight），可以发现该项权重对不同位置的所有输入都是相同的，这便是卷积层“权值共享”（Weight Sharing）特性。除此之外，通常还会在 $\boldsymbol{y}_{i^{l+1},\ j^{l+1},\ d}$ 上加入偏置项（Bias Term）b_{d}。在误差反向传播时可针对该层权重和偏置项分别设置随机梯度下降的学习率。当然根据实际问题需要，也可以将某层偏置项设置为 0，或将学习率设置为 0，以起到固定该层偏置或权重的作用。此外，卷积操作中有两个重要的超参数（Hyper Parameters）：卷积核大小（Filter Size）和卷积步长（Stride）。

由图 4-2 可以看出卷积是一种局部操作，通过一定大小的卷积核作用于局部图像区域获得图像的局部信息。

本节以三种边缘卷积核（也可称为“滤波器”）来说明卷积神经网络中卷积操作的作用。在原图上分别作用整体边缘滤波器、横向边缘滤波器和纵向边缘滤波器，这三种滤波器（卷积核）分别为式（4-3）中的 3×3 大小卷积核 $\boldsymbol{K}_e$、$\boldsymbol{K}_h$ 和 $\boldsymbol{K}_v$。

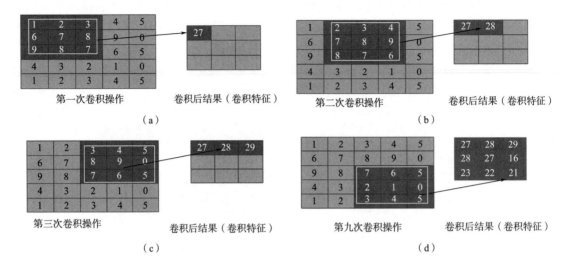

图 4-2　卷积操作过程

$$K_e = \begin{pmatrix} 0 & -4 & 0 \\ -4 & 16 & -4 \\ 0 & -4 & 0 \end{pmatrix}, K_h = \begin{pmatrix} 1 & 2 & 1 \\ 0 & 0 & 0 \\ -1 & -2 & -1 \end{pmatrix}, K_v = \begin{pmatrix} 1 & 0 & -1 \\ 2 & 0 & -2 \\ 1 & 0 & -1 \end{pmatrix} \tag{4-3}$$

试想，若原图像素（x，y）处可能存在物体边缘，则其四周（$x-1$，y），（$x+1$，y），（x，$y-1$），（x，$y+1$）处像素值应与（x，y）处有显著差异。此时，如作用于整体边缘滤波器 K_e，可消除四周像素值差异小的图像区域而保留显著差异区域，以此可检测出物体边缘信息。同理，类似 K_h 和 K_v^3 的横向、纵向边缘滤波器可分别保留横向、纵向的边缘信息。

事实上，卷积网络中的卷积核参数是通过网络训练学出的，除了可以学到类似的横向、纵向边缘滤波器，还可以学到任意角度的边缘滤波器。当然，不仅如此，检测颜色、形状、纹理等众多基本模式（Pattern）的滤波器（卷积核）都可以包含在一个足够复杂的深层卷积神经网络中。通过"组合"这些滤波器（卷积核）以及随着网络后续操作的进行，基本而一般的模式会逐渐被抽象为具有高层语义的"概念"表示，并以此对应到具体的样本类别。颇有"盲人摸象"后，将各自结果集大成之意。

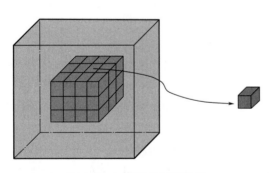

图 4-3　三维场景卷积操作

图 4-3 为三维场景下的卷积核与输入数据。图左卷积核大小为 3×4×3，图右为在该位置卷积操作后得到的 1×1×1 的输出结果。

4.2.2　池化层

池化层是卷积神经网络中的一种常见层，用于减小特征图的尺寸和参数数量，从而降低计算复杂度和内存消耗。池化层通常紧跟在卷积层之后，通过对卷积层输出的特征图进行下采样来实现。池化层的主要作用是提取特征并保留重要信息，同时减小特征图的尺寸，从而降低计算复杂度和内存消耗。常见的池化层包括最大池化层、平均池化层和重叠池化层等。其中，最大池化层是最常用的一种池化层，它通过在池化窗口内选择最大值来提取特征。平均池化层则通过在池化窗口内计算平均值来提取特征。重叠池化层是相邻池化窗口之间会有重叠区域，从而增加了特征图的重叠部分，提高了特征提取的效果。

除了上述常见的池化层之外，还有一些其他类型的池化层，如 Lp 池化层、随机池化层等。Lp 池化层是通过在池化窗口内计算 Lp 范数来提取特征，其中 p 为一个可调参数。随机池化层是通过在池化窗口内随机选择一个像素来提取特征。

如图 4-4 所示，采用一个 2×2 的 filter，stride 为 2，padding 为 0。最大池化即在 2×2 的区域中寻找最大值；均值池化则是求每一个 2×2 的区域中的平均值，得到主要特征。一般最常用的 filter 取值为 2，stride 为 2，池化操作将特征图缩小，有可能影响网络的准确度，但可以通过增加网络深度来弥补。

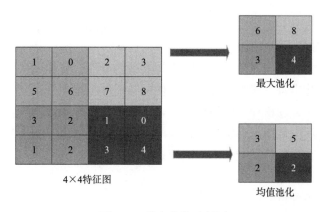

图 4-4　卷积操作示例图

4.2.3　全连接层

全连接层位于卷积神经网络的最后，给出最后的分类结果，在全连接层中，特征图会失去空间结构，展开为特征向量，并把由前面层级提取到的特征进行非线性组合后输出，可用式（4-4）表示。

$$f(\boldsymbol{x}) = W \times \boldsymbol{x} + b \tag{4-4}$$

式中：$\boldsymbol{x}$ 为全连接层的输入；W 为权重系数；b 为偏置。

全连接层连接所有特征输出至输出层，对于图像分类问题，输出层使用逻辑函数或归一化指数函数（Softmax Function）输出分类标签。在识别（Object Recognition）问题中，输出层输出为物体的中心坐标、大小和分类。在语义分割中，则直接输出每个像素的分类结果。

4.2.4　反向传输

卷积神经网络的反向传输（Back Propagation）是一种用于计算网络参数梯度并进行参数更新的算法。它是通过计算损失函数对网络参数的偏导数，将梯度信息从输出层向输入层进行传播，以便根据梯度信息更新网络参数。

反向传播的定义可以描述为以下步骤。

正向传播：将输入数据通过卷积层、池化层和全连接层等操作逐层传播到网络的输出层，得到神经网络的预测结果。

计算损失：将网络的预测结果与真实标签进行比较，计算损失函数的值。常见的损失函数包括交叉熵损失函数（Cross Entropy Loss）和均方误差（Mean Squared Error）等。

反向传播：从输出层开始，计算损失函数对各个参数的偏导数（梯度）。通过使用链式法则，将梯度信息从上一层传递到下一层，并计算每一层参数的梯度。对于全连接层和卷积层，可以使用矩阵乘法和卷积运算来计算梯度。对于激活函数，可以使用该层输出值和梯度值的乘积来计算梯度。

参数更新：根据计算得到的参数梯度，使用梯度下降算法（如批量梯度下降或随机梯度下降）来更新网络中的参数。通过乘以学习率和加上正则化项，可以控制参数的更新幅度和防止过拟合。

重复训练：重复执行上述步骤，对训练数据进行多次迭代训练，直到达到停止条件（如达到最大迭代次数或损失函数收敛）。

反向传播算法的关键在于使用链式法则计算参数的梯度，将梯度从输出层传播到输入层。这样做可以有效地计算出每一层参数的梯度，使网络能够根据损失函数的信息进行优化。

通过反向传播算法，卷积神经网络可以学习输入数据的特征和模式，并不断调整网络参数，提高预测性能。反向传播是训练卷积神经网络的核心算法之一，为深度学习在图像识别、计算机视觉和自然语言处理等领域的广泛应用提供了基础。

基于卷积神经网络的代码示例如下。

```
import torch # 需要的各种包
import torch. nn as nn
from torch. autograd import Variable
import torch. utils. data as data
import matplotlib. pyplot as plt
import torchvision # 数据库模块
# 数据预处理
# 将 training data 转化成 torch 能够使用的 DataLoader,这样可以方便使用 batch 进行训练
torch. manual_seed(1)# reproducible 将随机数生成器的种子设置为固定值,这样,当调用时
torch. rand(x),结果将可重现
# Hyper Parameters
EPOCH = 1 # 训练迭代次数
BATCH_SIZE = 50 # 分块送入训练器
LR = 0. 001 # 学习率 learning rate
train_data = torchvision. datasets. MNIST(
    root ='. /mnist/',# 保存位置,若没有就新建
    train =True,# training set
    transform =torchvision. transforms. ToTensor( ),#
```

```
    # converts a PIL. Image or numpy. ndarray to torch. FloatTensor(C*H*W)in range(0.0,1.0)
    download=True
)
test_data = torchvision. datasets. MNIST(root='./MNIST/')
# 如果是普通的 Tensor 数据,想使用 torch_dataset = data. TensorDataset(data_tensor=x,target_
tensor=y)
# 将 Tensor 转换成 torch 能识别的 dataset
# 批训练,50 samples,1 channel,28*28,(50,1,28 ,28)
train_loader = data. DataLoader(dataset=train_data,batch_size=BATCH_SIZE,shuffle=True)
test_x = Variable(torch. unsqueeze(test_data. test_data, dim = 1), volatile = True). type
(torch. FloatTensor)[:2000]/255.
# torch. unsqueeze 返回一个新的张量,对输入的既定位置插入维度 1
test_y = test_data. test_lables[:2000]
# 数据预处理
# 定义网络结构
# 1)class CNN 需要继承 Module
# 2)需要调用父类的构造方法:super(CNN,self). __init__()
# 3)在 Pytorch 中激活函数 Relu 也算是一层 layer
# 4)需要实现 forward()方法,用于网络的前向传播,而反向传播只需要调用 Variable. backward
()即可。
# 输入的四维张量[N,C,H,W]
class CNN(nn. Module):
    def __init__(self):
        super(CNN,self). __init__()
        # nn. Sequential 一个有序的容器,神经网络模块将按照在传入构造器的顺序依次被添加
到计算图中执行
        # 同时以神经网络模块为元素的有序字典也可以作为传入参数
        # nn. Conv2d 二维卷积,先实例化再使用在 Pytorch 的 nn 模块中,它是不需要你手动定义
网络层的权重和偏置的
        self. conv1 = nn. Sequential( #input shape (1,28,28)
            nn. Conv2d(in_channels=1,#input height 必须手动提供输入张量的 channels 数
                out_channels=16,#n_filter 必须手动提供输出张量的 channels 数
                kernel_size=5,#filter size 必须手动提供卷积核的大小
                # 如果左右两个数不同,比如 3×5 的卷积核,那么写作 kernel_size = (3,5),注
意需要写一个 tuple,而不能写一个列表(list)
                stride=1,#filter step 卷积核在图像窗口上每次平移的间隔,即所谓的步长
                padding=2 #con2d 出来的图片大小不变,Pytorch 与 TensorFlow 在卷积层实现上
最大的差别就在于 padding 上
```

```
），# output shape（16，28，28）输出图像尺寸计算公式是唯一的 # O =（I - K + 2P）/ S
+1
        nn. ReLU（），# 分段线性函数，把所有的负值都变为 0，而正值不变，即单侧抑制
        nn. MaxPool2d（kernel_size＝2）#2×2 采样，28/2＝14，output shape（16，14，14）maxpool-
ing 有局部不变性，而且可以在提取显著特征的同时降低模型的参数，从而降低模型的过拟合
        ）
        self. conv2 = nn. Sequential（nn. Conv2d（16，32，5，1，2），#output shape（32，7，7）
                    nn. ReLU（），
                    nn. MaxPool2d（2））
        # 因上述几层网络处理后的 output 为［32，7，7］的 tensor，展开即为 7×7×32 的一维向
量，接上一层全连接层，最终 output_size 应为 10，即识别出来的数字总类别数
        # 在二维图像处理的任务中，全连接层的输入与输出一般都设置为二维张量，形状通
常为［batch_size，size］
        self. out = nn. Linear（32×7×7，10）# 全连接层 7×7×32，num_classes
    def forward（self，x）：
        x = self. conv1（x）# 卷一次
        x = self. conv2（x）# 卷两次
        x = x. view（x. size（0），-1）#flat（batch_size，32×7×7）
        # 将前面多维度的 tensor 展平成一维 x. size（0）指 batchsize 的值
        # view（）函数的功能根 reshape 类似，用来转换 size 大小
        output = self. out（x）# fc out 全连接层分类器
        return output
# 定义网络结构、查看网络结构
cnn = CNN（）
print（cnn）# 使用 print（cnn）可以看到网络的结构详细信息，可以看到 ReLU（）也是一层 layer
# 查看网络结构
# 训练 需要特别指出的是，记得每次反向传播前都要清空上一次的梯度，optimizer. zero_grad（）
# optimizer 可以指定程序优化特定的选项，如学习速率、权重衰减等
optimizer = torch. optim. Adam（cnn. parameters（），lr＝LR）# torch. optim 是一个实现了多种优化
算法的包
# loss_fun CrossEntropyLoss 交叉熵损失。信息量：它是用来衡量一个事件的不确定性的；一个事
件发生的概率越大，不确定性越小，则它所携带的信息量就越小
# 熵：它是用来衡量一个系统的混乱程度的，代表一个系统中信息量的总和；信息量总和越大，
表明这个系统不确定性就越大
# 交叉熵：它主要刻画的是实际输出（概率）与期望输出（概率）的距离，也就是交叉熵的值越
小，两个概率分布就越接近
loss_func = nn. CrossEntropyLoss（）# 该损失函数结合了 nn. LogSoftmax（）和 nn. NLLLoss（）两
个函数，适用于分类
```

```
# training loop
for epoch in range(EPOCH):
    for i,(x,y)in enumerate(train_loader):
        batch_x = Variable(x)
        batch_y = Variable(y)
        output = cnn(batch_x)# 输入训练数据
        loss = loss_func(output,batch_y)# 计算误差 #  实际输出,期望输出
        optimizer. zero_grad( )# 清空上一次梯度
        loss. backward( )# 误差反向传递,只需要调用.backward( )即可
        optimizer. step( )# cnn 的优化器参数更新
# 训练、预测结果
# cnn. eval( )
test_output = cnn(test_x[:10])
pred_y = torch. max(test_output,1)[1]. data. numpy( ). squeeze( )
# torch. max(input,dim)函数
# torch. max(test_output,1)[1]   取出来 indices 每行最大值的索引
# 输入 input 是 softmax 函数输出的一个 tensor
# 输入 dim 是 max 函数索引的维度 0/1,0 是每列的最大值,1 是每行的最大值
# 输出函数会返回两个 tensor,第一个 tensor 是每行的最大值;第二个 tensor 是每行最大值的索引
# squeeze( )函数的功能是:从矩阵 shape 中,去掉维度为 1 的。例如一个矩阵是的 shape 是(5,
1),使用过这个函数后,结果为(5)
print(pred_y,'prediction number')
print(test_y[:10],'real number')
# 预测结果
```

4.3　卷积神经网络变异架构

4.3.1　ResNet

虽然 CNN 所具有的特点使其已被广泛应用于各领域,但其优势并不意味着目前存在的网络没有瑕疵。如何有效地训练层级很深的深度网络模型仍是一个有待研究的问题。尽管图像分类任务能受益于层级较深的卷积网络,但一些方法还是不能很好地处理遮挡或者运动模糊等问题。目前,基于 CNN 网络的变异[8-19] 主要有 ResNet、VGG、AlexNet、NiN 等。

ResNet 是在 2015 年由微软研究院提出的一种深度卷积神经网络结构[8],在 ImageNet 大规模视觉识别挑战赛(ImageNet Large Scale Visual Recognition Challenge, ILSVRC)中取得了冠军(分类、目标检测、图像分割)。主要的创新是在网络中引入了残差块(Residual Block),其中输入和输出之间添加了一个跳跃连接(Skip Connection),将输入直接加到输出上。这种跳跃连接的设计使网络可以更轻松地学习残差,从而解决了梯度消失和模型退化的

问题。ResNet 模型包括 ResNet-18、ResNet-34、ResNet-50、ResNet-101 和 ResNet-152 等。这些模型的深度和复杂度不断增加，但由于引入了残差学习，它们在准确性和性能方面都超过了传统的深层网络。通过在 ImageNet 数据集上进行大量的实验，证明了 ResNet 的有效性。在 ImageNet 图像分类任务上，ResNet 相对于以往的方法具有更低的错误率，并在 ImageNet 图像分类挑战赛中获得了显著的突破。

（1）ResNet 模型结构

ResNet 网络参考了 VGG19 网络，在其基础上进行修改，并通过短路机制加入了残差单元。变化主要体现在 ResNet 直接使用 stride=2 的卷积做下采样，并且用全局平均池化（Global Average Pool）层替换了全连接层。ResNet 的一个重要设计原则是当特征图（Feature Map）大小降低一半时，其数量增加一倍，保持了网络层的复杂度。从图 4-5 中可以看到，ResNet 相比普通网络，每两层间增加了短路机制，这就形成了残差学习，其中，虚线表示特征图数量发生变化。图 4-5 中展示的是 34-layer 的 ResNet。对于 18-layer 和 34-layer 的 ResNet，其进行的是两层间的残差学习，当网络更深时，其进行的是三层间的残差学习，三层卷积核分别是 1×1，3×3 和 1×1。在图 4-6 中展示了 18-layer、34-layer、50-layer、101-layer、152-layer 五种 ResNet 结构。

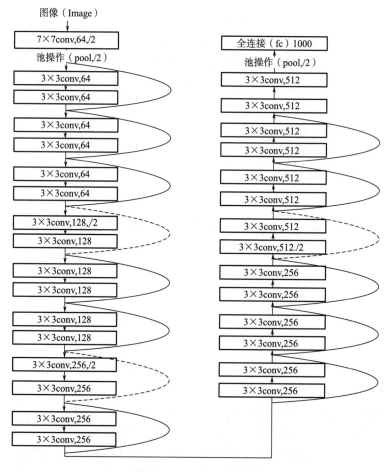

图 4-5 ResNet 34 模型图

层名称 （layer name）	输出尺寸 （output size）	18-layer	34-layer	50-layer	101-layer	152-layer
conv1	112×112	\multicolumn{5}{c}{7×7,64,stride 2}				
conv2_x	56×56	\multicolumn{5}{c}{3×3最大池,stride 2}				
conv2_x	56×56	$\begin{bmatrix} 3×3,64 \\ 3×3,64 \end{bmatrix}×2$	$\begin{bmatrix} 3×3,64 \\ 3×3,64 \end{bmatrix}×3$	$\begin{bmatrix} 1×1,64 \\ 3×3,64 \\ 1×1,256 \end{bmatrix}×3$	$\begin{bmatrix} 1×1,64 \\ 3×3,64 \\ 1×1,256 \end{bmatrix}×3$	$\begin{bmatrix} 1×1,64 \\ 3×3,64 \\ 1×1,256 \end{bmatrix}×3$
conv3_x	28×28	$\begin{bmatrix} 3×3,128 \\ 3×3,128 \end{bmatrix}×2$	$\begin{bmatrix} 3×3,128 \\ 3×3,128 \end{bmatrix}×4$	$\begin{bmatrix} 1×1,128 \\ 3×3,128 \\ 1×1,512 \end{bmatrix}×4$	$\begin{bmatrix} 1×1,128 \\ 3×3,128 \\ 1×1,512 \end{bmatrix}×4$	$\begin{bmatrix} 1×1,128 \\ 3×3,128 \\ 1×1,512 \end{bmatrix}×8$
conv4_x	14×14	$\begin{bmatrix} 3×3,256 \\ 3×3,256 \end{bmatrix}×2$	$\begin{bmatrix} 3×3,256 \\ 3×3,256 \end{bmatrix}×6$	$\begin{bmatrix} 1×1,256 \\ 3×3,256 \\ 1×1,1024 \end{bmatrix}×6$	$\begin{bmatrix} 1×1,256 \\ 3×3,256 \\ 1×1,1024 \end{bmatrix}×23$	$\begin{bmatrix} 1×1,256 \\ 3×3,256 \\ 1×1,1024 \end{bmatrix}×36$
conv5_x	7×7	$\begin{bmatrix} 3×3,512 \\ 3×3,512 \end{bmatrix}×2$	$\begin{bmatrix} 3×3,512 \\ 3×3,512 \end{bmatrix}×3$	$\begin{bmatrix} 1×1,512 \\ 3×3,512 \\ 1×1,2048 \end{bmatrix}×3$	$\begin{bmatrix} 1×1,512 \\ 3×3,512 \\ 1×1,2048 \end{bmatrix}×3$	$\begin{bmatrix} 1×1,512 \\ 3×3,512 \\ 1×1,2048 \end{bmatrix}×3$
	1×1	\multicolumn{5}{c}{平均池（average pool），全连接层softmax（·）激活函数（1000-d fc，softmax）}				
计算量（FLOPs）		$1.8×10^9$	$3.6×10^9$	$3.8×10^9$	$7.6×10^9$	$11.3×10^9$

图 4-6　ResNet 网络

（2）Residual 结构

图 4-7 左侧对应的是浅层网络，右侧对应的是深层网络。对于短路连接，当输入和输出维度一致时，可以直接将输入加到输出上。但是当维度不一致时（对应的是维度增加一倍），就不能直接相加。1×1 的卷积核用来降维和升维。

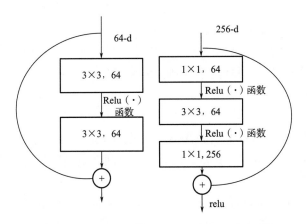

图 4-7　residual 结构

（3）批标准化

在 ResNet 模型中，批标准化（Batch Normalization）被广泛应用于网络的每个残差块（Residual Block）。批标准化的目的是在网络的每一层中对输入进行归一化处理，从而加速训练过程并提高模型的泛化能力。

在 ResNet 中，批标准化通常在每个残差块的卷积层之后和非线性激活函数之前应用。具体来说，在每个残差块中，批标准化的操作可以分为以下三个步骤。

①对每个小批量（Batch）的输入数据进行归一化：对于残差块的输入数据，计算其特征维度上的均值和方差。

②应用归一化：将每个特征维度的值减去均值，然后除以方差，从而使特征值分布接近标准正态分布。

③伸缩和平移：为了保留网络的表示能力，批标准化引入了可学习的伸缩因子和平移量，以便在归一化后的值上进行适当的缩放和平移。

批标准化的作用是使网络的每一层的输入分布更稳定，有助于加速网络的收敛过程，并降低模型对初始参数的敏感性。它还可以解决梯度消失问题，使深层网络更容易训练。此外，批标准化还具有一定的正则化效果，可以在一定程度上减少过拟合。

（4）ResNet 优缺点

优点：

①解决梯度消失和模型退化问题：ResNet 通过引入残差学习和跳跃连接的概念，有效地解决了深层神经网络中的梯度消失和模型退化问题。这使 ResNet 可以构建非常深的网络，具有更好的性能和学习能力。

②更容易训练：由于梯度可以通过跳跃连接直接传播，ResNet 模型更容易训练。它允许使用更高的学习率，加快了收敛速度，并降低了过拟合的风险。

③强大的特征表示能力：ResNet 的残差块允许网络学习残差变化，从而能够更好地捕捉和表示输入和输出之间的关系。这使 ResNet 在图像分类、目标检测、语义分割等任务中具有强大的特征提取和表示能力。

④网络参数共享：ResNet 中的跳跃连接使前一层的特征可以直接传递给后续层，这种参数共享的机制使网络更加高效。ResNet 相对于其他深层网络模型来说，具有相对较少的参数量，可以更容易地部署在计算资源有限的设备上。

⑤可扩展性：ResNet 的模型结构非常灵活和可扩展，可以通过增加残差块的深度和宽度来构建更深、更复杂的网络。这种可扩展性使 ResNet 适用于各种计算机视觉任务，并且可以根据实际需求进行调整和扩展。

缺点：

①模型复杂性：由于 ResNet 模型的深度和复杂性较高，需要较多的计算资源和存储空间。尤其是较深的 ResNet 模型可能需要更长的训练时间和更高的显存需求，这对于一些资源受限的环境可能不太适用。

②训练数据要求：由于 ResNet 模型的深度，它对大量的训练数据的需求较高。当训练数据集较小或标注有限时，ResNet 模型可能容易过拟合，导致性能下降。

③参数量较大：相对于一些轻量级的模型，ResNet 模型的参数量较大。这导致在资源受限的环境中，如移动设备或嵌入式系统中的部署变得困难。

④特征失真问题：由于 ResNet 模型中的跳跃连接，残差块中的输入会直接与输出相加。这种操作可能会导致特征失真，特别是当输入和输出的尺寸不匹配时。为了解决这个问题，需要使用额外的卷积层或池化操作来调整特征的尺寸，增加了网络的复杂性。

⑤对于小规模数据集的泛化能力：ResNet 模型在大规模数据集上表现出色，但在小规模数据集上的泛化能力可能会有所下降。这是因为 ResNet 的深度和复杂性使模型对训练数据的依赖性增加，从而在小规模数据集上容易过拟合。

ResNet 模型代码如下。

```
import torch. nn as nn
import torch
# 定义 ResNet18/34 的残差结构, 为 2 个 3×3 的卷积
class BasicBlock( nn. Module) :
    # 判断残差结构中, 主分支的卷积核个数是否发生变化, 不变则为 1
    expansion = 1
    # init( ) : 进行初始化, 申明模型中各层的定义
    # downsample = None 对应实线残差结构, 否则为虚线残差结构
    def __init__( self, in_channel, out_channel, stride = 1, downsample = None, * * kwargs) :
        super( BasicBlock, self). __init__( )
        self. conv1 = nn. Conv2d( in_channels = in_channel, out_channels = out_channel,
                    kernel_size = 3, stride = stride, padding = 1, bias = False)
        # 使用批量归一化
        self. bn1 = nn. BatchNorm2d( out_channel)
        # 使用 ReLU 作为激活函数
        self. relu = nn. ReLU( )
        self. conv2 = nn. Conv2d( in_channels = out_channel, out_channels = out_channel,
                    kernel_size = 3, stride = 1, padding = 1, bias = False)
        self. bn2 = nn. BatchNorm2d( out_channel)
        self. downsample = downsample
    # forward( ) : 定义前向传播过程, 描述了各层之间的连接关系
    def forward( self, x) :
        # 残差块保留原始输入
        identity = x
        # 如果是虚线残差结构, 则进行下采样
        if self. downsample is not None:
            identity = self. downsample( x)
        out = self. conv1( x)
        out = self. bn1( out)
        out = self. relu( out)
        # ----------------------------------------
        out = self. conv2( out)
        out = self. bn2( out)
        # 主分支与 shortcut 分支数据相加
        out += identity
        out = self. relu( out)
        return out
# 定义 ResNet50/101/152 的残差结构, 为 1×1+3×3+1×1 的卷积
```

```python
class Bottleneck(nn.Module):
    # expansion 是指在每个小残差块内,减小尺度增加维度的倍数,如 64 * 4 = 256
    # Bottleneck 层输出通道是输入的 4 倍
    expansion = 4
    # init( ):进行初始化,申明模型中各层的定义
    # downsample = None 对应实线残差结构,否则为虚线残差结构,专门用来改变 x 的通道数
    def __init__(self, in_channel, out_channel, stride = 1, downsample = None,
                 groups = 1, width_per_group = 64):
        super(Bottleneck, self).__init__()
        width = int(out_channel * (width_per_group / 64.)) * groups
        self.conv1 = nn.Conv2d(in_channels = in_channel, out_channels = width,
                    kernel_size = 1, stride = 1, bias = False)
        # 使用批量归一化
        self.bn1 = nn.BatchNorm2d(width)
        self.conv2 = nn.Conv2d(in_channels = width, out_channels = width, groups = groups,
                    kernel_size = 3, stride = stride, bias = False, padding = 1)
        self.bn2 = nn.BatchNorm2d(width)
        self.conv3 = nn.Conv2d(in_channels = width, out_channels = out_channel * self.expansion,
                    kernel_size = 1, stride = 1, bias = False)
        self.bn3 = nn.BatchNorm2d(out_channel * self.expansion)
        # 使用 ReLU 作为激活函数
        self.relu = nn.ReLU(inplace = True)
        self.downsample = downsample
    # forward( ):定义前向传播过程,描述了各层之间的连接关系
    def forward(self, x):
        # 残差块保留原始输入
        identity = x
        # 如果是虚线残差结构,则进行下采样
        if self.downsample is not None:
            identity = self.downsample(x)
        out = self.conv1(x)
        out = self.bn1(out)
        out = self.relu(out)
        out = self.conv2(out)
        out = self.bn2(out)
        out = self.relu(out)
        out = self.conv3(out)
        out = self.bn3(out)
```

```
    # 主分支与 shortcut 分支数据相加
    out += identity
    out = self.relu(out)
    return out
# 定义 ResNet 类
class ResNet(nn.Module):
    # 初始化函数
    def __init__(self,
            block,
            blocks_num,
            num_classes=1000,
            include_top=True,
            groups=1,
            width_per_group=64):
        super(ResNet,self).__init__()
        self.include_top = include_top
        # maxpool 的输出通道数为 64,残差结构的输入通道数为 64
        self.in_channel = 64
        self.groups = groups
        self.width_per_group = width_per_group
        self.conv1 = nn.Conv2d(3,self.in_channel,kernel_size=7,stride=2,
                    padding=3,bias=False)
        self.bn1 = nn.BatchNorm2d(self.in_channel)
        self.relu = nn.ReLU(inplace=True)
        self.maxpool = nn.MaxPool2d(kernel_size=3,stride=2,padding=1)
        # 浅层的 stride=1,深层的 stride=2
        # block:定义的两种残差模块
        # block_num:模块中残差块的个数
        self.layer1 = self._make_layer(block,64,blocks_num[0])
        self.layer2 = self._make_layer(block,128,blocks_num[1],stride=2)
        self.layer3 = self._make_layer(block,256,blocks_num[2],stride=2)
        self.layer4 = self._make_layer(block,512,blocks_num[3],stride=2)
        if self.include_top:
            # 自适应平均池化,指定输出(H,W),通道数不变
            self.avgpool = nn.AdaptiveAvgPool2d((1,1))
            # 全连接层
            self.fc = nn.Linear(512 * block.expansion,num_classes)
        # 遍历网络中的每一层
```

```
        # 继承 nn. Module 类中的一个方法:self. modules( ),它会返回该网络中的所有 modules
        for m in self. modules( ) :
            # isinstance( object,type) :如果指定对象是指定类型,则 isinstance( )函数返回 True
            # 如果是卷积层
            if isinstance( m,nn. Conv2d) :
                # kaiming 正态分布初始化,使 Conv2d 卷积层反向传播的输出的方差都为 1
                # fan_in:权重是通过线性层(卷积或全连接)隐性确定的
                # fan_out:通过创建随机矩阵显式创建权重
                nn. init. kaiming_normal_( m. weight,mode = ' fan_out' ,nonlinearity = ' relu' )
    # 定义残差模块,由若干个残差块组成
    # block:定义的两种残差块,channel:该模块中所有卷积层的基准通道数
        block_num:模块中残差块的个数
    def _make_layer( self,block,channel,block_num,stride = 1) :
        downsample = None
        # 如果满足条件,则是虚线残差结构
        if stride ! = 1 or self. in_channel ! = channel * block. expansion:
            downsample = nn. Sequential(
                nn. Conv2d( self. in_channel,channel * block. expansion,kernel_size = 1,stride = stride,bi-
as = False) ,
                nn. BatchNorm2d( channel * block. expansion) )
        layers = [ ]
        layers. append( block( self. in_channel,
                    channel,
                    downsample = downsample,
                    stride = stride,
                    groups = self. groups,
                    width_per_group = self. width_per_group) )
        self. in_channel = channel * block. expansion
        for _ in range( 1,block_num) :
            layers. append( block( self. in_channel,
                    channel,
                    groups = self. groups,
                    width_per_group = self. width_per_group) )
        # Sequential:自定义顺序连接成模型,生成网络结构
        return nn. Sequential( * layers)
    # forward( ):定义前向传播过程,描述了各层之间的连接关系
    def forward( self,x) :
        # 无论哪种 ResNet,都需要的静态层
```

```
        x = self. conv1(x)
        x = self. bn1(x)
        x = self. relu(x)
        x = self. maxpool(x)
        # 动态层
        x = self. layer1(x)
        x = self. layer2(x)
        x = self. layer3(x)
        x = self. layer4(x)
        if self. include_top:
            x = self. avgpool(x)
            x = torch. flatten(x, 1)
            x = self. fc(x)
        return x
# ResNet( )中 block 参数对应的位置是 BasicBlock 或 Bottleneck
# ResNet( )中 blocks_num[0-3]对应[3,4,6,3],表示残差块中的残差数
# 34 层的 resnet
def resnet34(num_classes = 1000, include_top = True):
    # https://download. pytorch. org/models/resnet34-333f7ec4. pth
    return ResNet(BasicBlock, [3,4,6,3], num_classes = num_classes, include_top = include_top)
# 50 层的 resnet
def resnet50(num_classes = 1000, include_top = True):
        # https://download. pytorch. org/models/resnet50-19c8e357. pth
        return ResNet(Bottleneck, [3,4,6,3], num_classes = num_classes, include_top = include_top)
# 101 层的 resnet
def resnet101(num_classes = 1000, include_top = True):
    # https://download. pytorch. org/models/resnet101-5d3b4d8f. pth
    return ResNet(Bottleneck, [3,4,23,3], num_classes = num_classes, include_top = include_top)
```

4. 3. 2　AlexNet

深度卷积神经网络 AlexNet 是由亚历克斯·克里切夫斯基（Alex Krizhevsky）、伊利亚·苏茨克沃（Ilya Sutskever）和杰弗里·辛顿（Geoffrey Hinton）于 2012 年提出的[5]。它是第一个在 ImageNet 数据集上获得较低错误率的深度卷积神经网络。AlexNet 的成功标志着深度学习的新时代的开始。它首次证明了学习到的特征可以超越手工设计的特征，一举打破了计算机视觉研究的现状。AlexNet 使用了 8 层卷积神经网络，并以很大的优势赢得了 2012 年 ILSVRC。AlexNet 的设计灵感来源于生成对抗网络（GAN），它是一种由两个互相竞争的神经网络组成的模型：生成器和判别器。生成器负责生成逼真的图像，而判别器负责区分生成的图像和真实图像。通过反复迭代训练，生成器不断提高生成图像的质量，同时判别器也不断

提高准确判断生成图像的能力。

AlexNet 在训练过程中使用了大量的图像数据，这些数据没有人工标签。通过自监督学习的方式，它从原始图像中学习到了丰富的图像特征表示。这种无监督学习的方法使 AlexNet 能够生成逼真的图像，并且具有较强的泛化能力，可以生成多种不同风格和内容的图像。

AlexNet 的应用非常广泛，可以用于图像修复、图像增强、图像生成等任务。它可以生成逼真的照片，甚至可以生成艺术作品、插图和虚拟场景。AlexNet 的出色表现使它成为计算机视觉领域的研究热点，并被广泛应用于学术研究和工业应用中。

AlexNet 和 LeNet 的架构非常相似，如图 4-8 所示。

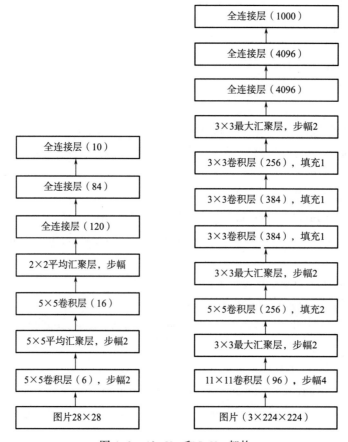

图 4-8　AlexNet 和 LeNet 架构

AlexNet 和 LeNet 的设计理念非常相似，但也存在显著差异。

AlexNet 相较于 LeNet，有以下四个重要的优势。

①更深的网络结构：AlexNet 有 5 层卷积层和 3 层全连接层，相较于 LeNet 的 3 层卷积层和 2 层全连接层，网络更深，可以提取更多的特征。

②更大的数据集：AlexNet 使用的是 ImageNet 数据集，包含 120 万张图片，相较于 LeNet 的 MNIST 数据集，数据更加丰富，可以更好地训练模型。

③更小的卷积核：AlexNet 使用的是 11×11 的卷积核，相较于 LeNet 的 5×5 卷积核，可以提取更大范围内的特征，提升模型的准确率。

④更高的计算能力：AlexNet 使用了两个图形处理器（Graphics Processing Unit，GPU）进行并行计算，加快了训练速度，同时使用了随机失活（Dropout）等技术，避免了过拟合。

AlexNet 的改进主要体现在以下四个方面。

①使用 ReLU 激活函数：相较于 LeNet 的 Sigmoid 激活函数，ReLU 激活函数更加高效，可以加速训练。

②使用随机失活（Dropout）技术：为了避免过拟合，AlexNet 加入了随机失活（Dropout）技术，随机将一些神经元的输出置为 0，可以减少神经元之间的依赖关系，提高模型的泛化能力。

③数据增强：AlexNet 在训练时使用了数据增强技术，包括裁剪、翻转、旋转等，可以增加数据的多样性，提高模型的鲁棒性。

④局部响应归一化：AlexNet 在卷积层后加入了局部响应归一化层，可以增强特征的鲁棒性，提高模型的准确率。

（1）AlexNet 的模型细节

在 AlexNet 的第一层，卷积窗口的形状是 11×11。由于 ImageNet 中大多数图像的宽和高比 MNIST 图像多 10 倍以上，因此，需要一个更大的卷积窗口来捕获目标。第二层中的卷积窗口形状被缩减为 5×5，然后是 3×3。此外，在第一层、第二层和第五层卷积层之后，加入窗口形状为 3×3、步幅为 2 的最大汇聚层。而且，AlexNet 的卷积通道数目是 LeNet 的 10 倍。在最后一个卷积层后有两个全连接层，分别有 4096 个输出。这两个巨大的全连接层拥有将近 1GB 的模型参数。由于早期 GPU 显存有限，原版的 AlexNet 采用了双数据流设计，使每个 GPU 只负责存储和计算模型的一半参数。幸运的是，现在 GPU 显存相对充裕，所以很少需要跨 GPU 分解模型。此外，AlexNet 将 Sigmoid 激活函数改为更简单的 ReLU 激活函数。一方面，ReLU 激活函数的计算更简单，它不需要如 Sigmoid 激活函数那般复杂的求幂运算。另一方面，当使用不同的参数初始化方法时，ReLU 激活函数使训练模型更加容易。当 Sigmoid 激活函数的输出非常接近于 0 或 1 时，这些区域的梯度几乎为 0，因此反向传播无法继续更新一些模型参数。相反，ReLU 激活函数在正区间的梯度总是 1。因此，如果模型参数没有正确初始化，Sigmoid 函数可能在正区间内得到几乎为 0 的梯度，从而使模型无法得到有效的训练。

下面是一个简单的 AlexNet 模型的实现。

```
import torch
from torch import nn
from d2l import torch as d2l
net = nn.Sequential(
    # 这里使用一个 11×11 的更大窗口来捕捉对象
    # 同时,步幅为 4,以减少输出的高度和宽度
    # 另外,输出通道的数目远大于 LeNet
    nn.Conv2d(1,96,kernel_size=11,stride=4,padding=1),nn.ReLU(),
    nn.MaxPool2d(kernel_size=3,stride=2),
    # 减小卷积窗口,使用填充为 2 来使输入与输出的高和宽一致,且增加输出通道数
    nn.Conv2d(96,256,kernel_size=5,padding=2),nn.ReLU(),
    nn.MaxPool2d(kernel_size=3,stride=2),
```

```
# 使用三个连续的卷积层和较小的卷积窗口
# 除了最后的卷积层,输出通道的数量进一步增加
# 在前两个卷积层之后,汇聚层不用于减少输入的高度和宽度
nn. Conv2d(256,384,kernel_size=3,padding=1),nn. ReLU( ),
nn. Conv2d(384,384,kernel_size=3,padding=1),nn. ReLU( ),
nn. Conv2d(384,256,kernel_size=3,padding=1),nn. ReLU( ),
nn. MaxPool2d(kernel_size=3,stride=2),
nn. Flatten( ),
# 这里,全连接层的输出数量是 LeNet 中的好几倍。使用 Dropout 层来减轻过拟合
nn. Linear(6400,4096),nn. ReLU( ),
nn. Dropout(p=0.5),
nn. Linear(4096,4096),nn. ReLU( ),
nn. Dropout(p=0.5),
# 最后是输出层。
nn. Linear(4096,10))
```

下面构造一个高度和宽度都为 224 的单通道数据,来观察每一层输出的形状。便于与图 4-8 的 AlexNet 架构相匹配。

```
X = torch. randn(1,1,224,224)
for layer in net:
    X=layer(X)
    print(layer. __class__. __name__,' output shape:\t' ,X. shape)
```

下面是代码的输出结果:

```
Conv2d output shape:          torch. Size([1,96,54,54])
ReLU output shape:            torch. Size([1,96,54,54])
MaxPool2d output shape:       torch. Size([1,96,26,26])
Conv2d output shape:          torch. Size([1,256,26,26])
ReLU output shape:            torch. Size([1,256,26,26])
MaxPool2d output shape:       torch. Size([1,256,12,12])
Conv2d output shape:          torch. Size([1,384,12,12])
ReLU output shape:            torch. Size([1,384,12,12])
Conv2d output shape:          torch. Size([1,384,12,12])
ReLU output shape:            torch. Size([1,384,12,12])
Conv2d output shape:          torch. Size([1,256,12,12])
ReLU output shape:            torch. Size([1,256,12,12])
MaxPool2d output shape:       torch. Size([1,256,5,5])
Flatten output shape:         torch. Size([1,6400])
Linear output shape:          torch. Size([1,4096])
ReLU output shape:            torch. Size([1,4096])
```

Dropout output shape：	torch. Size([1,4096])
Linear output shape：	torch. Size([1,4096])
ReLU output shape：	torch. Size([1,4096])
Dropout output shape：	torch. Size([1,4096])
Linear output shape：	torch. Size([1,10])

（2）AlexNet 的训练过程

AlexNet 的训练过程非常复杂，需要使用大量的计算资源和技巧来实现。下面将对 Alex-Net 的训练过程进行详细介绍。

①数据预处理：在训练 AlexNet 之前，需要对 ImageNet 数据集进行预处理。首先，将每个图像缩放为 256×256 的大小。其次，从图像的中心裁剪出 227×227 的子图像，并在 RGB 通道上进行归一化处理。最后，随机地对每个图像进行水平翻转、裁剪等数据增强操作。

②模型初始化：在训练过程中，需要对 AlexNet 的权重和偏置进行初始化。为了避免梯度消失或梯度爆炸的问题，可以使用一些随机初始化方法，如高斯分布、均匀分布等。

③反向传播算法：在训练过程中，需要使用反向传播算法来计算每个参数的梯度。该算法需要计算每个参数对损失函数的偏导数，并将其乘以一个学习率来更新参数。

④批量归一化：为了加快模型的收敛速度，可以使用批量归一化技术。该技术可以对每个小批量的输入数据进行归一化处理，并对归一化后的数据进行线性变换和偏置，从而增加模型的非线性和鲁棒性。

⑤正则化技术：为了减少过拟合的风险，可以使用正则化技术。常见的正则化技术包括 L1 正则化、L2 正则化和随机失活（Dropout）技术。这些技术可以对模型的权重和偏置进行约束，从而减少模型的自由度。

（3）AlexNet 在计算机视觉领域的重要性

AlexNet 的成功极大地推动了深度学习的发展，并且在计算机视觉领域得到了广泛的应用。它为许多后来的深度学习模型提供了灵感和基础。下面将介绍 AlexNet 在计算机视觉领域的重要性。

①图像分类：AlexNet 是一个用于图像分类的深度学习模型[14]，它可以将输入的图像分为不同的类别。该模型在 ImageNet 数据集上取得了最佳结果，证明了深度学习在图像分类领域的重要性。

②目标检测：AlexNet 的卷积层可以提取输入图像中的特征，这些特征可以用于目标检测任务。目标检测任务需要找到图像中的物体，并将它们分为不同的类别。

③物体识别：AlexNet 的卷积层可以提取输入图像中的特征，这些特征可以用于物体识别任务。物体识别任务需要识别图像中的物体，并将它们分为不同的类别。AlexNet 的卷积层可以对输入图像进行特征提取，并将这些特征输入后续的分类器中进行分类。

④人脸识别：AlexNet 的卷积层可以提取输入图像中的特征，这些特征可以用于人脸识别任务。人脸识别任务需要识别图像中的人脸，并将它们分为不同的个体。

总之，AlexNet 在计算机视觉领域的重要性不言而喻。它为深度学习的发展开辟了新的道路，并为许多后来的深度学习模型提供了灵感和基础。AlexNet 的成功证明了深度学习在图像分类领域的重要性，并为计算机视觉领域的其他应用提供了新的思路和方法。

4.3.3　VGG

VGG 是 2014 年牛津大学视觉几何组（Oxford Visual Geometry Group）提出的，其在 2014 年的 ILSVRC-2014 中获得了亚军，第一名是 GooLeNet。相比 AlexNet，VGG 使用了更深的网络结构，证明了增加网络深度能在一定程度上影响网络性能。

VGG 最大的特点是它在之前的网络模型上，通过比较彻底地采用 3×3 尺寸的卷积核来堆叠神经网络，从而加深整个神经网络的层级。并且 VGG 给出了一个非常振奋人心的结论：卷积神经网络的深度增加和小卷积核的使用对网络的最终分类识别效果有很大的作用。

VGG 的亮点：

①小卷积核组：作者通过堆叠多个 3×3 的卷积核（少数使用 1×1）来替代大的卷积核，以减少所需参数。

②小池化核：相较于 AlexNet 使用的 3×3 的卷积核，VGG 全部为 2×2 的卷积核。

③网络更深层特征图更宽：卷积核专注于增加通道数，池化专注于缩小高和宽，使模型更深更宽的同时，计算量的增加不断放缓。

④用卷积核替代全连接：作者在测试阶段将 3 个全连接层替换为 3 个卷积层，使测试得到的模型结构可以接收任意高度或宽度的输入。

⑤多尺度：作者从多尺度训练可以提升性能受到启发，训练和测试时使用整张图片的不同尺度的图像，以提高模型的性能。

⑥去掉了 LRN 层：作者发现深度网络中局部响应归一化（Local Response Normalization，LRN）层作用不明显。

与 AlexNet、LeNet 一样，VGG 网络可以分为两部分：第一部分主要由卷积层和汇聚层组成，第二部分由全连接层组成。从 AlexNet 到 VGG，它们本质上都是块设计，如图 4-9 所示。

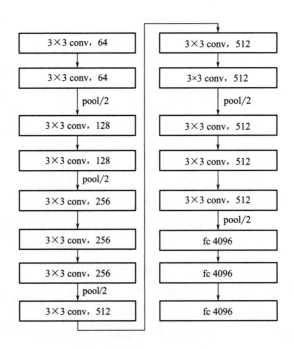

图 4-9　VGG16 模型

（1）VGG16 模型细节

以 VGG16 进行网络结构介绍，其他组类型大同小异。整个模型结构可分为两大部分：提取特征网络结构与分类网络结构，卷积层默认 kernel_ size＝3，padding＝1；池化层默认 size＝2，strider＝2。下面进行结构分析：

输入图像尺寸为 224×224×3

经过 2 层的 64×3×3 卷积核，即卷积两次，再经过 ReLU 激活，输出尺寸大小为 224×224×64

经最大池化层（Maxpooling），图像尺寸减半，输出尺寸大小为 112×112×64

经过 2 层的 128×3×3 卷积核，即卷积两次，再经过 ReLU 激活，输出尺寸大小为 112×112×128

经最大池化层（Maxpooling），图像尺寸减半，输出尺寸大小为 56×56×128

经过 3 层的 256×3×3 卷积核，即卷积三次，再经过 ReLU 激活，输出尺寸大小为 56×56×256

经最大池化层（Maxpooling），图像尺寸减半，输出尺寸大小为 28×28×256

经过 3 层的 512×3×3 卷积核，即卷积三次，再经过 ReLU 激活，输出尺寸大小为 28×28×512

经最大池化层（Maxpooling），图像尺寸减半，输出尺寸大小为 14×14×512

经过 3 层的 512×3×3 卷积核，即卷积三次，再经过 ReLU 激活，输出尺寸大小为 14×14×512

经最大池化层（Maxpooling），图像尺寸减半，输出尺寸大小为 7×7×512

然后将 Feature Map 展平，输出一维尺寸为 7×7×512＝25088

经过 2 层的 1×1×4096 全连接层，经过 ReLU 激活，输出尺寸为 1×1×4096

经过 1 层的 1×1×1000 全连接层（1000 由最终分类数量决定，当年比赛需要分 1000 类）输出尺寸为 1×1×1000，最后通过 softmax 输出 1000 个预测结果

下面是一个 VGG16 模型的代码实现

```
class VGG16( nn. Module)：
    def __init__( self, num_classes＝1000)：
        super( VGG16, self). __init__()
        self. features ＝ nn. Sequential(
            # 第一段卷积层
            nn. Conv2d(3, 64, kernel_size＝3, padding＝1),
            nn. ReLU( inplace＝True),
            nn. Conv2d(64, 64, kernel_size＝3, padding＝1),
            nn. ReLU( inplace＝True),
            nn. MaxPool2d( kernel_size＝2, stride＝2),
            # 第二段卷积层
            nn. Conv2d(64, 128, kernel_size＝3, padding＝1),
            nn. ReLU( inplace＝True),
```

```
            nn. Conv2d(128, 128, kernel_size=3, padding=1),
            nn. ReLU(inplace=True),
            nn. MaxPool2d(kernel_size=2, stride=2),
            # 第三段卷积层
            nn. Conv2d(128, 256, kernel_size=3, padding=1),
            nn. ReLU(inplace=True),
            nn. Conv2d(256, 256, kernel_size=3, padding=1),
            nn. ReLU(inplace=True),
            nn. Conv2d(256, 256, kernel_size=3, padding=1),
            nn. ReLU(inplace=True),
            nn. MaxPool2d(kernel_size=2, stride=2),
            # 第四段卷积层
            nn. Conv2d(256, 512, kernel_size=3, padding=1),
            nn. ReLU(inplace=True),
            nn. Conv2d(512, 512, kernel_size=3, padding=1),
            nn. ReLU(inplace=True),
            nn. Conv2d(512, 512, kernel_size=3, padding=1),
            nn. ReLU(inplace=True),
            nn. MaxPool2d(kernel_size=2, stride=2),
            # 第五段卷积层
            nn. Conv2d(512, 512, kernel_size=3, padding=1),
            nn. ReLU(inplace=True),
            nn. Conv2d(512, 512, kernel_size=3, padding=1),
            nn. ReLU(inplace=True),
            nn. Conv2d(512, 512, kernel_size=3, padding=1),
            nn. ReLU(inplace=True),
            nn. MaxPool2d(kernel_size=2, stride=2)
        )
        self. classifier = nn. Sequential(
            nn. Linear(512 × 7 × 7, 4096),
            nn. ReLU(inplace=True),
            nn. Linear(4096, 4096),
            nn. ReLU(inplace=True),
            nn. Linear(4096, num_classes)
        )
    def forward(self, x):
        x = self. features(x)
        x = torch. flatten(x, 1)
```

```
        x = self. classifier( x )
        return x
# 创建 VGG16 模型实例
model = VGG16( )
# 打印模型结构
print( model )
```

（2）VGG 模型特点

使用 3×3 卷积核替代 7×7 卷积核，3×3 卷积核是能够感受到上下、左右、重点的最小的感受野尺寸。并且，2 个 3×3 的卷积核叠加，它们的感受野等同于 1 个 5×5 的卷积核，3 个叠加后，它们的感受野等同于 1 个 7×7 的效果。由于感受野相同，3 个 3×3 的卷积核，使用了 3 个非线性激活函数，增加了非线性表达能力，使分割平面更具有可分性。使用 3×3 卷积核可以减少参数，假设现在有 3 层 3×3 卷积核堆叠的卷积层，卷积核的通道是 C 个，那么它的参数总数是 $3 \times (3C \times 3C) = 27C^2$。同样和它感受野大小一样的一个卷积层，卷积核是 7×7 的尺寸，通道也是 C 个，那么它的参数总数就是 49^2。而且通过上述方法网络层数还加深了。三层 3×3 的卷积核堆叠参数量比一层 7×7 的卷积核参数量还要少。总的来说，使用 3×3 卷积核堆叠的形式，既增加了网络层数又减少了参数量。相比于 AlexNet 只有 5 层卷积层，VGG 系列加深了网络的深度，更深的结构有助于网络提取图像中更复杂的语义信息。它的缺点在于，参数量有 140M 之多，需要更大的存储空间，其中绝大多数的参数都来自第一个全连接层，并且 VGG 有 3 个全连接层。

4.3.4　NiN

NiN 即网络中的网络（Network in Network），是一种由林敏（Min Lin）等于 2013 年提出的深度神经网络架构。相较于传统的卷积神经网络，NiN 引入了"1×1 卷积层"以及全局平均池化层，这两个模块的引入使 NiN 模型可以通过不同的网络层抽取多层次、多尺度的特征。

NiN 的核心思想是通过在卷积神经网络的最后两层之间添加一个或多个全局平均池化层（Global Average Pooling Layer），将每个空间位置的特征合并为一个全局统计值，从而减少模型的参数量，防止过拟合。与全连接层相比，全局平均池化层能更好地提取特征，因为它不依赖于特定的位置信息，而是能够更好地保留特征图的整体信息。此外，NiN 中还引入了 1×1 卷积层，它的作用在于改变通道数。通过对特征通道进行 1×1 卷积，可以让不同通道之间的特征在保留其信息的同时，使这些特征更加明确，进而提高模型的准确率。

NiN 的整体结构包括多个 NiN 块，每个 NiN 块包括一个卷积层、多个 1×1 卷积层和全局平均池化层。其中，NiN 块的卷积层使用了普通的卷积层，而不是分离卷积，因此模型可以学习不同特征尺度之间的相互关系。NiN 的最后一层通常是全局平均池化层和全连接层，用于分类。由于 NiN 中引入了全局平均池化层和 1×1 卷积层，因此，NiN 模型相较于传统的卷积神经网络具有更好的性能和更少的参数量。

NiN 中涉及一个全局平均汇聚层的卷积神经网络结构，在最后一层卷积层后面添加一个全局平均汇聚层，用于将卷积层的输出进行降维，从而得到一个固定长度的特征向量。与全连接层相比，全局平均汇聚层具有以下优点。

①参数少：全局平均汇聚层不包含可训练参数，因此它的计算量比全连接层小，可以避免过拟合。

②降低过拟合：由于全局平均汇聚层可以对每个通道进行平均池化，因此，其对空间信息的保留比较好，可以提高网络的泛化能力，从而减少过拟合。

③不依赖于输入大小：由于全局平均汇聚层的输出特征向量的长度与输入大小无关，因此可以处理不同大小的输入。

④更适合于可视化：全局平均汇聚层将卷积层的输出降维到一个固定长度的特征向量，这个特征向量可以更方便地进行可视化，帮助理解模型的行为。

总之，全局平均汇聚层是一种有效的降维方法，可以帮助神经网络提取更加具有代表性的特征，并在一定程度上避免过拟合。

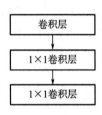

图 4-10　NiN 块

对于输入的 Feature Map，每个通道内的所有值进行平均得到一个标量输出。对于输入 Feature Map 的每个通道，都执行第 1 步，得到通道内所有值的平均值。将每个通道的平均值串联起来，作为输出。全局平均汇聚层的输出是对输入特征图的每个通道执行平均池化后的结果，通常是一个大小为 1×1 通道数的特征图。这个特征图可以被视为每个通道特征的"汇聚"，因为它将该通道的所有信息转换为一个标量值。这种操作通常在最后的卷积层后使用，以将卷积层输出的高维特征图压缩为低维的特征向量，方便后续的全连接层处理。NiN 模型结构如图 4-10、图 4-11 所示。

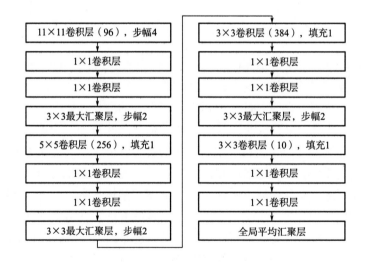

图 4-11　NiN 模型结构

NiN 模型代码实现如下：

NiN 块构建

```
import torch
from torch import nn
from d2l import torch as d2l
def nin_block(in_channels, out_channels, kernel_size, strides, padding):
```

```
    return nn.Sequential(
        nn.Conv2d(in_channels, out_channels, kernel_size, strides, padding),
        nn.ReLU(),
        nn.Conv2d(out_channels, out_channels, kernel_size=1), nn.ReLU(),
        nn.Conv2d(out_channels, out_channels, kernel_size=1), nn.ReLU())
```

NiN 模型构建

```
net = nn.Sequential(
    nin_block(1, 96, kernel_size=11, strides=4, padding=0),
    nn.MaxPool2d(3, stride=2),
    nin_block(96, 256, kernel_size=5, strides=1, padding=2),
    nn.MaxPool2d(3, stride=2),
    nin_block(256, 384, kernel_size=3, strides=1, padding=1),
    nn.MaxPool2d(3, stride=2),
    nn.Dropout(0.5),
    # 标签类别数是 10
    nin_block(384, 10, kernel_size=3, strides=1, padding=1),
    nn.AdaptiveAvgPool2d((1, 1)),
    # 将四维的输出转成二维的输出,其形状为(批量大小,10)
    nn.Flatten())
```

查看输出结果

```
X = torch.rand(size=(1,1,224,224))
for layer in net:
    X = layer(X)
    print(layer.__class__.__name__,' output shape:\t', X.shape)
```

输出结果展示

```
Sequential output shape:        torch.Size([1,96,54,54])
MaxPool2d output shape:         torch.Size([1,96,26,26])
Sequential output shape:        torch.Size([1,256,26,26])
MaxPool2d output shape:         torch.Size([1,256,12,12])
Sequential output shape:        torch.Size([1,384,12,12])
MaxPool2d output shape:         torch.Size([1,384,5,5])
Dropout output shape:           torch.Size([1,384,5,5])
Sequential output shape:        torch.Size([1,10,5,5])
AdaptiveAvgPool2d output shape:     torch.Size([1,10,1,1])
Flatten output shape:           torch.Size([1,10])
```

NiN 使用由一个卷积层和多个 1×1 卷积层组成的块。该块可以在卷积神经网络中使用,以允许更多的每像素非线性。NiN 去除了容易造成过拟合的全连接层,将它们替换为全局平均汇聚层(即在所有位置上进行求和)。该汇聚层通道数量为所需的输出数量(例如,Fashion-MNIST 的输出为 10）。移除全连接层可减少过拟合，同时显著减少 NiN 的参数。NiN 的设计影响了许多后续卷积神经网络的设计。

4.4　本章小结

本章主要介绍了卷积神经网络 CNN 及其架构，在此基础上，又分别介绍了 CNN 卷积网络变异，如 ResNet、VGG、NiN、AlexNet。对于每一种变异网络，分别介绍了其网络结构及其相应的 Net 代码，写代码主要采用 Python 语言，在 PyTorch 深度学习框架下编写。

参考文献

［1］周飞燕，金林鹏，董军. 卷积神经网络研究综述［J］. 计算机学报，2017，40（6）：1229-1251.

［2］BOUREAU Y L，BACH F，LECUN Y，et al. Learning mid-level features for recognition［C］//2010 IEEE Computer Society Conference on Computer Vision and Pattern Recognition. June 13-18，2010. San Francisco，CA，USA. IEEE，2010.

［3］HUBEL D H，WIESEL T N. Receptive fields，binocular interaction and functional architecture in the cat's visual cortex［J］. The Journal of Physiology，1962，160（1）：106-154.

［4］LECUN Y，BOTTOU L，BENGIO Y，et al. Gradient-based learning applied to document recognition［J］. Proceedings of the IEEE，1998，86（11）：2278-2324.

［5］KRIZHEVSKY A，SUTSKEVER I，HINTON G E. ImageNet classification with deep convolutional neural networks［J］. Communications of the ACM，2017，60（6）：84-90.

［6］SZEGEDY C，LIU W，JIA Y Q，et al. Going deeper with convolutions［C］//2015 IEEE Conference on Computer Vision and Pattern Recognition（CVPR）. Boston，MA，USA. IEEE，2015：1-9.

［7］SIMONYAN K，ZISSERMAN A. Very deep convolutional networks for large-scale image recognition［EB/OL］. 2014：arXiv：1409. 1556. http：//arxiv. org/abs/1409. 1556.

［8］HE K M，ZHANG X Y，REN S Q，et al. Deep residual learning for image recognition［C］//2016 IEEE Conference on Computer Vision and Pattern Recognition（CVPR）. Las Vegas，NV，USA，IEEE，2016：770-778.

［9］ZAGORUYKO S，KOMODAKIS N. Wide residual networks［J］. British Machine Vision Conference 2016，BMVC 2016，2016.

［10］TAN M X，LE Q V. EfficientNet：Rethinking model scaling for convolutional neural networks［EB/OL］. 2019：arXiv：1905. 11946. http：//arxiv. org/abs/1905. 11946.

［11］HE K M，ZHANG X Y，REN S Q，et al. Deep residual learning for image recognition［C］//2016 IEEE Conference on Computer Vision and Pattern Recognition（CVPR）. Las Vegas，NV，USA，IEEE，2016：770-778.

［12］HOWARD A G，ZHU M L，CHEN B，et al. MobileNets：Efficient convolutional neural networks for mobile vision applications［EB/OL］. 2017：arXiv：1704. 04861. http：//arxiv. org/abs/1704. 04861.

［13］SANDLER M，HOWARD A，ZHU M L，et al. MobileNetV2：inverted residuals and linear bottlenecks［C］//2018 IEEE/CVF Conference on Computer Vision and Pattern Recognition. Salt Lake City，UT，USA，IEEE，2018：4510-4520.

［14］ 李彦冬. 基于卷积神经网络的计算机视觉关键技术研究［D］. 成都：电子科技大学，2017.

［15］ DAI J F, QI H Z, XIONG Y W, et al. Deformable convolutional networks［C］//2017 IEEE International Conference on Computer Vision (ICCV). Venice, Italy, IEEE, 2017：764-773.

［16］ LIN T Y, DOLLÁR P, GIRSHICK R, et al. Feature pyramid networks for object detection［C］//2017 IEEE Conference on Computer Vision and Pattern Recognition (CVPR). Honolulu, HI, USA, IEEE, 2017：936-944.

［17］ TIAN Z, SHEN C H, CHEN H, et al. FCOS：fully convolutional one-stage object detection［C］//2019 IEEE/CVF International Conference on Computer Vision (ICCV). Seoul, Korea (South), IEEE, 2019：9626-9635.

［18］ CHEN Y L, WANG Z C, PENG Y X, et al. Cascaded pyramid network for multi-person pose estimation ［C］//2018 IEEE/CVF Conference on Computer Vision and Pattern Recognition. Salt Lake City, UT, USA, IEEE, 2018：7103-7112.

［19］ DING X H, GUO Y C, DING G G, et al. ACNet：strengthening the kernel skeletons for powerful CNN via asymmetric convolution blocks［C］//2019 IEEE/CVF International Conference on Computer Vision (ICCV). Seoul, Korea (South), IEEE, 2019：1911-1920.

第 5 章 循环神经网络

5.1 概述

从多层网络出发到循环网络，需要利用 20 世纪 80 年代机器学习和统计模型早期思想的优点：在模型的不同部分共享参数。参数共享使模型能扩展到不同形式的样本（如不同的长度）并进行泛化。如果在每个时间点都有一个单独的参数，不但不能泛化到训练时没有见过序列长度，也不能在时间上共享不同序列长度和不同位置的统计强度。当信息的特定部分会在序列内多个位置出现时，这样的共享尤为重要。例如，考虑这两句话："I went to Nepal in 2009" 和 "In 2009, I went to Nepal" 如果让一个机器学习模型读取这两个句子，并提取叙述者去 Nepal 的年份，无论 2009 年出现在句子的第六个单词或第二个单词，我们都希望它能认出 "2009 年" 作为相关资料片段。假设训练一个处理固定长度句子的前馈网络。传统的全连接前馈网络会给每个输入特征分配一个单独的参数，所以需要分别学习句子每个位置的所有语言规则。相比之下，循环神经网络在几个时间步内共享相同的权重，不需要分别学习句子每个位置的所有语言规则。

循环神经网络（Recurrent Neural Network，RNN）[1] 是一类具有短期记忆能力的神经网络，正如卷积网络可以很容易地扩展到具有很大宽度和高度的图像，以及处理大小可变的图像，循环网络可以扩展到更长的序列。在循环神经网络中，大多数循环网络也能处理可变长度的序列，神经元不但可以接受其他神经元的信息，也可以接受自身的信息，形成具有环路的网络结构。和前馈神经网络相比，循环神经网络更加符合生物神经网络的结构。其是神经网络序列模型的主要实现形式，近几年得到迅速发展，还是机器翻译、机器问题回答、序列视频分析的标准处理手段，也是对于手写体自动合成、语音处理和图像生成等问题的主流建模手段[2-6]。循环神经网络的参数学习可以通过随时间反向传播算法来学习。随时间反向传播算法即按照时间的逆序将错误信息一步步地往前传递。当输入序列比较长时，会存在梯度爆炸和消失问题，也称为 "长期依赖问题"。为了解决这个问题，人们对循环神经网络进行了很多的改进，其中，最有效的改进方式为引入门控机制。

循环神经网络的各分支按照网络结构进行详细分类，大致分为三大类[7-10]：一是衍生循环神经网络，这类网络是基于基本 RNN 模型的结构衍生变体，即对 RNN 的内部结构进行修改；二是组合循环神经网络，这类网络将其他一些经典的网络模型或结构与第一类衍生循环神经网络进行组合，得到更好的模型效果，是一种非常有效的手段；三是混合循环神经网络，这类网络模型既有不同网络模型的组合，又在内部结构上进行修改，是同属于前两类网络分类的结构。

简单循环网络（Simple Recurrent Network，SRN）是一个非常简单的循环神经网络，只有一个隐藏层的神经网络，在一个两层的前馈神经网络中，连接在相邻的层与层之间，隐藏层的节点之间是无连接的。而简单循环网络增加了从隐藏层到隐藏层的反馈连接，设在时刻 x_t 时，网络的输入为 x_t，隐藏层状态（即隐藏层神经元活性值）不仅和当前时刻输入的 x_t 相关，也和上一个时刻的隐藏层状态 h_{t-1} 相关，见式（5-1）~ 式（5-3）。

$$z_t = Uh_{t-1} + Wx_t + b \tag{5-1}$$

$$h_t = f(z_t) \tag{5-2}$$

式中：z_t 为隐藏层的净输入，$f(\cdot)$ 是非线性激活函数，通常为 Logistic 函数或 tanh 函数，U 为状态—状态权重矩阵，W 为状态输入权重矩阵，b 为偏置。

$$h_t = f(Uh_{t-1} + Wx_t + b) \tag{5-3}$$

如果把每个时刻的状态都看作是前馈神经网络的一层的话，循环神经网络可以看作时间维度上权值共享的神经网络，如图 5-1 所示给出了按时间展开的循环神经网络。

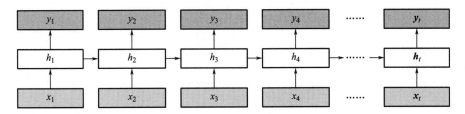

图 5-1　按时间展开的循环神经网络

循环神经网络具有短期记忆能力，相当于存储装置，因此其计算能力十分强大。神经网络可以模拟任何连续函数，而循环神经网络可以模拟任何程序，可以应用到很多不同类型的机器学习任务中。根据这些任务的特点可以分为以下几种模式：序列到类别模式、同步的序列到序列模式、异步的序列到序列模式，并且循环神经网络的参数可以通过梯度下降方法来进行学习。

5.2　循环神经网络模型

人工神经网络（ANN）是由单个神经元或节点组成的网络，神经元分层后通过具有权值的连接边相连，表示神经元之间的相互作用关系，称为"人工神经元"。浅层神经网络是指有一个输入层、一个输出层和最多一个隐藏层神经网络，因此，网络中没有循环连接。随着层数的增加，网络的复杂度也随之增加，更多的层或循环连接会增加网络的深度，并使其能够提供不同层次的数据表示和特征提取。

在深度学习领域中，具有循环连接的神经网络称为"循环神经网络"（RNN），其能够为序列的识别和预测建模序列数据，使用循环迭代函数存储信息，很好地捕捉上下文信息，实现暂态依赖关系学习（图 5-2）。

RNN 是传统前馈神经网络的扩展，能够处理可

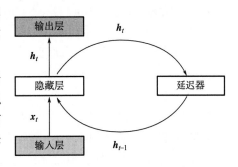

图 5-2　循环神经网络基本结构

变长度的序列输入，它通过内部的循环隐变量学习可变长度输入序列的隐表示，隐变量每一时刻的激活函数输出都依赖于前一时刻循环隐变量激活函数的输出[11-13]，给定一个输入序列 $x = (x_1, x_2, x_t)$，RNNs 隐变量的循环更新过程见式（5-4）。

$$h_t = g(Wx_t + Uh_{t-1}) \tag{5-4}$$

式中：g 为一个激活函数（Logistics Sigmoid 函数或双曲正切函数）；W 为输入这一时刻隐变量的权重矩阵；U 是上一时刻隐变量到这时刻隐变量的权重矩阵。

　　给定当前隐状态 h_t 的情况下，RNN 可以用来表示输入序列上的联合概率分布，即用生成式模型的观点解 RNN 的更新过程：每一个时刻的更新公式生成一个条件概率分布，由所有时刻条件概率分布的乘积得到联合概率分布。RNN 引入特殊的终止符号来探知可变长度序列的结束位置，RNN 可以很自然地表示可变长度序列上的概率分布。RNN 基本结构如图 5-3 所示。

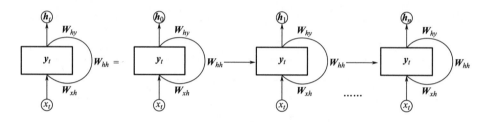

图 5-3　RNN 基本结构

　　循环核：具有记忆力，通过不同时刻的参数共享，实现了对时间序列的信息提取。y_t 为记忆体内当前时刻存储的状态信息。x_t 为当前时刻输入特征。y_t 为记忆体上一时刻存储的状态信息。h_t 为当前时刻循环核的输出特征，循环核按时间步展开就是把循环核按照时间轴方向展开每个时刻记忆体状态信息。h_t 被刷新记忆体周围的参数矩阵 W_{xh}、W_{hh} 和 W_{hy} 是固定不变的，要训练优化的就是这些参数矩阵，训练完成后，使用效果最好的参数矩阵，执行前向传播，输出预测结果。循环神经网络就是借助循环核提取时间特征后，送入全连接网络，实现连续数据的预测（图 5-4）。

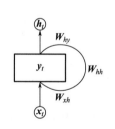

图 5-4　循环神经网络

　　记忆体：循环核按照时间步展开，可以发现循环核是由多个记忆体构成，记忆体是循环神经网络储存历史状态信息的载体，每个记忆体都可以设定相应的个数，这个个数决定了记忆体可以存储历史状态信息的能力，记忆体个数越多，训练效果越好，但是由于记忆体的个数决定了参数矩阵的维度，因此记忆体个数越多，需要训练的参数量就越多，所需要消耗的资源就越大，训练时间就越长。

5.2.1　门控循环网络

　　当时间步数 T 较大或时间步 t 较小的时候，RNN 的梯度较容易出现衰减或爆炸。虽然裁剪梯度可以应对梯度爆炸，但是无法解决梯度衰减的问题，这个原因使 RNN 在实际中难以捕捉时间序列中时间步 t 距离较大的依赖关系。为了解决循环神经网络的问题，一种非常好的解决方案是引入门控来控制信息的累积速度，包括有选择地加入新的信息，并有选择地遗忘之前累积的信息。这一类网络可以称为基于门控的循环神经网络（Gated RNN）。本节中，主要介绍两种基于门控的循环神经网络：长短期记忆（Long Short-Term Memory，LSTM）网络和门控循环单元（Gate Recurrent Unit，GRU）网络[14-16]。

长短期记忆网络是循环神经网络的一个变体，可以有效解决简单循环神经网络的梯度爆炸或消失问题。LSTM 网络主要改进在以下两个方面：新的内部状态，LSTM 网络引入一个新的内部状态（Internal State）c_t 专门进行线性的循环信息递，同时（非线性）输出信息给隐藏层的外部状态 h_t，见式（5-5）~式（5-7）。

$$c_t = f_t \odot c_{t-1} + i_t \odot \widetilde{c_t} \qquad (5-5)$$

$$h_t = o_t \odot \tanh(c_t) \qquad (5-6)$$

$$\widetilde{c_t} = \tanh(W_c x_t + U h_{t-1} + b_c) \qquad (5-7)$$

式中：f_t，i_t 和 o_t 为三个门（Gate）来控制信息传递的路径；$\odot$ 为向量元素乘积；c_{t-1} 为上一时刻的记忆单元；c_t 是通过非线性函数得到候选状态。在每个时刻 t，LSTM 网络的内部状态 c_t 记录了到当前时刻为止的历史信息。

长短期记忆网络的设计灵感来自计算机的逻辑门，长短期记忆网络引入了记忆元（Memory Cell）或简称"单元"（Cell）。有些文献认为记忆元的隐状态的一种特殊类型，它们与隐状态具有相同的形状，其设计目的是用于记录附加的信息。为了控制记忆元，我们需要许多门，其中一个门用来从单元中输出条目，将其称为"输出门"（Output Gate）；另外一个门用来决定何时将数据读入单元，将其称为"输入门"（Input Gate）。还需要一种机制来重置单元的内容，由遗忘门（Forget Gate）来管理，这种设计的动机与门控循环单元相同，能够通过专用机制决定什么时候记忆或忽略隐状态中的输入（图 5-5）。

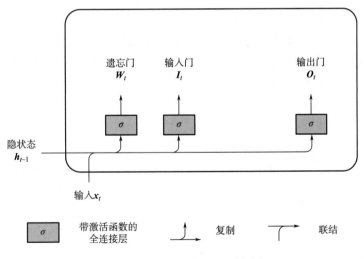

图 5-5　遗忘门、输入门和输出门

LSTM 网络引入门机制（Gating Mechanism）来控制信息传递的路径。三个"门"分别为输入门 i_t，遗忘门 f_t 和输出门 o_t（图 5-6）。

三个门的计算方式见式（5-8）~式（5-10）。

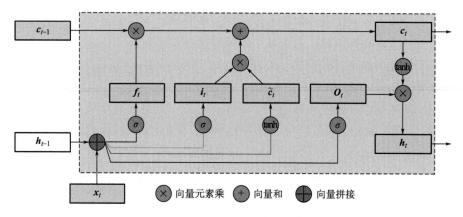

图 5-6 LSTM 循环单元结构

$$i_t = \sigma (W_i x_t + U_i h_{t-1} + b_i) \tag{5-8}$$

$$f_t = \sigma (W_f x_t + U_f h_{t-1} + b_f) \tag{5-9}$$

$$o_t = \sigma (W_o x_t + U_o h_{t-1} + b_o) \tag{5-10}$$

LSTM 网络中三个门的作用为：遗忘门 f_t 控制上一个时刻的内部状态 c_{t-1} 需要遗忘多少信息。输入门 i_t 控制当前时刻的候选状态 c_t 有多少信息需要保存。输出门 o_t 控制当前时刻的内部状态 c_t 有多少信息需要输出给外部状态 h_t。给出了 LSTM 网络的循环单元结构，其计算过程是：第一，利用上一时刻的外态 h_{t-1} 和当前时刻的输入 x_t，计算出三个门，以及候选状态 c_t；第二，结合遗忘门 f_t 和输入门 i_t 来更新记忆单元 c_t；第三，结合输出门 o_t，将内部状态的信息传递给外部状态 h_t。通过 LSTM 循环单元，整个网络可以建立较长距离的时序依赖关系。记忆循环神经网络中的隐状态 h 存储了历史信息，可以看作一种记忆（Memory）。在简单循环网络中，隐状态每个时刻都会被重写，因此可以看作一种短期记忆（Short-Term Memory）。在神经网络中，长期记忆（Long-Term Memory）可以看作网络参数，隐含了从训练数据中学到的经验，并且更新周期要远远慢于短期记忆。而在 LSTM 网络中，记忆单元 c 可以在某个时刻捕捉到某个关键信息，并有能力将此关键信息保存一定的时间间隔。记忆单元 c 中保存信息的生命周期要长于短期记忆 h，但又远远短于长期记忆，因此称为长短期记忆（Long Short-Term Memory）。

LSTM 模型的代码如下：

```
def lstm( inputs, state, params) :
   [W_xi, W_hi, b_i, W_xf, W_hf, b_f, W_xo, W_ho, b_o, W_xc, W_hc, b_c, W_hq, b_
q] = params
   (H, C) = state
   outputs = [ ]
   for X in inputs：
       I = torch. sigmoid( torch. matmul( X, W_xi) + torch. matmul( H, W_hi) + b_i)
       F = torch. sigmoid( torch. matmul( X, W_xf) + torch. matmul( H, W_hf) + b_f)
       O = torch. sigmoid( torch. matmul( X, W_xo) + torch. matmul( H, W_ho) + b_o)
       C_tilda = torch. tanh( torch. matmul( X, W_xc) + torch. matmul( H, W_hc) + b_c)
```

```
        C = F * C + I * C_tilda
        H = O * C. tanh( )
        Y = torch. matmul( H, W_hq) + b_q
        outputs. append( Y)
    return outputs, ( H, C)
```

5.2.2　门控循环单元

门控循环神经网络（Gated Recurrent Neural Network，或称为"门循环神经网络"）是一种改进的循环神经网络架构。它包含了一些门控机制，可以更好地捕捉时间序列数据中的长期依赖关系。门控循环神经网络最早由霍克赖特（Hochreiter）和施米德胡贝（Schmidhuber）1997 年提出，但是由于当时缺乏计算能力和数据集，它并没有得到广泛应用。后来，在 2014年，Cho 等[14] 提出了一种简化版的门控循环神经网络，即门控循环单元（GRU），它比传统的门控循环神经网络更易于训练和实现，并且在很多任务上取得了优秀的结果。门控循环神经网络通过使用门控单元来控制信息的流动。这些门控单元允许网络选择性地从输入中忽略一些信息，或者从过去的状态中选择性地记忆一些信息。这样就可以更好地捕捉时间序列数据中的长期依赖关系，从而提高模型的性能。

门控循环单元与普通的循环神经网络之间的关键区别在于前者支持隐状态的门控。这意味着模型有专门的机制来确定应该何时更新隐状态，以及何时重置隐状态。这些机制是可学习的，并且能够解决上面列出的问题。例如，如果第一个词元非常重要，模型将学会在第一次观测之后不更新隐状态。同样，模型也可以学会跳过不相关的临时观测。最后模型还将学会在需要的时候重置隐状态。

重置门（Reset Gate）是门控循环神经网络中的一种门控机制。重置门的作用决定网络是否忽略之前的状态信息，从而控制信息的流动。具体来说，在 GRU 中，每个时间步都有一个重置门，用一个 Sigmoid 函数来计算，其输出值在 0 和 1 之间。当重置门的输出接近 1 时，表示网络需要从之前的状态中获取更多的信息；当重置门的输出接近 0 时，表示网络需要更加依赖当前的输入信息（图 5-7）。因此，重置门可以让网络选择性地忘记或记住之前的状态信息，见式（5-11）。

$$R_t = \sigma(X_t W_{xr} + H_{t-1} W_{hr} + b_r) \tag{5-11}$$

式中：X 表示当前的输入；H_t 表示上一个时间步的隐藏状态；W_{xr}、W_{hr} 和 b 是可学习的权重参数；σ 是激活函数；R 表示重置门的输出。

更新门（Update Gate）是 GRU 中的一种门控机制。更新门的作用是控制模型是否记住之前的状态信息，以及如何将新的输入信息与之前的状态信息进行结合。具体来说，在 GRU 中，每个时间步都有一个更新门，用一个 Sigmoid 函数来计算，其输出值在 0 和 1 之间。当更新门的输出接近 1 时，表示网络需要完全记住之前的状态信息；当更新门的输出接近 0 时，表示网络完全忽略之前的状态信息，只依赖于当前的输入信息。因此，更新门可以让网络选择性地记住或忘记之前的状态信息，见式（5-12）。

$$Z_t = \sigma(X_t W_{xz} + H_{t-1} W_{hz} + b) \tag{5-12}$$

式中：X 表示当前的输入；H_t 表示上一个时间步的隐藏状态；W_{xz}、W_{hz} 和 b，是可学习的权重

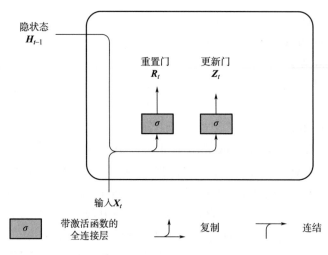

图 5-7　重置门和更新门

参数；σ 是激活函数；R 表示重置门的输出。

候选隐藏状态见式（5-13）。

$$\widetilde{H}_t = \tanh\left[X_t W_{xh} + (R_t \odot H_{hz}) W_{hh} + b_n \right] \tag{5-13}$$

重置门控制了上一时间步的隐藏状态流入当前时间步的候选隐藏状态的"幅度"（如果重置门的输出接近 0，则重置对应的隐藏状态元素接近 0，即丢弃上一时间步的隐藏状态；如果重置门的输出接近 1，则保留绝大部分上一时间步的隐藏状态），相对于 RNN 来说，它是由一个参数矩阵来控制上一时间步的隐藏状态流入当前时间步的候选隐藏状态的"幅度"，不像这边的重置门——它是由上一时间隐藏状态，当前时间输入和一些可供学习的参数共同决定的；同时，上一时间步的隐藏状态包含的可能不止是上一时刻的信息，而是可能包含所有之前的历史信息，这就可以推断出重置可以用来丢弃和预测无关的历史信息，决定保留多少历史信息。重置门有助于捕获序列中的短期依赖关系（图 5-8）。

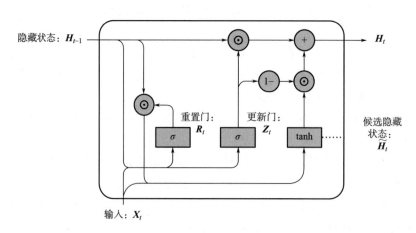

图 5-8　候选隐藏状态

更新门可以控制如何更新包含当前时间步信息的候选隐藏状态几乎没有流入，这也能看作是较早时刻的隐藏状态一直保留到并传递到现在时刻（保留中），相对于 RNN 与上面的分析类似。因为它能长期保存以前的部分关键信息并进行传递，所以可以起到缓解梯度消失的问题。更新门有助于捕获序列中的长期依赖关系，用于控制前一时刻的状态信息被代入当前状态中的程度，值越大说明前一时刻的状态信息带入越多。

门控循环单元的代码如下：

```
def gru(inputs, state, params)：
    W_xz, W_hz, b_z, W_xr, W_hr, b_r, W_xh, W_hh, b_h, W_hq, b_q = params
    H, = state
    outputs = [ ]
    for X in inputs：
        Z = torch.sigmoid(torch.matmul(X, W_xz) + torch.matmul(H, W_hz) + b_z)
        R = torch.sigmoid(torch.matmul(X, W_xr) + torch.matmul(H, W_hr) + b_r)
        H_tilda = torch.tanh(torch.matmul(X, W_xh) + torch.matmul(R * H, W_hh) + b_h)
        H = Z * H + (1 − Z) * H_tilda
        Y = torch.matmul(H, W_hq) + b_q
        outputs.append(Y)
    return outputs, (H,)
```

5.2.3　深层循环神经网络

如果将深度定义为网络中信息传递路径长度的话，可以将循环神经网络看作既"深"又"浅"的网络。一方面，如果把循环网络按时间展开，长时间间隔的状态之间的路径很长，可以将循环网络看作一个非常深的网络。另一方面，如果同一时刻网络输入到输出之间的路径 $x_t \rightarrow y_t$，这个网络是非常浅的。因此，可以增加循环神经网络的深度，从而增强循环神经网络的能力。增加循环神经网络的深度主要是增加同一时刻网络输入到输出之间的路径 $x_t \rightarrow y_t$，比如，增加隐状态到输出 $h_t \rightarrow y_t$，以及输入到隐状态 $x_t \rightarrow h_t$ 之间的路径的深度。堆叠循环神经网络一种常见的做法是将多个循环网络堆叠起来。一个堆叠的简单循环网络也称为循环网络循环多层感知器 [图5-9，式（5-14）]。

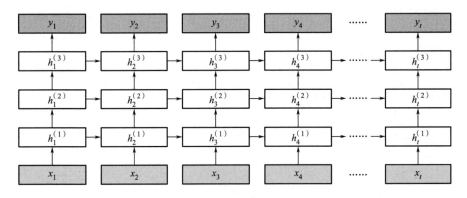

图 5-9　深层循环神经网络

$$h_t^{(l)} = f[\,U^{(l)}h_{t-1}^{(l)} + W^{(l)}h_t^{(l-1)} + b^{(l)}\,] \qquad (5-14)$$

式中：$U^{(l)}$，$W^{(l)}$ 和 $b^{(l)}$ 为权重矩阵和偏置向量。

5.2.4 双向循环神经网络

在有些任务中，一个时刻的输出不但和过去时刻的信息有关，也和后续时刻的信息有关。比如，给定一个句子，其中一个词的词性由它的上下文决定，即包含左右两边的信息。因此，在这些任务中，可以增加一个按照时间的逆序来传递信息的网络层来增强网络的能力。双向循环神经网络由两层循环神经网络组成（图 5-10），它们的输入相同，只是信息传递的方向不同。假设第 1 层按时间顺序，第 2 层按时间逆序，在时刻 t 时的隐状态定义为 $h_t^{(1)}$ 和 $h_t^{(2)}$，见式（5-15）~式（5-17）。

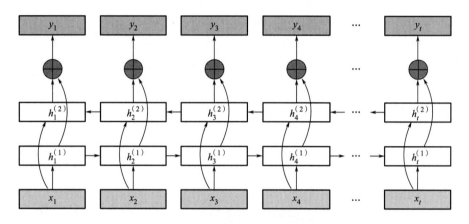

图 5-10　双向循环神经网络

$$h_t^{(1)} = f[\,U^{(1)}h_{t-1}^{(1)} + W^{(1)}x_t + b^{(1)}\,] \qquad (5-15)$$

$$h_t^{(1)} = f[\,U^{(1)}h_{t-1}^{(1)} + W^{(1)}x_t + b^{(1)}\,] \qquad (5-16)$$

$$h_t = h_t^{(1)} \oplus h_t^{(2)} \qquad (5-17)$$

双向循环神经网络 Pytorch 的实现的实例如下：

```
import torch
import torch. nn as nn
import torchvision
import torchvision. transforms as transforms
# 设备配置
device = torch. device(' cuda' if torch. cuda. is_available( ) else ' cpu' )
# 超参数
sequence_length = 28
input_size = 28
hidden_size = 128
num_layers = 2
```

```
num_classes = 10
batch_size = 100
num_epochs = 2
learning_rate = 0.003
# MNIST 数据集
train_dataset = torchvision. datasets. MNIST( root =' ../ ../ data/' ,
                         train = True ,
                         transform = transforms. ToTensor( ) ,
                         download = True )
test_dataset = torchvision. datasets. MNIST( root =' ../ ../ data/' ,
                        train = False ,
                        transform = transforms. ToTensor( ) )
# 数据加载器
train_loader = torch. utils. data. DataLoader( dataset = train_dataset ,
                        batch_size = batch_size ,
                        shuffle = True )
test_loader = torch. utils. data. DataLoader( dataset = test_dataset ,
                        batch_size = batch_size ,
                        shuffle = False )
# 双向循环神经网络( 多对一)
class BiRNN( nn. Module) :
   def __init__( self, input_size, hidden_size, num_layers, num_classes) :
      super( BiRNN, self). __init__( )
      self. hidden_size = hidden_size
      self. num_layers = num_layers
      self. lstm = nn. LSTM( input_size, hidden_size, num_layers, batch_first = True, bidirectional =
True )
      self. fc = nn. Linear( hidden_size * 2, num_classes) # 2 for bidirection
   def forward( self, x) :
      # 设置初始状态
      h0 = torch. zeros( self. num_layers * 2, x. size( 0), self. hidden_size). to( device) # 2 for bidi-
rection
      c0 = torch. zeros( self. num_layers * 2, x. size( 0), self. hidden_size). to( device)
      # 前向传播 LSTM
      out, _ = self. lstm( x, ( h0, c0) )   # out: tensor of shape ( batch_size, seq_length, hidden_
size * 2)
      # 解码上一个时间步的隐藏状态
      out = self. fc( out[ :, -1, :] )
```

```
        return out
model = BiRNN(input_size, hidden_size, num_layers, num_classes).to(device)
# 损失和优化器
criterion = nn.CrossEntropyLoss()
optimizer = torch.optim.Adam(model.parameters(), lr=learning_rate)
# 训练模型
total_step = len(train_loader)
for epoch in range(num_epochs):
    for i, (images, labels) in enumerate(train_loader):
        images = images.reshape(-1, sequence_length, input_size).to(device)
        labels = labels.to(device)
        # 前向传播
        outputs = model(images)
        loss = criterion(outputs, labels)
        # 向后优化
        optimizer.zero_grad()
        loss.backward()
        optimizer.step()
        if (i+1) % 100 == 0:
            print ('Epoch [{}/{}], Step [{}/{}], Loss: {:.4f}'
                .format(epoch+1, num_epochs, i+1, total_step, loss.item()))
# 测试模型
with torch.no_grad():
    correct = 0
    total = 0
    for images, labels in test_loader:
        images = images.reshape(-1, sequence_length, input_size).to(device)
        labels = labels.to(device)
        outputs = model(images)
        _, predicted = torch.max(outputs.data, 1)
        total += labels.size(0)
        correct += (predicted == labels).sum().item()
    print('Test Accuracy of the model on the 10000 test images: {} %'.format(100 * correct / total))
# 模型保存
torch.save(model.state_dict(), 'model.ckpt')
```

5.3 本章小结

循环神经网络可以建模时间序列数据之间的相关性，与延时神经网络以及有外部输入的非线性自回归模型相比，循环神经网络可以更方便地建模长时间间隔的相关性。LSTM 网络是目前为止最成功的循环神经网络模型，其成功应用在很多领域，比如，语音识别、机器翻译语音模型及文本生成。LSTM 网络通过引入线性连接来缓解长距离依赖问题。虽然 LSTM 网络取得了很大的成功，其结构的合理性一直受到广泛关注。人们不断尝试对其进行改进来寻找最优结构，比如，减少门的数量、提高并行能力等。

参考文献

[1] 杨丽，吴雨茜，王俊丽．循环神经网络研究综述［J］．计算机应用，2018，38（S2）：1-6.

[2] 王红，史金钏，张志伟．基于注意力机制的 LSTM 的语义关系抽取［J］．计算机应用研究，2018，35（05）：1417-1420，1440.

[3] CHO K，VAN MERRIENBOER B，GULCEHRE C，et al. Learning Phrase Representations using RNN Encoder-Decoder for Statistical Machine Translation［J］．ArXiv e-Prints，2014：arXiv：1406. 1078.

[4] JAIN A，ZAMIR A R，SAVARESE S，et al. Structural-RNN：Deep learning on spatio-temporal graphs［C］//2016 IEEE Conference on Computer Vision and Pattern Recognition（CVPR）．Las Vegas，NV，USA. IEEE，2016：5308-5317.

[5] WANG F，TAX D M J. Survey on the attention based RNN model and its applications in computer vision［J］．ArXiv e-Prints，2016：arXiv：1601. 06823.

[6] KARITA S，CHEN N X，HAYASHI T，et al. A comparative study on transformer vs RNN in speech applications［C］//2019 IEEE Automatic Speech Recognition and Understanding Workshop（ASRU）．Singapore. IEEE，2019：449-456.

[7] BANERJEE I，LING Y，CHEN M C，et al. Comparative effectiveness of convolutional neural network（CNN）and recurrent neural network（RNN）architectures for radiology text report classification［J］．Artificial Intelligence in Medicine，2019，97：79-88.

[8] WAN S X，LAN Y Y，XU J，et al. Match-SRNN：Modeling the recursive matching structure with spatial RNN［J］．ArXiv e-Prints，2016：arXiv：1604. 04378.

[9] CHAN W，KE N R，LANE I. Transferring knowledge from a RNN to a DNN［C］//Interspeech 2015. ISCA：ISCA，2015.

[10] YANG Z L，DAI Z H，SALAKHUTDINOV R，et al. Breaking the softmax bottleneck：A high-rank RNN language model［J］．ArXiv e-Prints，2017：arXiv：1711. 03953.

[11] SAK H，SENIOR A，RAO K，et al. Fast and accurate recurrent neural network acoustic models for speech recognition［J］．ArXiv e-Prints，2015：arXiv：1507. 06947.

[12] CASTREJÓN L，KUNDU K，URTASUN R，et al. Annotating object instances with a polygon-RNN［C］//2017 IEEE Conference on Computer Vision and Pattern Recognition（CVPR）．Honolulu，HI，USA. IEEE，2017：4485-4493.

［13］ SUN L, DU J, DAI L R, et al. Multiple-target deep learning for LSTM-RNN based speech enhancement ［C］//2017 Hands-free Speech Communications and Microphone Arrays (HSCMA). San Francisco, CA, USA. IEEE, 2017: 136-140.

［14］ DEY R, SALEM F M. Gate-variants of Gated Recurrent Unit (GRU) neural networks ［C］//2017 IEEE 60th International Midwest Symposium on Circuits and Systems (MWSCAS). Boston, MA, USA. IEEE, 2017: 1597-1600.

［15］ IRIE K, TÜSKE Z, ALKHOULI T, et al. LSTM, GRU, highway and a bit of attention: An empirical overview for language modeling in speech recognition ［C］//Interspeech 2016. ISCA: ISCA, 2016: 3519-3523.

第6章　图卷积网络

6.1　概述

近年来，神经网络模型成功地推动了模式识别和数据挖掘领域的相关研究[1-3]。受卷积神经网络（CNN）、递归神经网络（RNN）和图自编码器（GAE）等端到端深度学习模式的影响。目前，机器学习方法已具备自动提取特征的能力。深度学习的成功部分归因于计算资源，如 GPU 的快速发展、大规模训练数据的可用性，以及深度学习从结构化欧式空间数据（如图像、文本和视频）中提取潜在表示的高效性。以图像数据为例，研究者可以在欧式空间中将图像数据表示为正则网格[1]，CNN 能够利用图像数据的平移不变性、局部连接性及组合性，提取出有意义的特征[3,4]。这些特征不仅可以与整个数据集共享，还可用于各种图像分析工作。

尽管深度学习在捕捉欧式空间数据的潜在表示方面表现出色，但随着数据以非欧式空间表达的激增，深度学习在越来越多应用场景下的适用性面临挑战[5-9]。例如，在电子商务中，使用基于图结构的推荐系统可以利用用户和产品之间的交互实现精确推荐；在化学研究领域，分子被建模为图结构，再确定其生物活性以进行药物发现；在引文网络中，文章通过引用关系相互链接，再将其分类为不同的组。图结构数据的复杂性对现有机器学习算法产生了重大挑战。由于图结构往往不规则且节点数量和邻居数量不确定，各种基础操作（如卷积）在图像中容易实现，在图结构上却非常复杂。此外，现有机器学习算法的核心假设是实例之间相互独立。对于图结构数据而言，由于每个实例都受到与其他实例相关的各种链接（如引用、友谊、交互等）的影响，所以该核心假设不再成立。

在深度学习方法扩展到图结构数据的研究进程中，受 CNN、RNN 和 GAE 的启发，过去几年已形成新的泛化和重要操作的定义，以处理复杂的图结构数据。例如，可以将图结构卷积泛化为二维卷积。可将图像视为图结构的一种特殊情形，其中像素由相邻像素相连。与二维卷积类似，可通过对节点的邻域信息加权平均来执行图结构卷积。陈（Chen）[10] 等重点介绍了若干图神经网络结构，专注于解决网络嵌入问题。周志华等[7] 将图结构网络定义为从关系数据中学习的构建块，以统一图神经网络框架。阐述图神经网络（GNN），概述了非欧式空间中针对图和流形结构的深度学习方法。吴（Wu）等[8] 等对应用不同注意机制的图神经网络进行了研究。当前最新的图神经网络技术，详细阐述每种类型的图神经网络的代表性模型和性能比较；同时，收集丰富的图神经网络资源，包括基准数据集、开源库和实际应用；最后研讨图神经网络的理论进展，分析了现有方法的局限性，并提出了三个可能的未来研究方向：模型深度、平衡伸缩性和异构性与动态性的讨论。近年来，深度学习在计算机视觉、自然语言处理等领域大放异彩。这些领域所面对的数据都是结构化的，如图像、音频、文本等，它们内部都有明确的排列规则[9-13]。结构化的数据由于具有这些确定的规则而方便处理，但是在现实生活中，非结构化的关系数据才是主流。人们无时无刻不在面临着关系数据：构成物质的分子是一种由各种原子组成的关系网络；人类社会是一种以人为节点组成的社交网络；整个宇宙更是一种异质、非均匀的大型网络。有实体的地方一定有关系，关系中同样蕴藏着丰富的信息。与一般的深度学习方法不同，图神经网络是一种可用来从网络（图）提取信息的方法。在原有特征的基础上，它进一步结合网络（图）的结构来学习更全面的节点表示，从而使下游任务有更好的表现[14-16]。

6.2　网络架构

图表示为 $G = (V, E)$，其中 V 是顶点或节点的集合，E 是边的集合。$v_i \in V$，表示 V 中第 i 个节点。节点 v 的邻域定义为 $N(v) = \{u \in V | (v, u) \in E\}$。邻接矩阵 $A \in \mathbf{R}^{n \times n}$ 中，如果 v_i 和 v_j 之间有边，则 $A_{ij} = 1$，否则 $A_{ij} = 0$。图可能具有节点属性 X，其中 $A \in \mathbf{R}^{n \times d}$ 是节点特征矩阵。有向图是节点间有方向的图。无向图被视为具有逆方向对的一对边的特例，如果两个节点相连，则这两个边具有逆方向。当且仅当邻接矩阵对称时，图是无向的。

图论傅里叶变换是一种基于图拉普拉斯矩阵的离散傅里叶变换，并已成为图信号分析的一项基本工具。它的主要作用是将图信号从空域（顶点上）的 $f(t)$ 转换到谱域（频域）的 $F(\omega)$，能够将图信号分解成不同频率分量的线性组合。在传统的（连续）傅里叶变换中，此方法已被广泛应用于信号处理和分析。相对而言，图论傅里叶变换更适用于处理包含图结构的数据，见式（6-1）。

$$F(\omega) = \int f(t) e^{-i\omega t} dt \tag{6-1}$$

式中：ω 为角频率，t 为时间，$e^{-j\omega t}$ 为基函数。此基函数与拉普拉斯算子的关系见式（6-2）。

$$\Delta e^{-i\omega t} = -\omega^2 e^{-i\omega t} \tag{6-2}$$

此形态与特征值分解方程 $Lu = \lambda u$ 一致。因此，$e^{-j\omega t}$ 可以看作拉普拉斯算子的特征函数，而 ω 则与特征值相关。图拉普拉斯矩阵对应着图结构上的拉普拉斯算子。此时把拉普拉斯算子的特征函数换成拉普拉斯矩阵的特征向量，即可把傅里叶变换迁移到图结构上进行工作。

对于一个具备个顶点的图 G，可将它的拉普拉斯矩阵 L 作为傅里叶变换中的拉普拉斯算子。L 是实对称矩阵，对其进行如下特征分解，见式（6-3）。

$$L = U\Lambda U^{-1} = U\Lambda U^{\mathrm{T}} \tag{6-3}$$

式中，U 是一个正交化的特征向量矩阵 $UU^{\mathrm{T}} = U^{\mathrm{T}}U = I$；$I$ 是单位矩阵；T 为转置操作；Λ 是特征值的对角阵。

采用这些特征向量来取代原先傅里叶变换式所使用的基底，从而将原本的时域转换为顶点上的空域。经过这样的处理，图结构上的傅里叶变换便得以重新定义，见式（6-4）。

$$F(\lambda_l) = \sum_{i=1}^{N} f(i) u_l(i) = u_l^{\mathrm{T}} f = \widetilde{\phi}_l \tag{6-4}$$

式中，λ_l 表示第 l 个特征值；$f(i)$ 对应第 i 个节点上的特征；$u_l(i)$ 表示特征向量 u_l 的第 i 个元素；推广到矩阵形式为 $U_l^{\mathrm{T}} f$。

6.3　图卷积网络的发展

6.3.1　基于谱域的图神经网络

谱域上的图卷积在深度学习向图学习发展的历程中具有重要的作用。在该领域中，谱域图卷积网络、切比雪夫网络与图卷积网络因其代表性被广泛推崇[7-9]。谱域图卷积网络模型可以视为对图信号 x 的变换：对空域中的图信号 x 进行图论傅里叶变换在谱域中定义可参数化的卷积核，并将其作用于傅里叶系数形式的图信号，得到卷积后的图信号将卷积后的谱域信号进行图论傅里叶逆变换，从而将其转换成空域中的图信号，最终得到简洁的图卷积形式，虽然此前模型为谱域图卷积指明了方向，但仍存在改进空间。实现该类神经网络需要付出高昂的成本：计算图拉普拉斯矩阵的特征向量，在大规模图中计算可行度低；每次前向传递时，需要进行矩阵运算，操作非常耗时；每层需要多个参数来定义卷积核，当图规模较大时，参数过多造成计算量大且较难拟合；该谱域卷积方式在空域上没有明确意义，无法明确地局部化到顶点上。

6.3.2　切比雪夫网络

切比雪夫网络为了突破先前提出的谱域图卷积网络的限制，研究者德福拉尔德（Defferrard）等提出了一种新的谱域图卷积网络。该网络实现了快速局部化和低计算复杂度，采用了切比雪夫多项式的展开逼近方法。切比雪夫网络提出了更先进的加速方案，即将 $g_\theta(\boldsymbol{\Lambda})$ 近似为阶切比雪夫多项式的截断形式，见式（6-5）。

$$g_\theta(\boldsymbol{\Lambda}) = \sum_{k=1}^{k} \theta_k T_k(\widetilde{\boldsymbol{\Lambda}}) \tag{6-5}$$

式中，T_k 是 k 阶切比雪夫多项式，$\boldsymbol{\Lambda}$ 是对角矩阵，它可以实现将特征值对角化，并将其映射至区间 $[-1, 1]$。切比雪夫多项式被选用的原因在于其优秀的性质，即可实现循环递归求解，见式（6-6）。

$$T_k(x) = 2x T_{k-1}(x) - T_{k-2}(x) \tag{6-6}$$

考虑从初值 $T_0 = 1$，$T_1 = x$ 出发，利用递推公式进行递推，可以轻松地求解 k 阶系数 T_k 的取值。引入 L，以实现其 k 次多项式运算。该式具有保持 K 局部化（即节点仅受其周围的 k 阶邻居节点影响）的特性，有助于实际应用中的性能和效果提升。在实际操作中，采用对称归一化拉普拉斯矩阵 L 来替代，以更好地满足现实应用中的需求。

6.3.3　图卷积网络

图卷积网络基于切比雪夫网络的设计思路，进一步简化网络结构并减少计算量。此方法将切比雪夫网络中的多项式卷积核限定为 1 阶，使图卷积的计算可以近似成一个关于对称归一化拉普拉斯矩阵的线性函数。尽管这样的限制带来了节点只能被周围 1 阶邻接点影响的问题，但是通过叠加这样多层的图卷积层，可以将节点的影响力扩展到阶邻居节点，同时也让节点对阶邻居节点的依赖变得更加灵活。实践中，叠加多层 1 阶图卷积和节点扩散也取得了良好的效果。由于拉普拉斯矩阵的最大特征值可以近似取 $\lambda_{max}=2$，1 阶图卷积可以写为式（6-7）。

$$y = \theta'\left(I + D^{-\frac{1}{2}}AD^{-\frac{1}{2}}\right)x \qquad (6-7)$$

对其进行多次迭代可能会导致数值不稳定以及梯度爆炸弥散问题。为了缓解此问题，需要进行归一化操作，使该矩阵的特征值范围在 ［0，1］ 之内。具体而言，定义矩阵 A 和 D 对角阵的元素。经过归一化处理后即可得到更新，见式（6-8）。

$$I + D^{-\frac{1}{2}}AD^{-\frac{1}{2}} \rightarrow \widetilde{D}^{-\frac{1}{2}}\widetilde{A}\widetilde{D}^{-\frac{1}{2}} \qquad (6-8)$$

将图信号扩展到 $X \in \mathbf{R}^{n \times c}$（其相当于具有 n 个节点，并且每个节点具有 c 维属性，X 是所有节点的初始属性矩阵）。现实应用常常将多层图卷积叠加以构建一种图卷积网络，则基于激活函数 σ 的每层图卷积定义，见式（6-9）、式（6-10）。

$$Z = \widetilde{D}^{-\frac{1}{2}}\widetilde{A}\widetilde{D}^{-\frac{1}{2}}\Theta \qquad (6-9)$$

$$H^{l+1} = f(H^l, A) = \sigma(\widetilde{A}H^lW^l) \qquad (6-10)$$

尽管谱域图神经网络有着坚实的理论基础，并且在实际任务中已经取得了显著的成功，但其存在一些明显的局限性。首先，许多谱域图神经网络需要对拉普拉斯矩阵进行分解以获取特征值和特征向量，这是一项计算复杂度较高的操作。虽然切比雪夫和图卷积网络在简化处理步骤之后已经不需要这一步，但是它们在计算时仍然需要将全图存入内存，这会消耗大量的存储空间。此外，谱域图神经网络的卷积操作通常作用在图拉普拉斯矩阵的特征值矩阵上，这些卷积核参数无法迁移到另一个图结构上。因此，谱域图神经网络通常只能应用在一个单独的图结构上，而这会大大限制这些模型的跨图学习和泛化能力（图 6-1）。

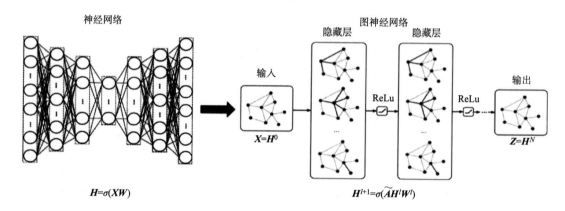

图 6-1　图神经网络

6.3.4　基于空域的图神经网络

空域图卷积神经网络比其他形式的网络更早被广泛应用，其核心理念在于对邻接点的空域信息进行直接聚合，这种理念非常贴合人的直觉。此类方法的关键在于如何将欧式空间中的卷积操作扩展到图结构上。考虑定义一种可在邻居数量不同的节点上进行操作的方法，并保持类似 GNN 中的权重共享特性。Graph SAGE 早期图神经网络及图嵌入方法存在缺陷：在同一图结构上进行测试时，对于未参与训练的节点是无法获取其嵌入表示的。这类方法主要基于直推式学习框架，即假设测试节点与训练节点处于同一图结构中，并且在训练过程中考虑了图结构中的所有节点。图卷积网络主要应用于半监督/直推式学习，但也可以改进为归纳式学习。汉密尔顿（Hamilton）[17] 提出了一种基于归纳式学习的图神经网络模型 Graph SAGE，该模型主张通过共同聚合邻接节点信息的函数来获取节点的嵌入表示。在训练模型时，只需通过学习该聚合函数，即可实现对未知节点的泛化能力。目前后续研究主要聚焦在如何定义该聚合函数以及基于此定义可学习的图神经网络。消息传递神经网络无论是图卷积网络还是 Graph SAGE 模型，空域图神经网络都采用某种形式的邻居节点进行信息传递，以实现节点状态的更新。实际上，几乎所有的图神经网络都可以视为某种形式的消息传递，因此消息传递神经网络作为空域卷积的形式化框架被提出。类似 Graph SAGE 的聚合与更新操作，消息传递神经网络将图神经网络的消息传播过程分解为两个步骤：消息传递和状态更新。

图卷积网络 GCNnet 的应用示例如下：

```python
import torch
import torch. nn. functional as F
import numpy as np
import pandas as pd
import matplotlib. pyplot as plt
from torch_geometric. nn import GCNConv
from torch_geometric. datasets import Planetoid
from torch_geometric. utils import to_networkx
import networkx as nx
# %%
# 数据加载
dataset = Planetoid(root = "data/Cora", name = "Cora")
print(dataset. num_classes)
# %%
# 数据探索
CoraNet = to_networkx(dataset. data)
CoraNet = CoraNet. to_undirected()
Node_class = dataset. data. y. data. numpy()
print(Node_class)
# %%
# 查看每个节点度的情况
Node_degree = pd. DataFrame(data = CoraNet. degree, columns = ["Node", "Degree"])
Node_degree = Node_degree. sort_values(by = ["Degree"], ascending = False)
Node_degree = Node_degree. reset_index(drop = True)
Node_degree. iloc[0:30, :]. plot(x = "Node", y = "Degree", kind = "bar", figsize = (10, 7))
plt. xlabel("Node", size = 12)
plt. ylabel("Degree", size = 12)
```

```
plt. show( )
# %%
# 绘制分布图
pos = nx. spring_layout( CoraNet) # 网络图中节点的布局方式
nodecolor = [ ' red' , ' blue' , ' green' , ' yellow' , ' peru' , ' violet' , ' cyan' ] # 颜色
nodelabel = np. array( list( CoraNet. nodes) ) # 节点
plt. figure( figsize = ( 16, 12) )
# %%
for ii in np. arange( len( np. unique( Node_class) ) ) :
    nodelist = nodelabel[ Node_class = = ii]# 对应类别的节点
    print( nodelist, ii)
    nx. draw_networkx_nodes( CoraNet, pos, nodelist = list( nodelist)
                node_size = 50, node_color = nodecolor[ ii] ,
                alpha = 0. 8)
nx. draw_networkx_edges( CoraNet, pos, width = 1, edge_color = " black" )
plt. show( )
# %%
#   可视化训练集节点分布
nodecolor = [ ' red' , ' blue' , ' green' , ' yellow' , ' peru' , ' violet' , ' cyan' ]    # 颜色
nodelabel = np. arange( 0, 140)
Node_class = dataset. data. y. data. numpy( ) [ 0 : 140]
for ii in np. arange( len( np. unique( Node_class) ) ) :
    nodelist = nodelabel[ Node_class = = ii]
    nx. draw_networkx_nodes( CoraNet, pos, nodelist = list( nodelist) ,
                node_size = 50, node_color = nodecolor[ ii] ,
                alpha = 0. 8)
plt. show( )
# %%
# 构建一个网络模型类
class GCNnet( torch. nn. Module) :
    def __init__( self, input_feature, num_classes) :
        super( GCNnet, self). __init__( )
        self. input_feature = input_feature # 输入数据中,每个节点的特征数量
        self. num_classes = num_classes
        self. conv1 = GCNConv( input_feature, 32)
        self. conv2 = GCNConv( 32, num_classes)
    def forward( self, data) :
        x, edge_index = data. x, data. edge_index
```

```
        x = self.conv1(x, edge_index)
        x = F.relu(x)
        x = self.conv2(x, edge_index)
        return F.softmax(x, dim=1)
# %%
input_feature = dataset.num_node_features  # 节点对应的特征数
num_classes = dataset.num_classes  # 类别数目
mygcn = GCNnet(input_feature, num_classes)
print(mygcn)
# %%
data = dataset[0].train_mask
print(data)
data = data[data == True]
print(len(data))
# %%
device = torch.device("cpu")
model = mygcn.to(device)
data = dataset[0].to(device)
optimizer = torch.optim.Adam(model.parameters(), lr=0.01, weight_decay=5e-4)
train_loss_all = []
val_loss_all = []
model.train()
for epoch in range(200):
    optimizer.zero_grad()
    out = model(data)
    loss = F.cross_entropy(out[data.train_mask], data.y[data.train_mask])
    loss.backward()
    optimizer.step()
    train_loss_all.append(loss.data.numpy())
    loss = F.cross_entropy(out[data.val_mask], data.y[data.val_mask])
    val_loss_all.append(loss.data.numpy())
    if epoch % 20 == 0:
        print("epoch", epoch, train_loss_all[-1], val_loss_all[-1])
# %%
# 可视化损失函数
plt.figure(figsize=(10, 6))
plt.plot(train_loss_all, "ro-", label="Train loss")
plt.plot(val_loss_all, "bs-", label="Val loss")
```

```python
plt.legend()
plt.grid()
plt.xlabel("epoch", size=13)
plt.ylabel("Loss", size=13)
plt.show()
# %%
# 计算测试集上的准确率
model.eval()
_, pred = model(data).max(dim=1)
correct = float(pred[data.test_mask].eq(data.y[data.test_mask]).sum().item())
acc = correct / data.test_mask.sum().item()
print(acc)
# %%
# 进行 TSNE
from sklearn.manifold import TSNE
x_tsne = TSNE(n_components=2).fit_transform(dataset.data.x.data.numpy())
plt.figure(figsize=(12, 8))
ax1 = plt.subplot(1, 1, 1)
X = x_tsne[:, 0]
Y = x_tsne[:, 1]
ax1.set_xlim([min(X), max(X)])
ax1.set_ylim([min(Y), max(Y)])
for ii in range(x_tsne.shape[0]):
    text = dataset.data.y.data.numpy()[ii]
    ax1.text(X[ii], Y[ii], str(text), fontsize=5,
        bbox=dict(boxstyle="round", facecolor=plt.cm.Set1(text), alpha=0.7))
ax1.set_xlabel("TSNE Feature 1", size=13)
ax1.set_ylabel("TSNE Feature 2", size=13)
plt.show()
# %%
# 使用钩子函数,查看网络中间的输出特征
activation = {} # 保存不同层的输出
def get_activation(name):
    def hook(model, input, output): # 使用闭包
        activation[name] = output.detach()
    return hook
model.conv1.register_forward_hook(get_activation("conv1"))
_ = model(data)
```

```python
conv1 = activation["conv1"].data.numpy()
print(conv1.shape)
# %%
conv1_tsne = TSNE(n_components=2).fit_transform(conv1)
plt.figure(figsize=(12, 8))
ax1 = plt.subplot(1, 1, 1)
X = conv1_tsne[:, 0]
Y = conv1_tsne[:, 1]
ax1.set_xlim([min(X), max(X)])
ax1.set_ylim([min(Y), max(Y)])
for ii in range(conv1_tsne.shape[0]):
    text = dataset.data.y.data.numpy()[ii]
    ax1.text(X[ii], Y[ii], str(text), fontsize=5,
        bbox=dict(boxstyle="round", facecolor=plt.cm.Set1(text), alpha=0.7))
ax1.set_xlabel("TSNE Feature 1", size=13)
ax1.set_ylabel("TSNE Feature 2", size=13)
plt.show()
# %%
# SVM
from sklearn.metrics import accuracy_score
from sklearn.svm import SVC
from sklearn.semi_supervised import _label_propagation
X = dataset.data.x.data.numpy()
Y = dataset.data.y.data.numpy()
train_mask = dataset.data.train_mask.data.numpy()
test_mask = dataset.data.test_mask.data.numpy()
train_x = X[0:140, :]
train_y = Y[train_mask]
test_x = X[1708:2708, :]
test_y = Y[test_mask]
svmmodel = SVC()
svmmodel.fit(train_x, train_y)
prelab = svmmodel.predict(test_x)
print(accuracy_score(test_y, prelab))
# %%
# LP
X = dataset.data.x.data.numpy()
Y = dataset.data.y.data.numpy()
```

```
train_mask = dataset. data. train_mask. data. numpy( )
test_mask = dataset. data. test_mask. data. numpy( )
train_y = Y. copy( )
train_y[ test_mask = = True] = −1
test_y = Y[ test_mask]
lp_model = _label_propagation. LabelPropagation( kernel = " knn" , n_neighbors = 3)
lp_model. fit( X , train_y)
prelab = lp_model. transduction_
print( accuracy_score( Y[ test_mask] , prelab[ test_mask] ) )
```

6.4　本章小结

  图神经网络已经广泛应用于不同任务和领域中，包括网络嵌入、图生成和时空图预测等通用任务，以及其他与图相关的任务，如节点聚类、链路预测和图切割等。各种类型的图神经网络，包括 GCN、GAT、Graph SAGE 和 DCNN 等，均可处理不同类型的任务。

  此外，图神经网络在推荐系统、分子结构分析、自然语言处理、计算机视觉和社交网络等领域也得到了广泛应用。在机器视觉领域中，图神经网络的应用场景包括场景图生成、点云分类和动作识别。其中，场景图生成模型可以利用图神经网络将图像转化为语义图。在自然语言处理领域，图神经网络的应用越来越受关注。其中，文本分类是最常见的一种应用，它通过文档或单词之间的相互关系来推断出文档标签。

参考文献

[1] TE G S, HU W, ZHENG A M, et al. RGCNN: regularized graph CNN for point cloud segmentation [C] // Proceedings of the 26th ACM international conference on Multimedia. Seoul Republic of Korea. ACM, 2018: 746−754.

[2] BOULCH A, LE SAUX B, AUDEBERT N. Unstructured point cloud semantic labeling using deep segmentation networks [C] //Proceedings of the Workshop on 3D Object Retrieval. ACM, 2017: 17−24.

[3] QI C R, YI L, SU H, et al. PointNet++: Deep hierarchical feature learning on point sets in a metric space [C] //Proceedings of the 31st International Conference on Neural Information Processing Systems. December 4 − 9, 2017, Long Beach, California, USA. ACM, 2017: 5105−5114.

[4] WANG Y, SUN Y B, LIU Z W, et al. Dynamic graph CNN for learning on point clouds [EB/OL]. 2018: arXiv: 1801. 07829. http: //arxiv. org/abs/1801. 07829.

[5] ATZMON M, MARON H, LIPMAN Y. Point convolutional neural networks by extension operators [EB/OL]. 2018: arXiv: 1803. 10091. http: //arxiv. org/abs/1803. 10091.

[6] SONG W P, XIAO Z P, WANG Y F, et al. Session−based social recommendation via dynamic graph attention networks [C] //Proceedings of the Twelfth ACM International Conference on Web Search and Data Mining. February 11 − 15, 2019, Melbourne VIC, Australia. ACM, 2019: 555−563.

［7］周志华．王珏．机器学习及其应用［M］．北京：清华大学出版社，2009.

［8］WU Q T, ZHANG H R, GAO X F, et al. Dual graph attention networks for deep latent representation of multifaceted social effects in recommender systems［C］//WWW '19：The World Wide Web Conference. May 13 - 17, 2019, San Francisco, CA, USA. ACM, 2019：2091-2102.

［9］刘忠雨，李彦霖，周洋．深入浅出图神经网络：GNN 原理解析［M］．北京：机械工业出版社，2019.

［10］CHEN X L, LI L J, LI F F, et al. Iterative visual reasoning beyond convolutions［C］//2018 IEEE/CVF Conference on Computer Vision and Pattern Recognition. Salt Lake City, UT, USA. IEEE, 2018：7239-7248.

［11］CHIANG W L, LIU X Q, SI S, et al. Cluster-GCN：An efficient algorithm for training deep and large graph convolutional networks［C］//Proceedings of the 25th ACM SIGKDD International Conference on Knowledge Discovery & Data Mining. Anchorage AK USA. ACM, 2019：257-266.

［12］WANG X, ZHU M Q, BO D Y, et al. AM-GCN：Adaptive multi-channel graph convolutional networks［C］//Proceedings of the 26th ACM SIGKDD International Conference on Knowledge Discovery & Data Mining. July 6 - 10, 2020, Virtual Event, CA, USA. ACM, 2020：1243-1253.

［13］QIAN G C, ABUALSHOUR A, LI G H, et al. PU-GCN：Point Cloud Upsampling using Graph Convolutional Networks［C］//2021 IEEE/CVF Conference on Computer Vision and Pattern Recognition（CVPR）. Nashville, TN, USA. IEEE, 2021：11678-11687.

［14］LING H, GAO J, KAR A, et al. Fast interactive object annotation with curve-GCN［C］//2019 IEEE/CVF Conference on Computer Vision and Pattern Recognition（CVPR）. Long Beach, CA, USA. IEEE, 2019：5252-5261.

［15］DANG L W, NIE Y W, LONG C J, et al. MSR-GCN：Multi-scale residual graph convolution networks for human motion prediction［C］//2021 IEEE/CVF International Conference on Computer Vision（ICCV）. Montreal, QC, Canada. IEEE, 2021：11447-11456.

［16］LEI K, QIN M, BAI B, et al. GCN-GAN：A non-linear temporal link prediction model for weighted dynamic networks［C］//IEEE INFOCOM 2019 - IEEE Conference on Computer Communications. Paris, France. IEEE, 2019：388-396.

［17］Hamilton N, Harding T F. Modern Mexico, state, economy, and social conflict［M］. Thousand Oaks：Sage Publications, 1986.

第 7 章　Transformer 网络

7.1　概述

7.1.1　Transformer

2017 年，Vaswani 等[1] 在论文 *Attention is All You Need* 中首次提出了转换器（Transformer）模型。这个模型利用自注意力机制（Self-Attention Mechanism）来处理序列数据，取代了传统的循环神经网络（RNN）和卷积神经网络（CNN）结构。Transformer 的提出在机器翻译任务中取得了令人瞩目的成绩，为后续的发展奠定了基础，然后被广泛应用于自然语言处理任务。它的设计理念主要是为了解决长距离依赖建模和并行计算效率的问题。Transformer 模型的核心是自注意力机制（Self-Attention），允许模型在处理输入序列时动态地为不同位置的元素分配不同的注意力权重，从而使模型能够捕捉全局依赖关系，而不受限于局部滑动窗口的大小。通过多头注意力机制，模型能够并行关注输入序列中的不同方面，从而提高了模型的表示能力。Transformer 结构由多个编码器和解码器层组成，每一层都由多头自注意力机制和前馈神经网络组成[2,3]。编码器用于将输入序列映射到隐藏表示，解码器则用于根据编码器的输出生成目标序列。在训练过程中，Transformer 采用了残差连接和层标准化等技术来加速训练并提高模型的收敛速度。Transformer 的提出对自然语言处理领域产生了深远影响，它不仅在机器翻译、文本生成等任务上取得了令人瞩目的性能，还启发了人们将其应用于其他领域，如语音识别、图像处理等。其创新之处在于，引入了一种全新的序列建模方法，将注意力机制和并行计算相结合，极大地提升了模型的建模能力和计算效率。

7.1.2　ViT（Vision Transformer）

图像分类是根据图像的语义信息对不同类别图像进行区分并分配类别标签，是物体检测、图像分割、物体跟踪、行为分析等其他高层视觉任务的重要基础。受 Transformer 在自然语言处理领域的成功启发，研究人员将 Transformer 迁移到图像方面，试图检验相似的模型是否可以学习更全面、丰富的图像特征。

2020 年，ViT 模型由阿列克谢、多索维茨基（Alexey Dosovitskiy）等[4] 提出。与传统的卷积神经网络不同，ViT 将输入的图像分割成一组图像块，并将每个图像块作为序列输入 Transformer 模型中进行处理。ViT 的核心创新在于利用 Transformer 的自注意力机制来建模图像中的全局依赖关系，从而避免了传统卷积神经网络需要多层卷积操作来逐渐扩大感受野的限制。通过将图像转换为序列数据并引入位置嵌入（Positional Embedding），ViT 使 Transformer 能够直接处理图像数据，同时有效地捕获图像中像素之间的长距离依赖关系[5]。ViT 的训练过程通常包括两个关键步骤：首先，通过一个预训练的 Transformer 编码器来提取图像块的特征表示；其次，这些特征表示被输入一个分类头部（Classification Head）中，以便对图像进行分类或其他视觉任务的处理。在预训练后，ViT 模型往往可以通过微调来适应特定的视觉任务。ViT 的出现引发了计算机视觉领域的广泛关注和探讨，它为图像处理任务带来了全新的思路和范式，同时也推动了 Transformer 在不同领域的应用。虽然 ViT 在某些情况下可能需要处理较大的输入图像，但其在捕获全局特征和处理长距离依赖关系方面展现出了令人印象深刻的性能。这是将 Transformer 模型成功应用于计算机视觉领域的重要突破，ViT 模型在图像分类任务上表现出色，并为视觉领域带来了新的思路和方法[6-10]。自 ViT 模型开始，Transformer 模型开始在计算机视觉领域大显身手，无数计算机视觉领域的研究人员投入它的怀抱。

7.2 网络结构

7.2.1 Transformer 网络结构

Transformer 的内部结构如图 7-1 所示，左侧为编码区（Encoder Block），右侧为解码区（Decoder Block）[11-15]。多头注意力（Multi-Head Attention）部分是由多个自注意力[6-7]（Self-Attention）组成的，可以看到编码区包含一个 Multi-Head Attention，而解码区包含两个

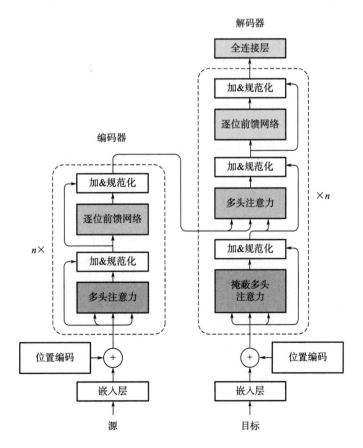

图 7-1 Transformer 网络结构

Multi-Head Attention（其中有一个用到 Masked）。Multi-Head Attention 上方还包括一个 Add & Norm 层，Add 表示残差连接（Residual Connection）用于防止网络退化，Norm 表示层归一化（Layer Normalization），用于对每一层的激活值进行归一化。

（1）Encoder 层结构

首先，模型需要对输入的数据进行一个嵌入（Embedding）操作，也可以理解为类似 W2C 的操作，Embedding 结束之后，输入 Encoder 层，Self-Attention 处理完数据后把数据送给前馈神经网络，前馈神经网络的计算可以并行，得到的输出会输入下一个 Encoder。

位置编码（Positional Encoding）：Transformer 模型中缺少一种解释输入序列中单词顺序的方法，它跟序列模型还不一样[15-20]。为了处理这个问题，Transformer 给 Encoder 层和 Decoder 层的输入添加了一个额外的向量 Positional Encoding，其维度和 Embedding 的维度一样，这个向量采用了一种很独特的方法来让模型学习到这个值，这个向量能决定当前词的位置，或者说在一个句子中不同的词之间的距离。最后把这个 Positional Encoding 与 Embedding 的值相加，输入送到下一层。

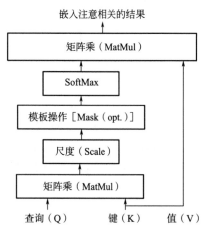

图 7-2 Self-Attention 的结构

自注意力（Self-Attention）是 Transformer 的重点，所以我们主要关注 Multi-Head Attention 以及 Self-Attention，首先详细了解一下 Self-Attention 的内部逻辑，如图 7-2 所示。

图 7-2 是 Self-Attention 的结构[21-24]，在计算的时候需要用到矩阵 Q（查询），K（键值），V（值）。在实际中，Self-Attention 接收的是输入（单词的表示向量 x 组成的矩阵 X）或者上一个 Encoder Block 的输出。而 Q，K，V 正是通过 Self-Attention 的输入进行线性变换得到的。得到矩阵 Q，K，V 之后就可以计算出 Self-Attention 的输出，计算的公式见式（7-1）。

$$\text{Attention}(Q, K, V) = \text{softmax}\left(\frac{QK^{\text{T}}}{\sqrt{d_k}}\right)V \qquad (7-1)$$

层归一化在 Transformer 中，每一个子层自注意，前馈网络（Self-Attention，Feed Forward Neural Network）之后都会接一个残缺模块，并且有一个层归一化。归一化有很多种，但是它们都有一个共同的目的，那就是把输入转化成均值为 0、方差为 1 的数据。在把数据送入激活函数之前进行归一化，因为不希望输入数据落在激活函数的饱和区。

批归一化（Batch Normalization，BN）的主要思想就是在每一层的每一批数据上进行归一化。我们可能会对输入数据进行归一化，但是经过该网络层的作用后，数据已经不再归一化。随着这种情况的发展，数据的偏差越来越大，反向传播需要考虑这些大的偏差，这就迫使人们只能使用较小的学习率来防止梯度消失或者梯度爆炸。BN 的具体做法就是对每一小批数据，在这个方向上做归一化。

（2）Decoder 层结构

根据上面的总体结构图 7-1 可以看出，Decoder 部分和 Encoder 部分大同小异，刚开始也是先添加一个位置向量 Positional Encoding，接下来是 Masked Mutil-Head Attention，这里的 Mask 也是 Transformer 一个很关键的技术，下面进行一一介绍。

带掩码的多头注意力（Masked Mutil-Head Attention）：Mask 表示掩码，它对某些值进行掩盖，使其在参数更新时不产生效果[25-27]。Transformer 模型里面涉及两种 Mask，分别是 Padding Mask 和 Sequence Mask。其中，Padding Mask 在所有的 Scaled Dot-Product Attention 里面都需要用到，而 Sequence Mask 只有在 Decoder 的 Self-Attention 里面用到。

Padding Mask：因为每个批次输入序列长度是不一样的，也就是说，要对输入序列进行对齐。具体来说，就是给在较短的序列后面填充 0。但如果输入的序列太长，则截取左边的内容，把多余的直接舍弃。因为这些填充的位置其实是没什么意义的，所以 Attention 机制不应该把注意力放在这些位置上，需要进行一些处理。具体的做法是把这些位置的值加上一个非常大的负数（负无穷），经过 Softmax（·），这些位置的概率就会接近 0。而 Padding Mask 实际上是一个张量，每个值都是一个 Boolean，值为 False 的地方就是要进行处理的地方。

Sequence Mask：本书前面也提到，Sequence Mask 是为了使 Decoder 不能看见未来的信息。也就是对于一个序列，在 time_ step 为 t 的时刻，解码输出应该只能依赖于 t 时刻之前的输出，而不能依赖 t 之后的输出。因此需要想一个办法，把 t 之后的信息给隐藏起来。

具体做法如下：产生一个上三角矩阵，上三角的值全为 0。把这个矩阵作用在每一个序列上，就可以达到目的。对于 Decoder 的 Self-Attention，里面使用到的 Scaled Dot-Product Attention，同时需要 Padding Mask 和 Sequence Mask 作为 attn_ mask，具体实现就是两个 Mask 相加作为 attn_ mask。其他情况，attn_ mask 一律等于 Padding Mask。

Output 层：当 Decoder 层全部执行完毕后，把得到的向量映射为需要的词的方法很简单，只需要在结尾再添加一个全连接层和 Softmax 层，假如词典是一万个词，那最终 Softmax 会输入一万个词的概率，概率值最大的对应的词就是最终的结果。

7.2.2　ViT 网络结构

整体结构如图 7-3 所示，首先输入一张图片，然后将图片分成一个个 Patches. 对于模型 ViT-L/16，这里的 16 指的是每个 Patches 的大小是 16×16 的。然后将所有 Patches 输入 Embedding 层，也就是这里的 Linear Projection of Flattened Patches，通过 Embedding 层之后就可以得到向量，通常称为 Token[28-30]。对应图上每个 Patch 对应得到一个 Token。在 Token 最前面增加了一个带＊标记的 Token，专门用来分类的 Class Token，然后将得到的一系列 Token，包括 Class Token 以及 Position，然后输入 Transformer Encoder 中。Transformer Encoder 的结构如图 7-4 所示，网络将 Encoder Block 重复堆叠 L 次。紧接着将 Class Token 所对应的输出，输入 MLP Head 中，得到最终的分类结果（Muti-Head Attention 模块，输入几个变量就能得到几个输出，这些都是一一对应的。由于这里只是分类，所以只提取 Class Token 经过 Transformer Encoder 对应的输出）。因此根据 ViT 模型的网络结构，将模型分为三个部分：Embedding 层（采用线性投影实现图像块平铺）；Transformer Encoder 层；MLP Head（最终用于分类的层结构）。

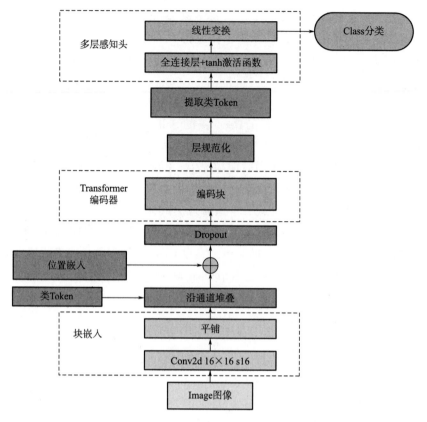

图 7-3　ViT 网络结构

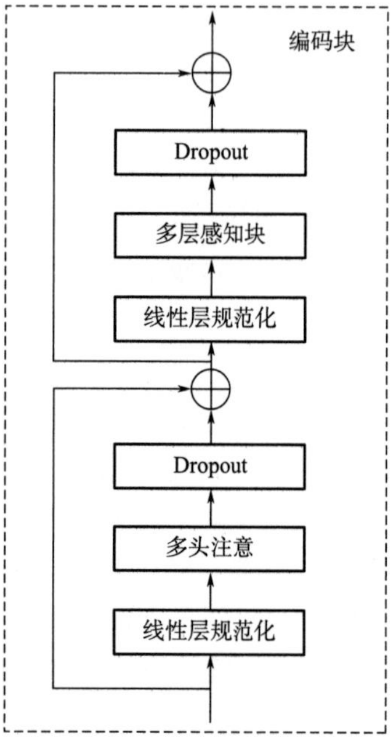

（1）Embedding 层

对于标准的 Transformer 模块，要求输入的是 Token 向量序列，即二维矩阵 [num_ token, token_ dim]，在代码的实现中，直接通过一个卷积层来实现，以 ViT-B/16 为例，使用卷积核大小为 16×16，Stride 为 16，卷积核个数为 768，这里的 768 对应的是 Token 的维度。对输入为 224×224×3 的图片，经过卷积后得到 14×14×768 的特征矩阵，然后将宽高维度信息展平，得到输出特征矩阵 196×768，对应为 196 个维度为 768 的 Token。这个过程就对应上图的 Embedding 层。

紧接着加上一个 Class Token，通过初始化一个可训练的参数维度为 1×768。将图片的 Patches，通过 Embedding 层之后得到 196×768 的特征矩阵之后与 Token 进行 Concate 拼接，就得到了 197×768 的特征矩阵。得到的特征矩阵在输入 Transformer Embedding 之前需要叠加一个 Position Embedding，它的维度为 197×768。

（2）Transformer Encoder 层

Transformer Encoder 就是将 Encoder Block 重复堆叠 L

图 7-4　Encoder 块的结构

次[31-34]。对于 Encoder Block 的说明如下。

　　首先，将 Embedding 层的输出，经过层归一化（Layer Norm），紧接着通过 Mutli-Head Attention，然后通过 Dropout 层或者 DropPath 层（一般使用 DropPath 的效果会好点）得到的输出与捷径分支的输出进行 Add 相加操作。紧接着将输出通过 Layer Norm 操作，再通过 MLP Block，然后通过 Dropout 或者 DropParh 的输出与残差分支进行 Add 相加操作。MLP Block 的结构如图 7-5 所示。通过全连接层，GELU 激活函数最后给 Dropout 层得到输出。注意第一个全连接层的节点个数 3072，是输入节点个数 768 的 4 倍，通过第二个全连接层之后，节点个数又变回了 768。

　　（3）MLP Head

通过 Transformer Encoder 后输出的维度/或者数据形态和输入的数据形态是保持不变的，以 ViT-B/16 为例，输入的是［197，768］，输出的还是［197，768］。

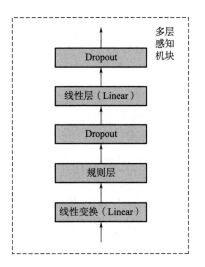

图 7-5　MLP Block 结构

　　这里只是需要分类信息，所以提取出 Class Token 生成的对应结果即可，即［197，768］中抽取出 Class Token 对应的［1，768］。接着通过 MLP Head 得到最终的分类结果。MLP Head 在原论文中描述，在训练 ImageNet21K 时，是由 Linear+tanh 激活函数+Linear 组成的。但是迁移到 ImageNet1K 上或者自己的数据上时，只用一个 Linear 即可。后面如果需要得到每个类别的概率的话，需要接上一个 Softmax 激活函数。以上就是 ViT 模型网络结构的讲解。

　　根据上述网络结构代码如下。

```
def pair(t):
    # 判断是否为元组,如果不是则返回一个由两个相同元素组成的元组
    return t if isinstance(t, tuple) else (t,t)
# classes
class PreNorm(nn. Module):
    def __init__(self, dim, fn):
        super().__init__()
        self. norm = nn. LayerNorm(dim)
        self. fn = fn
    def forward(self, x, * * kwargs):
        return self. fn(self. norm(x), * * kwargs)
class FeedForward(nn. Module):
    def __init__(self,dim, hidden_dim,dropout = 0. ):
        super().__init__()
        self. net = nn. Sequential(
            nn. Linear(dim, hidden_dim),
            nn. GELU(),
```

```
        nn. Dropout(dropout),
        nn. Linear(hidden_dim,dim),
        nn. Dropout(dropout)
    )
  def forward(self, x):
    return self. net(x)
class Attention(nn. Module):
  def __init__(self, dim, heads = 8,dim_head = 64, dropout = 0. ):
    super(). __init__()
    inner_dim = dim_head *   heads
    project_out = not (heads == 1 and dim_head == dim)
    self. heads = heads
    self. scale = dim_head ** -0. 5# 缩放因子
    self. attend = nn. Softmax(dim = -1)
    self. to_qkv = nn. Linear(dim, inner_dim * 3, bias = False)
    self. to_out = nn. Sequential(
        nn. Linear(inner_dim, dim),
        nn. Dropout(dropout)
    ) if project_out else nn. Identity()
  def forward(self, x):
    qkv = self. to_qkv(x). chunk(3, dim = -1)# 将输入变换成查询、键、值
    q, k, v = map(lambda t: rearrange(t, 'b n (h d) -> b h n d', h = self. heads), qkv)
    dots = torch. matmul(q, k. transpose(-1,-2)) * self. scale
    attn = self. attend(dots)
    out = torch. matmul(attn, v)
    out = rearrange(out, 'b h n d -> b n (h d)')
    return self. to_out(out)
class Transformer(nn. Module):
  def __init__(self, dim, depth, heads, dim_head, mlp_dim, dropout = 0. ):
    super(). __init__()
    self. layers = nn. ModuleList([])
    for _ in range(depth):
      self. layers. append(nn. ModuleList([
        PreNorm(dim, Attention(dim,heads = heads, dim_head = dim_head, dropout = drop-
out)),
        PreNorm(dim, FeedForward(dim, mlp_dim, dropout = dropout))
      ]))
  def forward(self, x):
```

```python
        for attn, ff in self.layers:
            x = attn(x) + x
            x = ff(x) + x
        return x
class ViT(nn.Module):
    def __init__(self, *, image_size, patch_size, num_classes, dim, depth, heads, mlp_dim, pool =
'cls', channels = 3, dim_head = 64, dropout = 0., emb_dropout = 0.):
        super().__init__()
        image_height, image_width = pair(image_size) ## 224 * 224
        patch_height, patch_width = pair(patch_size) ## 16 * 16
        assert image_height % patch_height == 0 and image_width % patch_width == 0, 'Image di-
mensions must be divisible by the patch size.'
        num_patches = (image_height // patch_height) * (image_width // patch_width)
        patch_dim = channels * patch_height * patch_width
        assert pool in {'cls', 'mean'}, 'pool type must be either cls (cls token) or mean (mean poo-
ling)'
        self.to_patch_embedding = nn.Sequential(
            Rearrange('b c (h p1) (w p2) -> b (h w) (p1 p2 c)', p1 = patch_height, p2 = patch_
width),
            nn.Linear(patch_dim, dim),
        )
        self.pos_embedding = nn.Parameter(torch.randn(1, num_patches + 1, dim))
        self.cls_token = nn.Parameter(torch.randn(1, 1, dim))
        self.dropout = nn.Dropout(emb_dropout)
        self.transformer = Transformer(dim, depth, heads, dim_head, mlp_dim, dropout)
        self.pool = pool
        self.to_latent = nn.Identity()
        self.mlp_head = nn.Sequential(
            nn.LayerNorm(dim),
            nn.Linear(dim, num_classes)
        )
    def forward(self, img):
        x = self.to_patch_embedding(img) ## img 1 3 224 224    输出形状 x: 1 196 1024
        b, n, _ = x.shape ##
        cls_tokens = repeat(self.cls_token, '() n d -> b n d', b = b)
        x = torch.cat((cls_tokens, x), dim=1)
        x += self.pos_embedding[:, :(n + 1)]
        x = self.dropout(x)
```

```
    x = self. transformer(x)
    x = x. mean(dim = 1) if self. pool == 'mean' else x[:, 0]
    x = self. to_latent(x)
    return self. mlp_head(x)
v = ViT(
    image_size = 224,
    patch_size = 16,
    num_classes = 1000,
    dim = 1024,
    depth = 6,
    heads = 16,
    mlp_dim = 2048,
    dropout = 0.1,
    emb_dropout = 0.1
)
img = torch. randn(1, 3, 224, 224)
preds = v(img) # (1, 1000)
```

7.3 Transformer 网络的发展

7.3.1 Transformer 技术发展背景

（1）BERT（2018 年）

谷歌发布了一篇名为 *BERT: Pre-training of Deep Bidirectional Transformers for Language Understanding* 的论文[29]，介绍了一种基于 Transformer 结构的预训练语言模型 BERT（Bidirectional Encoder Representations from Transformers）。BERT 在多项自然语言处理任务上取得了突出的表现，成为自然语言处理（Natural Language Processing，NLP）领域的一个重要里程碑。

（2）ViT（Vision Transformer）（2020 年）

此模型由 Alexey Dosovitskiy 等[4] 提出。这是将 Transformer 模型成功应用于计算机视觉领域的重要突破，ViT 模型在图像分类任务上表现出色，并为视觉领域带来了新的思路和方法。

（3）GPT-3（Generative Pre-trained Transformer 3）（2021 年）

OpenAI 发布了 GPT-3 模型，这是迄今为止规模最大的语言模型[35]。GPT-3 具有 1750 亿个参数，展现了 Transformer 模型在生成式任务上的巨大潜力。

7.3.2 计算机视觉领域的 Transformer

当 ViT（Vision Transformer）模型成功将 Transformer 模型引入计算机视觉领域后，研究者们对 Transformer 在图像处理任务上的应用进行了进一步探索和改进[35-38]。以下是 Transformer 在计算机视觉领域内继 ViT 之后的发展史的一些重要里程碑。

（1）Swin Transformer

在 2021 年，微软亚洲研究院提出了一种名为 Swin Transformer：Hierarchical Vision Transformer using Shifted Windows 的模型[36]，简称 Swin Transformer。该模型是将 Transformer 思想应用于计算机视觉领域的又一重要进展。Swin Transformer 通过引入被称为"Shifted Window"的概念，将输入图像划分为多个局部窗口，并使用层次化的 Transformer 结构进行处理。相比于传统的自然图像处理方法，Swin Transformer 在图像分类、目标检测和语义分割等任务中取得了优秀的性能，同时还具有较高的计算效率和可扩展性。Swin Transformer 的提出进一步证明了 Transformer 模型在计算机视觉领域的适用性，并对后续的研究和发展产生了深远的影响。

（2）CaiT

CaiT（Class-Attention in Image Transformer）模型在 2021 年提出，是一种基于 Transformer 架构的图像分类模型[13]。与传统的卷积神经网络（CNN）不同，CaiT 使用了 Transformer 的自注意力机制来处理图像。CaiT 模型将输入的图像划分为网格，每个网格被视为一个"图像片段"。然后，通过将这些图像片段嵌入 Transformer 架构中，进行跨注意力交互和特征提取。CaiT 模型包含了一系列的 Transformer 编码器，其中每个编码器由多层自注意力机制和前馈神经网络组成。这些编码器可以捕捉图像中不同位置的语义信息，并通过跨片段的注意力交互来促进全局上下文的建模。在训练过程中，CaiT 模型通过最小化图像分类任务的损失函数来优化参数。在推理阶段，该模型可以用于图像分类任务，对输入图像进行特征提取和预测。总体而言，CaiT 模型利用 Transformer 的跨注意力机制，将图像转化为片段表示并进行特征提取，从而实现了基于注意力的图像分类。它在一些图像分类任务中表现出了竞争力，并且在某些情况下能够捕捉更全局的语义信息。

（3）DeiT

DeiT（Data-efficient image Transformers）模型是一种数据高效的图像分类模型，基于 Transformer 架构[38]。与传统的卷积神经网络（CNN）相比，DeiT 通过在训练过程中利用大量的无标签图像数据和自监督学习方法来提高模型的数据利用效率。DeiT 模型的核心思想是通过预训练和微调两个阶段来实现数据的高效性。在预训练阶段，模型使用大规模的无标签图像数据进行自监督学习。自监督学习是一种无需人工标注的学习方法，通过设计任务使模型能够从无标签数据中学习有用的特征表示。在 DeiT 中，常用的自监督任务包括图像的旋转、裁剪、遮挡等。在微调阶段，DeiT 使用预训练得到的模型参数作为初始权重，并使用较少的有标签图像数据进行微调。通过这种方式，DeiT 能够更好地利用有限的标签数据，达到数据高效的目的。DeiT 模型采用了 Transformer 编码器作为主要的特征提取器。Transformer 编码器由多个自注意力机制和前馈神经网络组成，能够捕捉全局的语义信息并进行有效的特征提取。此外，DeiT 还引入了一些优化策略，如跨尺度的注意力机制和知识蒸馏等，以进一步提升模型性能。总之，DeiT 是一种数据高效的图像分类模型，通过利用无标签数据和自监督学习来提高数据利用效率。它采用 Transformer 编码器进行特征提取，并在微调阶段使用有限的有标签数据进行训练。DeiT 在一些图像分类任务中表现出了竞争力，并在数据有限的情况下能够取得较好的性能。

（4）T2T-ViT

T2T-ViT（Tokens-to-Token Vision Transformer）是一种基于 Transformer 的图像分类模型，

用于将图像转换为令牌序列进行处理[12]。与传统的卷积神经网络（CNN）不同，T2T-ViT 直接将输入图像分割成多个重叠的图像块，并使用 Transformer 编码器提取特征。T2T-ViT 模型的核心思想是将图像块映射为特殊的令牌，并将其作为序列输入 Transformer 中。通过这种方式，T2T-ViT 能够将图像的全局信息融入序列表示中，从而实现对图像的有效建模。T2T-ViT 模型包含了一系列的 Transformer 编码器，每个编码器由多层自注意力机制和前馈神经网络组成。这些编码器能够捕捉不同位置的语义信息，并通过自注意力机制进行特征交互和整合。在训练过程中，T2T-ViT 模型通常使用大规模的有标签图像数据进行监督学习。通过最小化图像分类任务的损失函数，模型可以学习到适合图像分类的特征表示。在推理阶段，T2T-ViT 模型可以用于图像分类任务。它通过对输入图像进行图像块划分、特征提取和预测，得出图像的分类结果。总体而言，T2T-ViT 模型利用 Transformer 的自注意力机制，将图像转换为令牌序列并进行特征提取。它能够有效地捕捉全局图像信息，并在一些图像分类任务中表现出了竞争力。

（5）Twins

Twins 模型是一种用于图像识别的双流自监督 Transformer 模型[20]。与传统的卷积神经网络（CNN）相比，Twins 利用了 Transformer 架构和自监督学习来提高图像分类任务的性能。Twins 模型的核心思想是通过两个并行的自监督学习流程来训练模型。第一个流程是视觉流，它从原始图像中提取视觉特征。第二个流程是预测流，它使用视觉流提取的特征来预测图像的其他变换形式，如旋转、剪切、遮挡等。这种方式可以使模型学习到更丰富和鲁棒的特征表示。在训练过程中，Twins 模型首先对大规模无标签图像数据进行预训练。通过自监督学习，在视觉流和预测流中共同学习图像特征表示和预测。然后，模型使用有标签数据进行微调，以进一步优化分类性能。Twins 模型采用 Transformer 编码器作为主要的特征提取器。Transformer 编码器由多层自注意力机制和前馈神经网络组成，能够捕捉全局的语义信息并进行有效的特征提取。总体而言，Twins 模型利用双流自监督学习和 Transformer 架构在大规模无标签数据和有限标签数据的情况下取得竞争性的结果。

（6）ViViT

ViViT（Video Vision Transformer）[39] 是一种针对视频理解任务的网络架构，是在 2021 年 5 月谷歌（Google）提出。在 ViT 模型的基础上，充分借鉴了 3D CNN 因式分解等工作提出两种用于视频分类的纯 Transformer 模型。第一种，将输入视频划分为 Tokens，从输入视频剪辑中均匀采样 n_t 个帧，使用与 ViT 相同的方法独立地嵌入每个 2D 帧（Embed Each 2D Frame Independently Using the Same Method as ViT），并将所有 Tokens 连接在一起。第二种，把输入的视频划分成若干个 Tuplet（类似不重叠的带空间—时间维度的立方体），每个 Tuplet 会变成一个 Token（Tublelt 的维度就是 $t \times h \times w$，包含了时间、宽、高），经过时间—空间注意力（Spatial-Temperal Attention），空间和时间建模获得有效的视频表征 Tokens。该模型训练时有效地正则化，并利用相对较小的数据集预训练模型。视频作为输入时产生大量的时空 Tokens，处理时必须考虑长范围 Token 序列的上下文关系，同时要兼顾模型的效率。与传统的卷积神经网络（CNN）相比，ViViT 模型从时间、空间的 Dimension 拆分计算，先提取空间特征，然后提取时间方向的特征，即采用卷积层提取空域特征，然后利用 Transformer 提取时间上不同帧的特征。另外，ViT 模型需要更多的数据用于训练，模型参数量较多，常见的视频网络采用

3D 卷积，然后在视频帧提取的特征之间做 Average，最后实现分类。现有的工作是在后面加 Transformer 作为分类，如基于 Transformer 的视频分类（Video Classification with Transformers）。

（7）CoaT

CoaT（Co-Scale Conv-Attentional Image Transformers）[40] 模型是一种融合了卷积和注意力机制的图像 Transformer 模型，专门用于图像识别任务。CoaT 模型通过同时使用多个尺度的特征表示来提高图像识别性能，以此应对图像中存在的多尺度信息。CoaT 模型的关键思想是在 Transformer 的基础上引入多尺度的卷积和注意力机制，以更好地建模不同尺度下的特征。模型中包含了不同深度和分辨率的特征提取层，这些层可以捕获图像中不同层次的语义信息，并且可以协同工作，以提高对多尺度信息的建模能力。CoaT 模型还利用注意力机制来实现全局特征的交互和整合，从而使模型可以更好地捕捉图像中的长距离依赖关系。在训练过程中，CoaT 模型通常使用大规模的有标签图像数据进行监督学习，通过最小化图像识别任务的损失函数来优化模型参数。此外，CoaT 模型还可以通过自监督学习等方法进行预训练，以进一步提升性能。总体而言，CoaT 模型通过融合多尺度的卷积和注意力机制，以及在 Transformer 基础上的改进，能够有效地处理图像中的多尺度信息，并取得竞争性的图像识别性能。

（8）TNT

TNT（Transformer in Transformer）[11] 模型是一种基于 Transformer 的图像分类模型，通过在 Transformer 中嵌套另一个 Transformer 来更好地建模图像中的细粒度信息[11,12]。TNT 模型的核心思想是在原始的 Transformer 结构中引入局部感知能力更强的 Transformer 块，以便更好地捕捉图像中的局部特征。这个嵌套的 Transformer 被称为局部自注意（Local Self-Attention，LSA）模块，在输入特征的每个位置都执行自注意力机制，以提取该位置周围的局部上下文特征。通过这种方式，TNT 模型可以更好地处理图像中的细节信息，提高分类性能。除了嵌套的 LSA 模块，TNT 模型还包括传统的全局自注意力机制，用于捕捉图像中的全局语义信息。这两种注意力机制相互协作，使 TNT 模型能同时关注细粒度的局部特征和全局的语义上下文，从而更好地理解图像内容。在训练过程中，TNT 模型通常使用大规模的有标签图像数据进行监督学习。通过最小化图像分类任务的损失函数，模型可以学习到适用于图像分类的特征表示。总体而言，TNT 模型在 Transformer 中嵌套局部自注意力机制，以及使用全局自注意力机制，能够更好地捕捉图像中的细粒度特征和全局语义信息，从而提升图像分类性能。

（9）CPVT

CPVT（Conditional Position Encoding Vision Transformer）[41] 模型是一种用于视觉 Transformer 模型的改进方法，旨在通过引入位置编码生成器机提高模型的性能。位置编码可以是可学习的，也可以用不同频率的正弦函数固定。位置编码会损害 Transformer 的灵活性，阻碍其广泛应用。编码通常是与输入序列等长的向量，在训练期间与网络权重联合更新。因此，位置编码的长度和值一旦训练就固定了。视觉 Transformer 的条件位置编码（Conditional Position Encoding，CPE）方案与之前预定义的独立于输入标记的固定或可学习位置编码不同，CPE 是动态生成的，并以输入标记的局部邻域为条件。因此，位置编码可以随着输入大小而变化，并尝试保持平移等价性。

绝对位置信息对于许多视觉任务来说是至关重要的。如，在目标检测或图像分割任务中，知道对象或区域的精确位置对于生成准确的预测结果至关重要。通过位置编码来表征局部关系足以满足上述所有要求。首先，它是排列变异的，因为输入序列的排列也会影响一些局部邻域的顺序。然而，输入图像中对象的平移不会改变其局部邻域的顺序，即平移等变。其次，该模型可以轻松推广到更长的序列，因为仅涉及标记的局部邻域。最后，如果任何输入标记的绝对位置已知，则可以通过输入标记之间的相互关系来推断所有其他标记的绝对位置。

CPE 可以轻松泛化到比模型在训练期间见过的输入序列更长的输入序列。此外，CPE 可以在视觉任务中保持所需的翻译等效性，从而提高性能。使用简单的位置编码生成器（Position Encoding Generation，PEG）来实现 CPE，以无缝地融入当前的 Transformer 框架中。在此基础上，PEG 提出了条件位置编码视觉变换器（Conditional Position Encoding Vision Transformer，CPVT）。与学习位置编码的注意力图相比，CPVT 具有视觉上相似的注意力图，并提供了优异的结果。

（10）PVT

PVT（Pyramid Vision Transformer）[42] 模型是一种基于视觉 Transformer 的架构，旨在处理不同尺度的特征表示，并有效地捕捉图像中的多尺度信息。PVT 模型的核心思想是引入金字塔式的特征表示，通过多个不同分辨率的特征块来处理图像中的不同尺度信息。这些特征块以层级结构组织，使模型能够同时关注图像的局部细节和全局语义信息。在 PVT 模型中，每个特征块都使用 Transformer 结构来建模特征之间的关系，并且通过跨层和跨分辨率的信息传递来实现多尺度特征的整合。这种金字塔式的设计使 PVT 模型能够更好地适应不同尺度的场景，提高了对多尺度信息的建模能力。在训练过程中，PVT 模型通常使用监督学习方法，利用大规模的有标签图像数据来学习特征表示和模型参数。通过最小化图像任务的损失函数，模型可以学习适合图像特征表示的参数设置。总的来说，PVT 模型通过金字塔式的特征表示和 Transformer 结构的整合，能够有效地处理图像中的多尺度信息，并取得竞争性的视觉任务性能。这些是 Transformer 在计算机视觉领域内继 ViT 之后的一些重要发展。随着时间的推移，Transformer 模型在各个领域持续演进和拓展，其不仅在自然语言处理和计算机视觉领域表现出色，还在推荐系统、语音识别等领域得到了广泛应用。随着研究的不断推进，Transformer 模型在图像分类、目标检测、图像生成等任务中的应用还在不断扩展和改进。未来，Transformer 模型有望继续发展，成为人工智能领域的重要支柱之一。

7.4　本章小结

Transformer 是第一个完全依赖于自注意的传导模型，它的输入为输出的计算表示，没有使用序列对齐的 RNN 或卷积。

Transformer 整个网络结构由且仅由自注意（Self-Attenion）和前馈网络（Feed Forward Neural Network）组成。Transformer 是第一个完全依赖自注意力的传导模型，它的输入与输出的计算表示没有实用序列对齐的 RNN 或卷积（Transformer is the first transduction model relying entirely on self-attention to compute representations of its input and output without using sequence aligned RNN or convolution）。注意力机制（Attention）广泛应用在深度学习中的各个领域，例如，在计算机视觉方向用于捕捉图像上的感受野，或者 NLP 中用于定位关键 Token 或特征。

笔者采用 Attention 机制的原因是由于 RNN 相关算法（LSTM、GRU 等）只能从左向右依次计算或者从右向左依次计算，这种顺序计算的机制带来了两个问题：一是时间片 t 的计算依赖 $t-1$ 时刻的计算结果，限制了模型的并行能力；二是顺序计算的过程中信息会丢失，尽管 LSTM 等门机制的结构一定程度上缓解了长期依赖的问题，但是对于特别长期的依赖现象，LSTM 依旧无能为力。Transformer 的提出解决了上面两个问题：一是不是类似 RNN 的顺序结构，具有更好的并行性，符合现有的 GPU 框架；二是使用 Attention 机制，将序列中的任意两个位置之间的距离缩小为一个常量，可以有效解决 NLP 中的长期依赖问题。

Transformer 是一种革命性的神经网络架构，它通过引入自注意力机制来处理序列数据，在自然语言处理领域取得了巨大成功。然而，Transformer 的应用不仅局限于自然语言处理，它也被广泛应用于计算机视觉领域。在计算机视觉领域，Transformer 的出现打破了传统卷积神经网络的束缚，提供了一种新的解决方案。通过将卷积层替换为自注意力模块，Transformer 能够捕捉全局上下文信息，并且具有更长距离的依赖关系建模能力。这为图像分类、目标检测、语义分割等任务带来了新的可能性。在 Transformer 的发展过程中，ViT 作为第一个将 Transformer 应用于图像任务的模型，引起了广泛关注。ViT 通过把图像切割成小的图像块，并将其转换为序列数据，然后使用 Transformer 进行处理。这种方法在一定程度上解决了图像数据的处理问题，但也存在一些挑战，如长距离依赖建模和对空间信息的处理能力有限。为了进一步改进 Transformer 在计算机视觉领域的性能，研究者们提出了一系列改进模型。这些模型包括 Swin Transformer、CaiT、DeiT、T2T-ViT、Twins 等，它们通过引入不同的架构、注意力机制和特征处理策略，进一步提高了 Transformer 模型在图像任务中的表现。此外，还有一些模型，如 VoVNet、CoaT、TNT、CPV、PVT 等，结合了传统卷积操作和 Transformer 的思想，以及引入上下文参数生成、金字塔结构和多尺度特征融合等创新思路，进一步提升了 Transformer 模型在计算机视觉领域的性能。

综上所述，Transformer 在计算机视觉领域的发展经历了从 ViT 到各种改进模型的演进过程。这些模型的出现不仅拓展了 Transformer 的应用范围，也为图像任务的研究和实践带来了新的思路和突破。尽管 Transformer 的强大已经被验证，但仍需从理论上证明为什么 Transformer 表现得这么好。Transformer 的一个主要优势是利用注意力机制去建模输入数据的全局依赖，然而很多研究表明，对大部分节点来说，完全的注意力是不必要的。因此，全局交互机制还有改进空间。Transformer 在文本、图像、音频、视频等领域取得了巨大的成功，有机会去建立统一的框架来更好地刻画不同模态数据之间的内在联系。然而同一模态内部以及模态之间的注意力有待改进。未来，可以期待 Transformer 模型在计算机视觉领域的进一步发展和应用。

参考文献

[1] VASWANI A, SHAZEER N, PARMAR N, et al. Attention is all you need [C] //Proceedings of the 31st International Conference on Neural Information Processing Systems. December 4 - 9, 2017, Long Beach, California, USA. ACM, 2017：6000-6010.

［2］ PARMAR N, VASWANI A, USZKOREIT J, et al. Image transformer ［EB/OL］. 2018：arXiv：1802. 05751. http：//arxiv. org/abs/1802. 05751.

［3］ CARION N, MASSA F, SYNNAEVE G, et al. End－to－end object detection with transformers ［C］// VEDALDI A, BISCHOF H, BROX T, et al. European Conference on Computer Vision. Cham：Springer, 2020：213-229.

［4］ DOSOVITSKIY A, BEYER L, KOLESNIKOV A, et al. An image is worth 16x16 words：Transformers for image recognition at scale ［EB/OL］. 2020：arXiv：2010. 11929. http：//arxiv. org/abs/2010. 11929.

［5］ ESSER P, ROMBACH R, OMMER B. Taming transformers for high－resolution image synthesis ［C］//2021 IEEE/CVF Conference on Computer Vision and Pattern Recognition（CVPR）. Nashville, TN, USA. IEEE, 2021：12868-12878.

［6］ 任欢, 王旭光. 注意力机制综述 ［J］. 计算机应用, 2021, 41（S1）：1-6.

［7］ Ren H, Wang X G. Summary of Attention Mechanism ［J］. Computer Applications, 2021, 41（S1）：16.

［8］ Liu J H. Research on multi－class image classification method based on active semi－supervised extreme learning machine ［D］. Nanjing：Southeast University, 2016.

［9］ HAN K, WANG Y H, CHEN H T, et al. A survey on visual transformer ［EB/OL］. 2020：arXiv：2012. 12556. http：//arxiv. org/abs/2012. 12556.

［10］ KHAN S, NASEER M, HAYAT M, et al. Transformers in vision：A survey ［EB/OL］. 2021：arXiv：2101. 01169. http：//arxiv. org/abs/2101. 01169.

［11］ HAN K, XIAO A, WU E H, et al. Transformer in transformer ［EB/OL］. 2021：arXiv：2103. 00112. http：// arxiv. org/abs/2103. 00112.

［12］ YUAN L, CHEN Y P, WANG T, et al. Tokens－to－token ViT：Training vision transformers from scratch on ImageNet ［EB/OL］. 2021：arXiv：2101. 11986. http：//arxiv. org/abs/2101. 11986.

［13］ ZHOU D Q, KANG B Y, JIN X J, et al. DeepViT：Towards deeper vision transformer ［EB/OL］. 2021：arXiv：2103. 11886. http：//arxiv. org/abs/2103. 11886.

［14］ ZHU X Z, SU W J, LU L W, et al. Deformable DETR：Deformable transformers for end－to－end object detection ［EB/OL］. 2020：arXiv：2010. 04159. http：//arxiv. org/abs/2010. 04159.

［15］ SUN Z Q, CAO S C, YANG Y M, et al. Rethinking transformer－based set prediction for object detection ［EB/OL］. 2020：arXiv：2011. 10881. http：//arxiv. org/abs/2011. 10881.

［16］ DAI Z G, CAI B L, LIN Y G, et al. UP－DETR：Unsupervised pre－training for object detection with transformers ［EB/OL］. 2020：arXiv：2011. 09094. http：//arxiv. org/abs/2011. 09094.

［17］ ZHENG M H, GAO P, ZHANG R R, et al. End－to－end object detection with adaptive clustering transformer ［EB/OL］. 2020：arXiv：2011. 09315. http：//arxiv. org/abs/2011. 09315.

［18］ ZHENG S X, LU J C, ZHAO H S, et al. Rethinking semantic segmentation from a sequence－to－sequence perspective with transformers ［EB/OL］. 2020：arXiv：2012. 15840. http：//arxiv. org/abs/2012. 15840.

［19］ STRUDEL R, GARCIA R, LAPTEV I, et al. Segmenter：transformer for semantic segmentation ［C］//2021 IEEE/CVF International Conference on Computer Vision（ICCV）. Montreal, QC, Canada. IEEE, 2021：7242-7252.

［20］ XIE E Z, WANG W H, YU Z D, et al. SegFormer：Simple and efficient design for semantic segmentation with transformers ［EB/OL］. 2021：arXiv：2105. 15203. http：//arxiv. org/abs/2105. 15203.

［21］ WANG H Y, ZHU Y K, ADAM H, et al. MaX－DeepLab：End－to－end panoptic segmentation with mask transformers ［EB/OL］. 2020：arXiv：2012. 00759. http：//arxiv. org/abs/2012. 00759.

［22］ MA F Y, SUN B, LI S T. Facial expression recognition with visual transformers and attentional selective fusion

［EB/OL］. 2021：arXiv：2103. 16854. http：//arxiv. org/abs/2103. 16854.

［23］ ZHENG C, ZHU S J, MENDIETA M, et al. 3D human pose estimation with spatial and temporal transformers ［EB/OL］. 2021：arXiv：2103. 10455. http：//arxiv. org/abs/2103. 10455.

［24］ CHEN H T, WANG Y H, GUO T Y, et al. Pre－trained image processing transformer ［EB/OL］. 2020：arXiv：2012. 00364. http：//arxiv. org/abs/2012. 00364.

［25］ YANG F Z, YANG H, FU J L, et al. Learning texture transformer network for image super－resolution ［C］//2020 IEEE/CVF Conference on Computer Vision and Pattern Recognition （CVPR）. Seattle, WA, USA. IEEE, 2020：5790-5799.

［26］ JIANG Y F, CHANG S Y, WANG Z Y. TransGAN：Two pure transformers can make one strong GAN, and that can scale up ［EB/OL］. 2021：arXiv：2102. 07074. http：//arxiv. org/abs/2102. 07074.

［27］ BERTASIUS G, WANG H, TORRESANI L. Is Space-Time Attention All You Need for Video Understanding? ［EB/OL］. 2021：arXiv：2102. 05095. http：//arxiv. org/abs/2102. 05095.

［28］ LIU Z Y, LUO S, LI W B, et al. ConvTransformer：A convolutional transformer network for video frame synthesis ［EB/OL］. 2020：arXiv：2011. 10185. http：//arxiv. org/abs/2011. 10185.

［29］ DEVLIN J, CHANG M W, LEE K, et al. BERT：Pre-training of deep bidirectional transformers for language understanding ［EB/OL］. 2018：arXiv：1810. 04805. http：//arxiv. org/abs/1810. 04805.

［30］ YUN S, OH S J, HEO B, et al. Re-labeling ImageNet：From single to multi-labels, from global to localized labels ［C］//2021 IEEE/CVF Conference on Computer Vision and Pattern Recognition （CVPR）. Nashville, TN, USA. IEEE, 2021：2340-2350.

［31］ WANG K, PENG X J, YANG J F, et al. Suppressing uncertainties for large-scale facial expression recognition ［C］//2020 IEEE/CVF Conference on Computer Vision and Pattern Recognition （CVPR）. Seattle, WA, USA. IEEE, 2020：6896-6905.

［32］ LIN K, WANG L J, LIU Z C. End-to-end human pose and mesh reconstruction with transformers ［C］//2021 IEEE/CVF Conference on Computer Vision and Pattern Recognition （CVPR）. Nashville, TN, USA. IEEE, 2021：1954-1963.

［33］ LUO H, GU Y Z, LIAO X Y, et al. Bag of tricks and a strong baseline for deep person re－identification ［C］//2019 IEEE/CVF Conference on Computer Vision and Pattern Recognition Workshops （CVPRW）. Long Beach, CA, USA. IEEE, 2019：1487-1495.

［34］ CHEN T L, DING S J, XIE J Y, et al. ABD-net：Attentive but diverse person re-identification ［C］//2019 IEEE/CVF International Conference on Computer Vision （ICCV）. Seoul, Korea （South）. IEEE, 2019：8350-8360.

［35］ GAUDILLIERE P L, SIGURTHORSDOTTIR H, AGUET C, et al. Generative pre－trained transformer for cardiac abnormality detection ［C］//2021 Computing in Cardiology （CinC）. Brno, Czech Republic. IEEE, 2021：1-4.

［36］ LIU Z, LIN Y T, CAO Y, et al. Swin Transformer：Hierarchical Vision Transformer using Shifted Windows ［C］//2021 IEEE/CVF International Conference on Computer Vision （ICCV）. Montreal, QC, Canada. IEEE, 2021：9992-10002.

［37］ LIN H Z, CHENG X, WU X Y, et al. CAT：cross attention in vision transformer ［C］//2022 IEEE International Conference on Multimedia and Expo （ICME）. Taipei, China. IEEE, 2022：1-6.

［38］ TOUVRON H, CORD M, DOUZE M, et al. Training data－efficient image transformers & distillation through attention ［EB/OL］. 2020：arXiv：2012. 12877. http：//arxiv. org/abs/2012. 12877.

［39］ ARNAB A, DEHGHANI M, HEIGOLD G, et al. ViViT：A video vision transformer ［C］//2021 IEEE/CVF

International Conference on Computer Vision (ICCV). Montreal, QC, Canada. IEEE, 2021: 6816-6826.

[40] XU W J, XU Y F, CHANG T, et al. Co-scale conv-attentional image transformers [C] //2021 IEEE/CVF International Conference on Computer Vision (ICCV). Montreal, QC, Canada. IEEE, 2021: 9961-9970.

[41] CHU X X, TIAN Z, ZHANG B, et al. Conditional positional encodings for vision transformers [EB/OL]. 2021: arXiv: 2102. 10882. http: //arxiv. org/abs/2102. 10882.

[42] WANG W H, XIE E Z, LI X, et al. Pyramid vision transformer: A versatile backbone for dense prediction without convolutions [C] //2021 IEEE/CVF International Conference on Computer Vision (ICCV). Montreal, QC, Canada. IEEE, 2021: 548-558.

第8章 图像语义分割

8.1 背景以及研究现状

8.1.1 研究背景

所谓图像分割就是把图像分割成不同的区域，分割的依据是图像的某种特征，区域内的特征相似性高，区域间的特征相似性低。图像分割是当今各领域研究的热点之一，同时也是进行图像处理的关键步骤。对图像目标的提取和测量都离不开图像分割技术。

医学图像作为信息的重要载体，在临床诊断中发挥的作用越来越大。其中，对医学图像中的磁共振图像进行分割可以帮助医生快速了解病症等信息，其已被广泛应用于各类医学诊断与研究当中。随着医学技术的发展，各种医学影像被产出，根据成像原理，可将图像分为磁共振扫描成像（MRI）、X 射线成像、计算机断层扫描成像（CT）、正电子成像术成像等。

近年来，计算机运算能力的提升以及大型数据集的出现，使机器学习技术得到快速发展。机器学习可分为传统算法和深度学习算法两大类，两者分别根据数据集的大小选取。如数据集较小时，一般使用传统的机器学习算法；数据集足够大时，一般使用深度学习方法。在传统算法中，经典的模糊 C 均值聚类算法（FCM）在众多算法中脱颖而出。

另外，随着空间技术和传感器技术的快速发展，研究人员现在可以很容易地收集大量高质量的遥感图像（RSI）。遥感图像得到了广泛关注，其已经广泛地应用于城市规划、灾害评估和农业生产等领域。然而，遥感图像中目标的小尺度、高相似性以及互相遮挡等独特特征，给分割任务带来了挑战。传统的处理遥感图像的方法，在实际应用时不仅需要花费大量的人力和物力，还很难达到理想的效果。深度学习的快速发展为各行各业提供了新的发展思路，高分辨率遥感图像目前面临的问题也有了新的解决方法。

8.1.2 研究现状

（1）基于传统方法的医学图像分割研究现状

在医学图像分割方面，已有多种算法得到应用和发展。格劳（Grau）等[1] 为了提升分水岭变换应用于医学图像时的性能，针对算法存在过分割、受噪声影响大等问题，通过使用先验信息，提出了一种新的分水岭算法，在磁共振图像上进行了验证。周等[2] 为解决模糊 C 均值容易被噪声影响分割性能的问题，在考虑空间信息的基础上，引入了用于图像分割模糊信息处理的中等数学系统。在中等真度测度的基础上，建立中等相似度测度，利用像素与其邻域的相关性定义中等隶属度函数，提出了一种改进的模糊 C 均值算法，并使用医学图像进行验证。张等[3] 为提升模糊 C 均值聚类对医学图像的分割速度，将聚类中心限制在一个器官或组织内，在保证分割结果的同时提升分割效率，提出了一种分层模糊 C 均值聚类模式。库马尔（Kumar）等[4]为解决直觉模糊 C 均值中求得的是目标函数近似解而非解析解的问题，使用拉格朗日乘子法求解该算法的目标函数，提出了一种新的直觉模糊均值聚类算法，并在公开的医学图像数据集上验证了所提算法的有效性。赛义德（Sajid）等[5]被脑共振图像能够提供详细信息的优势吸引，为了解决噪声和伪影影响磁共振图像质量的问题，使用图像像素的空间信息，并将权值分配给邻域对模糊 C 均值算法进行改进，提出了一种用于脑部图像分割的定向加权优化的算法。康等[6]为了克服模糊 C 均值聚类中根据每个特征具有同等重要性计算样本之间的距离的问题，以更好地分割脑磁共振图像，通过给相邻像素分配权重来考虑相邻像素对中心像素的影响，且这些权重是根据对应像素和中心像素之间的距离确定的，其提出了一种空间加权信息模糊 C 均值算法。马超等[7]对级联随机森林和活动轮廓模型进行整合，并应用于三维磁共振图像的分割。郑等[8]将 SVM 与图割法理论进行结合，用于构建一种新的分割算法，并在结果中取得了较好的效果。卡利米（Karimi）等[9]为了降低豪斯多夫距离，提出了新的损失函数训练卷积神经网络的分割方法，在超声、磁共振和计算机断层扫描图像上进行了算法验证。贾洪等[10]使用预处理增强血管和背景的对比度信息，然后构建局部线结构约束的模糊 C 均值聚类算法，并对视网膜图像进行分割，进行后处理降噪，取得了理想的分割结果。杨阳等[11]为解决模糊 C 均值算法参数影响算法性能和鲁棒性差的问题，提出了一种非局部空间信息的快速模糊 C 均值算法，用于对脑磁共振图像的分割。

（2）基于深度学习的遥感图像分割研究现状

遥感图像中目标的小尺度、高相似性及互相遮挡等独特特征，给语义分割任务带来了挑战。针对语义类别任务，当前的解决方案多基于深度学习方法，包括卷积神经网络（CNN）[12-17]、Transformer[18-20]，以及它们的混合模型[21-24]。由于卷积神经网络及其变体能够有效提取局部特征，基于编码器—解码器结构的方法已经取得了显著效果[15,16,25-37]。除了在 CNN 框架下增加感受野和引入注意力机制外，一些通过引入门控循环单元（GRU）建立选择机制和长程上下文依赖关系的网络骨干结构，也取得了良好的语义分割效果。为按空间位置选择性聚合多尺度特征，丁等[38]利用门控来自不同尺度的特征流。GFF[39]通过门控全连接方式选择性融合不同层次特征，以补偿高层特征中丢失的细节信息。马哈茂德（Haithami Mahmood）等[40]在卷积层内嵌入 GRU，收集上下文信息产生相关全局信息。多个条件随机—门控循环单元（CRF-GRU）层[41]可注入 FCN 中建模分层上下文。注意卷积 GRU（Att-ConvGRU）模块[42]学习长程上下文依赖，用以区分烟雾与类烟雾目标。袁等[43]设计多级门控跳过连接，配合 GRU 减小浅层和深层语义差距，提升空间精确度。

近年来，直接将 Swin Transformer 集成到编码—解码网络中进行语义分割，取得了较好效果[44]。但过度依赖全局上下文而缺乏定位能力，尚未达到语义分割的理想状态。为克服这一局限，基于并行 CNN 和 Transformer 编码器框架，Conformer[21]和 STransFuse[22]利用特征融合和注意力机制，取得了惊人的良好表现。然而遥感图像中的光影效应，导致分割存在洞、边缘粗糙、误检，甚至漏检等问题。SCG-TransNet 模型[23]融合 Swin-Conv-Dspp 和全局局部 Transformer，但有效结合局部和全局仍具挑战性。

8.2　图像分割数据集及分割的评价指标

8.2.1　图像分割数据集

越来越多的医院或科研机构开始公开医学图像作为数据集，在脑磁共振图像分割方面，模拟脑数据集（Simulated Brain Database，SBD）[45] 和互联网脑分割数据集（Internet Brain Segmentation Repository，IBSR）[46] 成为主流数据集中的一类。两个数据集均提供了真实的分割标注结果，有利于对算法进行定量和定性分析。

SBD 包含一组由脑磁共振图像模拟器生成的真实脑磁共振图像的数据量，这些图像已被广大研究者用于脑磁共振图像分割算法的验证。目前，SBD 包含正常和多发性硬化两个解剖模型的模拟大脑 MRI 数据，对于这两种模型数据，都使用三个序列（T1-、T2-和 PD-）和各种切片厚度、噪声水平和强度非均匀性等模拟了完整的三维数据体积。对于正常的脑磁共振，其图像中含有白质、灰质、脑脊液和脂肪等组织，在进行分割前需要完成去颅骨等操作，仅保留背景、白质、灰质和脑脊液四部分组织，如图 8-1 所示。

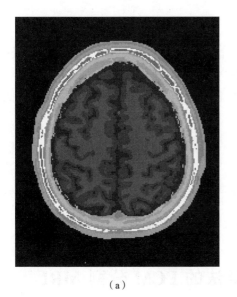
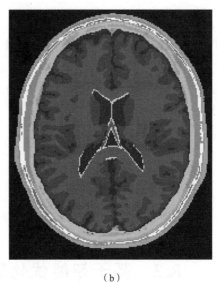

（a）　　　　　　　　　　　　　　　（b）

图 8-1　SBD 数据集示例图像

IBSR 提供脑磁共振图像和人工主导的专家级分割结果数据，其目的是鼓励评价和发展相应的磁共振图像分割算法。IBSR 最初是由美国政府部门拨款设立的，这项拨款资助了美国波士顿大学、麻省理工学院和麻省总医院等机构和人员在 MR 大脑分割方面的研究。IBSR 内部包含大量数据集，图 8-2 为一幅 MR 大脑扫描图像，绿色轮廓为人工主导的专家级分割结果。

遥感数据集包括 ISPRS 2D（Gerke 2014）和 Potsdam 数据集（Ji et al. 2018）[18,47]，以及一个新的北京土地利用（BLU）数据集[48] 等。

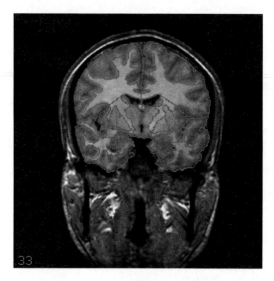

图 8-2　IBSR 数据集示例图像

8.2.2　图像分割的评价指标

在对算法的性能进行验证时，已有多种评价标准被提出。结合研究内容，在进行定量分析时，采用杰卡德相似（Jaccard Similarity，JS）系数和戴斯系数（Dice coefficient，DC）作为评价标准。对于一幅图像，如果 M 和 B 分别表示分割后的图像和真实分割，那么 JS 系数和 DC 分别见式（8-1）、式（8-2）。

$$JS(M,B) = \frac{|M \cap B|}{|M \cup B|} \tag{8-1}$$

$$DC(M,B) = \frac{2|M \cap B|}{|M| + |B|} \tag{8-2}$$

式中：JS 系数和 DC 均在 0 与 1 之间，其值越大，分割效果越好。

8.3　基于智能优化算法的 FCM 分割 MRI

机器学习可分为传统机器学习算法和神经网络学习算法两大类，每一大类中又包含众多算法。传统机器学习算法包含模糊 C 均值聚类（FCM）[48]、支撑向量机[49]、随机森林[50]等；神经网络中包含卷积神经网络[51]、残差神经网络[52]、生成对抗网络[53] 等算法。传统机器学习算法经过多年发展，理论应用也逐渐成熟，被广泛地应用到各行各业。本节选用机器学习中的模糊 C 均值算法对医学图像进行分割处理。

8.3.1　FCM 相关算法

在本小节，将对 FCM 的模型和在其基础上发展出的 FGFCM 模型进行详细介绍，为改进算法提供理论基础。在 FCM 模型中，给定一幅图像 $X = \{x_1, x_2, \cdots, x_N\}$，其目标函数定义见式（8-3）。

$$J = \sum_{k=1}^{c} \sum_{i=1}^{N} u_{ik}^m \| x_i - v_k \|^2 \tag{8-3}$$

式中：c 为聚类数目；N 为像素总个数；v_k 为第 k 类聚类中心；u_{ik} 表示第 i 个像素属于第 k 类的隶属度；m 为模糊因子；$\| x_i - v_k \|$ 为欧氏距离。隶属度应该满足以下关系，见式（8-4）。

$$\sum_{k=1}^{c} u_{ik} = 1 \tag{8-4}$$

在式（8-4）的约束下，对目标函数使用拉格朗日乘子法，分别对隶属度 u_{ik} 和聚类中心 v_k 进行求导，得到其更新公式，见式（8-5）、式（8-6）。

$$u_{ik} = \| x_i - v_k \|^{-\frac{1}{(m-1)}} / \sum_{k=1}^{c} \| x_i - v_k \|^{-\frac{1}{(m-1)}} \tag{8-5}$$

$$v_k = \sum_{i=1}^{N} u_{ik}^m x_i / \sum_{i=1}^{N} u_{ik}^m \tag{8-6}$$

为了更好地使用图像的空间信息，一种快速广义的模糊 C 均值算法被提出（FGFCM）。在 FGFCM 聚类算法中，计算图像的灰度信息和空间信息对像素进行衡量，并作为一个权重系数对像素灰度值进行加权处理，同时，使用灰度级数替换像素个数，最大灰度级数是 256，远远少于像素的个数，降低了算法的计算量。FGFCM 目标函数见式（8-7）。

$$J = \sum_{k=1}^{c} \sum_{l=1}^{q} \gamma_l u_{kl}^m (\xi_l - v_k)^2 \tag{8-7}$$

式中：q 为图像的灰度级数；γ_l 为灰度为 l 的像素个数；ξ_l 是在原图像的基础上经过线性加权和生成的新图像。线性加权和的过程可表示为式（8-8）~式（8-11）。

$$\xi_l = \sum_{j \in N_l} S_{lj} x_j / \sum_{j \in N_l} S_{lj} \tag{8-8}$$

$$S_{lj} = \begin{cases} S_{s\_lj} \times S_{g\_lj}, & j \neq l, \\ 0, & j = l, \end{cases} \tag{8-9}$$

$$S_{s\_lj} = \exp(-\max(| a_j - a_l |, | b_j - b_l |)/\lambda_s) \tag{8-10}$$

$$S_{g\_lj} = \exp(-\| x_l - x_j \|^2 / \lambda_g \times \sigma_{g\_l}^2) \tag{8-11}$$

式中：S_{lj} 为像素 l 与像素 j 的相似度系数；j 为窗口内除中心点外的其余像素；N_l 为以像素灰度 l 为中心的窗口；S_{s_lj} 和 S_{g_lj} 分别为空间坐标信息和灰度信息；a 和 b 分别为像素点的横坐标和纵坐标。FGFCM 算法的聚类中心更新公式见式（8-12）。

$$v_k = \sum_{l=1}^{q} \gamma_l u_{kl}^m \xi_l / \sum_{l=1}^{q} \gamma_l u_{kl}^m \tag{8-12}$$

隶属度更新公式见式（8-13）。

$$u_{kl} = (\xi_l - v_k)^{-\frac{2}{m-1}} / \sum_{j=1}^{c} (\xi_l - v_j)^{-\frac{2}{m-1}} \tag{8-13}$$

8.3.2 改进的 FCM

在使用图像空间信息时，不可避免要考虑图像的邻域信息，但邻域大小或形状选取不当将破坏图像的形态结构，进而影响算法的分割性能。同时，由于图像中每一个像素之间都存在一定的关联，关联程度与各像素点之间的距离成反比，即距离越远，关联程度越小。为了更充分地利用图像中像素与像素之间的关系，本部分提出一种新的灰度处理方法，有利于更好地平衡分割过程中降噪与图像信息保留的关系。首先，在使用邻域信息时，计算图像中每一个像素与图像中另一些像素的空间信息和灰度值信息，并将计算出的两个信息进行结合，作为像素的相似度系数。之后，根据相似度系数对图像中的像素进行线性加权和，并进行形态学顶帽（Top-Hat）和底帽（Bottom-Hat）变换操作，完成对原图像灰度值的处理。其中，在计算图像的空间信息时，使用一种常用的快速带宽法自适应地生成相关的参数，避免手工设置影响算法性能。线性加权和图像 X_i 生成过程见式（8-14）、式（8-15）。

$$X_i = \sum_{j \in G_i} W_{ji} x_j / \sum_{j \in G_i} W_{ji} \tag{8-14}$$

$$W_{ji} = W_{ji}^{(g)} \times W_{ji}^{(s)} \tag{8-15}$$

式中：W_{ij} 为像素 i 与像素 j 的相似度系数；G_i 为窗口内除了第 i 个像素之外的其余像素；$W_{ji}^{(g)}$ 和 $W_{ji}^{(s)}$ 分别为第 i 个像素与第 j 个像素的空间坐标信息和灰度值信息。其计算过程见式（8-16）、式（8-17）。

$$W_{ji}^{(s)} = \exp(-\parallel C_j - C_i \parallel_2 / \sigma) \tag{8-16}$$

式中：C_j 为第 j 个像素点的空间坐标；σ 为经验常数；$\parallel C_j - C_i \parallel_2$ 为两个空间坐标的欧氏距离。

$$W_{ji}^{(g)} = \exp\{-[(x_j - x_i)/H]^2\} \tag{8-17}$$

式中：x_j 为第 j 个像素点的灰度值；H 计算见式（8-18）。

$$H = \frac{1}{N} \sum_{i=1}^{N} \left| d_i - \frac{1}{N} \sum_{i=1}^{N} d_i \right| \tag{8-18}$$

式中：d_i 为灰度偏差。见式（8-19）。

$$d_i = |x_i - \bar{x}| \tag{8-19}$$

式中：$\bar{x}$ 为整幅图像的平均灰度。

使用空间信息和灰度值信息加权后，进行相应的形态学操作 Top-Hat 和 Bottom-Hat 变换处理。Top-Hat 和 Bottom-Hat 变换是图像差分与形态学操作综合之后的一种形式，也是灰度图像处理中常用的一种操作，有助于处理图像的边缘信息，更好地降噪和保留图像信息。对于一幅灰度图像 X，其 Top-Hat 变换可定义见式（8-20）。

$$T_{\text{hat}}(X) = X - (X \circ D_e) \tag{8-20}$$

X 的 Bottom-Hat 变换定义见式（8-21）。

$$B_{\text{hat}}(X) = (X \cdot D_e) - X \tag{8-21}$$

式中：$\cdot$ 为闭操作；$\circ$ 为开操作；D_e 为结构元素；本部分采用半径为 5 的结构元素。

为了验证计算图像中某一个像素与图像中其余的每一个像素的空间信息和灰度信息的有效性，使用结合灰度处理后的模糊 C 均值算法进行验证实验。图像选用 IBSR 中的真实脑磁共振图像，如图 8-3 所示。实验时，设置五种大小不相同的窗口进行对比，以均方根误差（Mean Square Error，MSE）作为评价标准，其计算见式（8-22）。

$$\text{MSE} = \sqrt{\sum_{k=1}^{c} (Y_k - B_k)} \tag{8-22}$$

式中：Y_k 为分割算法取得的聚类中心；B_k 为真实图像的聚类中心。

MSE 数值表示了真实值与算法得到数值之间的误差。在进行对比时，数值越小，表示分割效果越好。

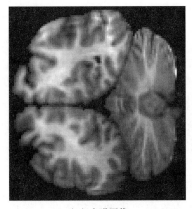 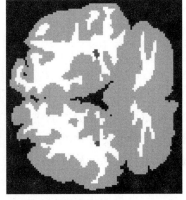

（a）含噪图像　　　　　　　　　　　　　（b）真实图像

图 8-3　性能验证实验含噪图像和真实图像

对实验结果进行统计，不同窗口大小对应的均方根误差数值见表 8-1。由表中数据可知，选取不同的窗口大小取得了不同的结果，也可知选取的窗口大小不恰当，将会造成图像的结构被破坏，影响算法的分割性能，难以取得优异的分割结果。所提出的改进思路应用于分割，取得了较小的误差，验证了其有效性和可行性。

表 8-1　不同窗口下的均方根误差

窗口大小	3×3	5×5	7×7	9×9	全图
MSE	79	91	105	111	74

8.3.3　基于 PSO 的 FCM 分割 MRI

（1）改进的粒子群优化算法

粒子群算法在优化时，容易受到惯性权重的影响，设置不当，将会直接影响粒子的寻优过程。已有大量学者对粒子群算法进行了改进，但较少有与图像分割过程相结合的。本部分将惯性权重的变化过程与图像的分割过程进行结合，使其根据分割过程的变化而变化，可以更好地融入图像处理的操作，助力于取得理想的结果。

图像在进行分割时，根据图像的复杂结构和分割细节要求，可以分为前期和后期两个阶段。在前期，不考虑图像中的细节或小区域信息，各像素之间差距相对明显，可快速分割出图像各区域的粗略范围；在后期，整体上已有了大概划分，需要对细节和边界区域进行详细的判断，分割速度较慢。分割的过程整体上可总结为前期快后期慢，前期作用于图像整体，后期作用于图像细节。在此思想的基础上，对粒子群优化算法的惯性权重进行改进，提出一种自适应的惯性权重，并用提出的权重对速度更新公式中的系数进行改进，避免粒子在寻优的过程中无法获得全局最优解的问题，确保粒子群优化算法与模糊 C 均值聚类算法结合后，在分割时取得更加优异的效果。改进后的惯性权重更新公式和速度更新公式见式（8-23）、式（8-24）。

$$w_t = 1 - \frac{t}{t_{max}} \tag{8-23}$$

$$V_p(t + 1) = w_t V_p(t) + (1 - w_t)\{Q_1[P_{best}(t) - Z_p(t)] + Q_2[G_{best}(t) - Z_p(t)]\} \tag{8-24}$$

式中：w 是惯性权重；v 为粒子速度；P_{best} 历史最佳个体；G_{best} 为全局最佳；Q_1、Q_2 为区间在 [0, 1] 的随机生成数；t 为粒子寻优迭代的次数；t_{max} 为设置的迭代终止次数。

改进后的惯性权重可以根据分割的进度调整大小，进而影响粒子的寻优速度，确保需要快的地方快、慢的地方慢，更好地处理全局寻优与局部选优的关系。将改进后的权重应用于粒子群算法，根据其自适应性，称为自适应粒子群算法。

（2）PSO 与 FCM 结合

使用自适应粒子群优化算法对改进的模糊 C 均值聚类模型进行优化，提出一种新的 FCM 算法，称为 SAPSOGFCM。在进行两者结合时，用粒子表示聚类中心，即有几个聚类中心，粒子便为几维，粒子种群个数表示聚类中心潜在解的数量。两者结合后，适应度函数见式（8-25）、式（8-26）。

$$f_p = J_{GFCM} \tag{8-25}$$

$$J_{GFCM} = \sum_{k=1}^{c} \sum_{i=1}^{N} u_{ik}^m (X_i - Z_k)^2 \tag{8-26}$$

式中：Z 为粒子所处的位置；f_p 为适应度函数；结合后为改进的模糊 C 均值的目标函数。

同时，为了确保优化选出的粒子值符合图像的概念，即在图像的灰度值区间内，对粒子的位置进行约束，分别用图像灰度值的最大值和最小值作为上下限。如同传统模糊 C 均值算法，对隶属度求导，便可得出隶属度的更新公式见式（8-27）。

$$u_{ik} = (X_i - Z_k)^{-\frac{1}{m-1}} / \sum_{j=1}^{c} (X_i - Z_j)^{-\frac{1}{m-1}} \tag{8-27}$$

由式（8-27）可知，聚类中心即粒子位置确定之后，便可求出相应的隶属度，进而计算适应度函数确定相应的输出结果，最后根据算法输出的隶属度和粒子位置便可对图像进行分割。

SAPSOGFCM 算法流程见表 8-2，通过输入的图像信息，可计算出参数值 H，便可对原图像的像素灰度值进行处理，最后使用自适应粒子群优化算法优化改进的 FCM，通过优化后的输出完成图像分割。

表 8-2　SAPSOGFCM 算法流程

输入：图像数据和设置的相应参数 输出：聚类中心、隶属度
Step1：计算快速带宽，并对原图像进行灰度处理 **Step2**：对粒子群算法中粒子进行初始化 **Step3**：根据式（8-23）计算惯性权重

续表

Step4：对粒子寻优，将得到的最优粒子代入式（8-27）计算相应的隶属度
Step5：根据已知的最优聚类中心（粒子位置）和隶属度，根据式（8-25）计算适应度值
Step6：判断是否满足迭代终止条件，若满足，则进行 **Step7**，否则，返回 **Step3**
Step7：输出聚类中心和隶属度

（3）实验结果分析

本部分实验使用 IBSR 数据集中的脑 MR 图像，选用的图像分为两大类，第一类选用的图像中脑脊液区域较小，分割时分为三类，分别为白质、背景和灰质。第二类分割为白质、灰质、脑脊液和背景。同时，对手工设置参数是否对算法性能有影响进行分析。在进行试验时，采用 MATLAB 2014a 软件在 3.6 GHz CPU 和 16.0 GB RAM 的计算机上对所提算法进行实验。在算法对比上，不仅与已被提出的 FCM、FGFCM、PRFLICM、FRFCM 和 PSOFCM 进行对比实验，还与仅加入自适应粒子群策略的模糊 C 均值算法进行对比，综合验证所提算法的有效性。

①不含脑脊液图像分割实验：图 8-4（a）为原始图像，将分割结果以整体［图 8-4（b_1）~（i_1）］、白质［图 8-4（b_2）~（i_2）］和灰质［图 8-4（b_3）~（i_3）］的形式展现。同时，与多种算法进行对比分析，如图 8-4（c）~（i）分别表示 FCM、PRFLICM、PSOFCM、SAPSOFCM、FGFCM、FRFCM、SAPSOGFCM，从分割结果中可以定性分析出所有算法均取得了一定的分割效果，但也有算法在分割时将白质错误地划分为灰质，如 FCM、FGFCM。综合对比，SAPSOGFCM 的分割结果最好，细节部分如图中方框中区域所示。同时，对分割的定量评价标准结果进行统计，其系数值见表 8-3。

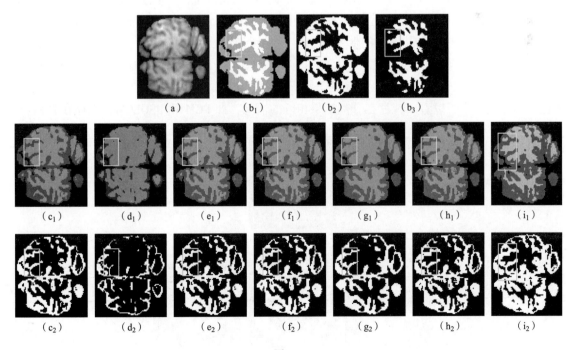

（a）	（b_1）	（b_2）	（b_3）
（c_1）	（d_1）	（e_1）	（f_1）	（g_1）	（h_1）	（i_1）
（c_2）	（d_2）	（e_2）	（f_2）	（g_2）	（h_2）	（i_2）

图 8-4

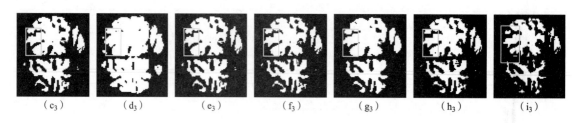

$$(c_3) \qquad (d_3) \qquad (e_3) \qquad (f_3) \qquad (g_3) \qquad (h_3) \qquad (i_3)$$

图 8-4　实验 1 原始图像和分割结果

表 8-3　实验 1 不同算法的 JS 系数和 DC 系数

算法	灰质		白质	
	JS	DC	JS	DC
FCM	0.6744	0.8055	0.5693	0.7255
PRFLICM	0.3197	0.4844	0.3848	0.5558
FGFCM	0.6359	0.7774	0.5440	0.7046
FRFCM	0.7138	0.8330	0.6095	0.7574
PSOFCM	0.6744	0.8055	0.5693	0.7255
SAPSOFCM	0.7064	0.8279	0.5928	0.7444
SAPSOGFCM	**0.8337**	**0.9093**	**0.7036**	**0.8260**

　　由各算法分割结果的 JS 和 DC 系数可知，加入改进的粒子群算法的结果优于传统的 FCM 算法，同时考虑随机初始聚类中心和降噪问题的 SAPSOGFCM 算法取得了最大的系数值。

　　为避免在此类图像取得效果的偶然性，对此类图像再次进行分割，其结果如图 8-5 所示。其中，图 8-5（b）～（i）分别为真实分割、FCM、PRFLICM、PSOFCM、SAPSOFCM、FGFCM、FRFCM、SAPSOGFCM，对应的下角标 1～3 分别为分割的整体、灰质和白质。从可视化后的分割结果可以看出，存在分割结果相近的情况，如 FCM 和 PSOFCM，也存在将白质

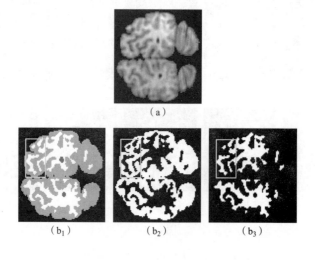

（a）

（b₁）　　　　　（b₂）　　　　　（b₃）

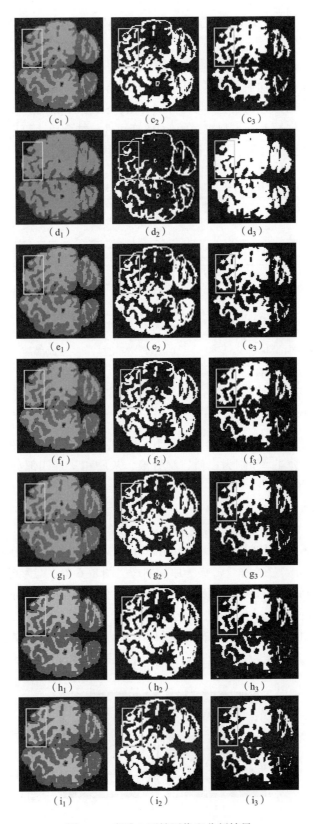

图 8-5　实验 2 原始图像和分割结果

区域错误地划分为灰质，如FGFCM。总体上，SAPSOGFCM算法的分割结果与真实分割结果最接近。

对分割结果进行定量分析，其JS系数和DC系数见表8-4。从表中数据可以看出，加入自适应粒子群算法的模糊C均值算法系数值均高于传统FCM的系数值，同时也高于改进的粒子群算法与FCM算法结合的系数值。但也可以看出，SAPSOFCM相对于FCM和PSOFCM有了提升，但系数值未达到最大。当与改进的FCM算法进行结合后，可以看出系数值得到再次提升，在所有算法中达到最大值，即取得了最好的分割效果。

表8-4 实验2不同算法的JS系数和DC系数

算法	灰质		白质	
	JS	DC	JS	DC
FCM	0.7481	0.8559	0.6709	0.8030
PRFLICM	0.4089	0.5804	0.4612	0.6312
FGFCM	0.7263	0.8415	0.6555	0.7919
FRFCM	0.7859	0.8801	0.7041	0.8263
PSOFCM	0.7481	0.8559	0.6709	0.8030
SAPSOFCM	0.7792	0.8759	0.6945	0.8197
SAPSOGFCM	**0.8161**	**0.8989**	**0.7094**	**0.8300**

②含脑脊液图像分割实验：本部分，使用IBSR数据集中含有脑脊液区域较大的图像，分割时设置聚类中心个数为4，分割为白质、脑脊液、灰质和背景四部分，其中，背景在本书可视化的过程中不进行展示。

对分割结果以灰质［图8-6（b₁）~（i₁）］、白质［图8-6（b₂）~（i₂）］和脑脊液［图8-6（b₃）~（i₃）］的形式进行可视化，并与同类型的算法进行对比实验，如选用真实分割、FCM、PRFLICM、PSOFCM、SAPSOFCM、FGFCM、FRFCM、SAPSOGFCM，其结果如图8-6（b）~（i）所示，图8-6（a₁）为原始图像，图8-6（a₂）为真实图像。通过各算法的分割结果与真实分割结果的对比可以看出，在灰质分割方面，PSOFCM的分割结果优于FCM的分割结果，而所提算法的分割结果最接近真实分割结果。在白质分割上，所提算法的分割结果略差于PRFLICM，但结合脑脊液从整体上看，SAPSOGFCM算法取得了最好的分割结果。对各算法分割结果的定量分析数值进行统计，见表8-5。

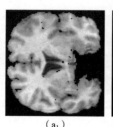
（a₁）
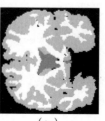
（a₂）

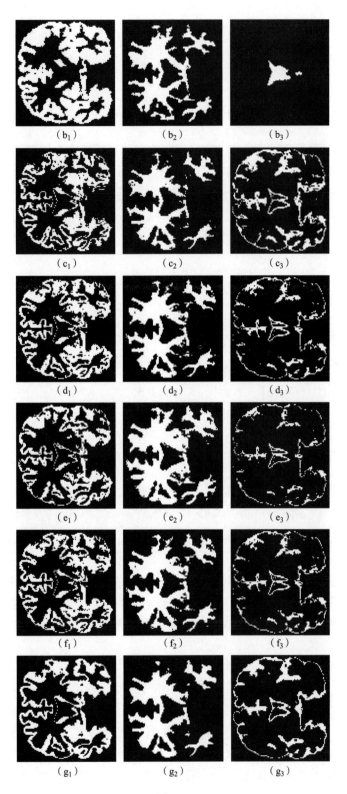

图 8-6

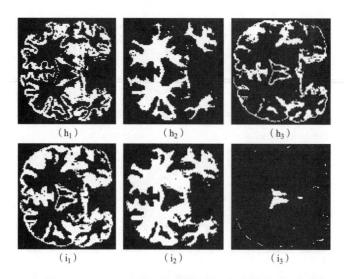

图 8-6　实验 3 原始图像和分割结果

表 8-5　实验 3 不同算法的 JS 系数和 DC 系数

算法	灰质		白质		脑脊液	
	JS	DC	JS	DC	JS	DC
FCM	0.4925	0.6600	0.7358	0.8478	0.0649	0.1220
PRFLICM	0.6109	0.7584	**0.7382**	**0.8494**	0.1117	0.2009
FGFCM	0.5491	0.7089	0.7377	0.8490	0.0817	0.1510
FRFCM	0.4607	0.6308	0.7358	0.8478	0.0544	0.1033
PSOFCM	0.5825	0.7362	0.6781	0.8082	0.1363	0.2399
SAPSOFCM	0.5924	0.7440	0.7277	0.8424	0.1024	0.1858
SAPSOGFCM	**0.6665**	**0.7999**	0.6443	0.7837	**0.5244**	**0.6882**

　　通过对比各算法的评价指标可以看出，SAPSOGFCM 算法在灰质和脑脊液区域取得了最佳的分割结果，在白质区域取得的结果较差，这与图像的架构有关，白质区域错综复杂，分割难度较大。将白质、灰质和脑脊液三部分的系数值进行综合评价，SAPSOGFCM 算法的系数值最大。

　　对同类型图像进行分割实验，对分割结果以灰质 [图 8-7 （b₁) ~ (i₁)]、白质 [图 8-7 （b₂) ~ (i₂)] 和脑脊液 [图 8-7 （b₃) ~ (i₃)] 的形式进行可视化，并与同类型的算法进行对比实验，如选用真实分割、FCM、PRFLICM、PSOFCM、SAPSOFCM、FGFCM、FRFCM、SAPSOGFCM，其分割结果在图中用 (b) ~ (i) 表示，图 8-7 （a₁) 为原始图像，图 8-7 （a₂) 为真实图像。分割结果与第一幅图像的结果类似，整体上，SAP-SOGFCM 算法的分割结果与真实结果最为接近。同时，对各算法的定量分析系数进行统计，见表 8-6。

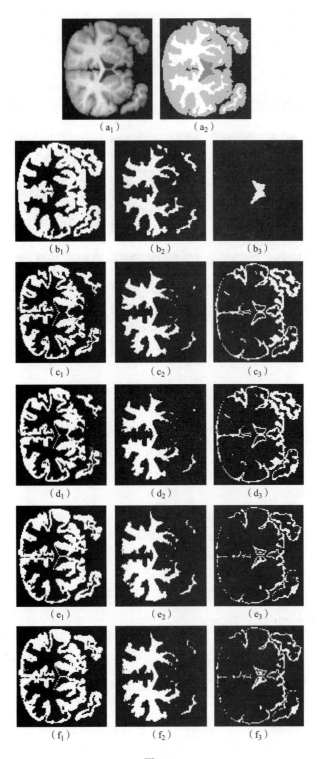

（a₁）　　　　（a₂）

（b₁）　　　　（b₂）　　　　（b₃）

（c₁）　　　　（c₂）　　　　（c₃）

（d₁）　　　　（d₂）　　　　（d₃）

（e₁）　　　　（e₂）　　　　（e₃）

（f₁）　　　　（f₂）　　　　（f₃）

图 8-7

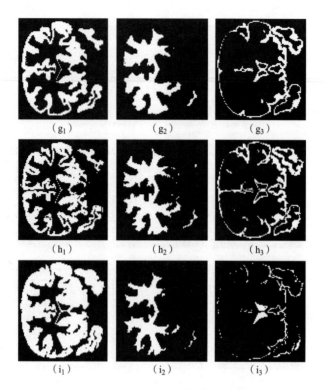

图 8-7　实验 4 原始图像和分割结果

表 8-6　实验 4 不同算法的 JS 系数和 DC 系数

算法	灰质		白质		脑脊液	
	JS	DC	JS	DC	JS	DC
FCM	0.5345	0.6966	0.7374	0.8488	0.0520	0.0988
PRFLICM	0.5399	0.7012	**0.7381**	**0.8493**	0.0520	0.0988
FGFCM	0.5651	0.7221	0.6948	0.8199	0.0773	0.1434
FRFCM	0.5425	0.7034	0.7374	0.8488	0.0494	0.0942
PSOFCM	0.6463	0.7852	0.7012	0.8244	0.0975	0.1777
SAPSOFCM	0.6680	0.8010	0.7180	0.8358	0.1125	0.2022
SAPSOGFCM	**0.7714**	**0.8710**	0.6687	0.8015	**0.2129**	**0.3511**

对比各算法的定量分析标准后可知，加入自适应粒子群算法的有效性，也可得知在图像结构较为复杂的情况下，SAPSOGFCM 算法在白质区域的分割效果略差于 PRFLICM，但在灰度和脑脊液部分，分割效果最优。

③算法参数分析：针对本算法中需要手工设置的参数 σ 进行验证分析，设置不同数值应用于算法的分割实验，记录结果如图 8-8 所示。从图中可以看出，随着数值的变化，算法的分割结果也在变化，当数值为 40 左右时，算法性能达到最优，也验证了 SAPSOGFCM 算法中数值设置为 40 的合理性和可行性。

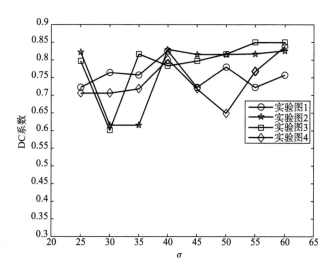

图 8-8　不同 σ 值对应的白质 DC 系数

8.3.4　基于花粉算法的 FCM 分割 MRI

（1）花粉算法与 FCM 结合

瞿博阳等[53] 在花朵授粉算法的基础上提出自适应多策略花朵授粉算法（SMFPA），引入锚点策略、摄动策略和局部搜索增强策略，以提高种群多样性、全局和局部搜索能力。锚点策略使每个花粉个体与最近的锚点（α）进行交流并保存最优信息（最优解 α_*）。全局寻优公式见式（8-28）。

$$Y_i^{t+1} = Y_i^t + L(Y_i^t - \alpha_*) \tag{8-28}$$

摄动策略和局部搜索增强策略有助于增强局部搜索能力，避免搜索的随机性和盲目性，提高算法的搜索效果。局部寻优公式见式（8-29）。

$$Y_i^{t+1} = (Y_i^t + g_*)^* \mathrm{rand}(0,1) + \varepsilon(Y_j^t - Y_k^t) \tag{8-29}$$

式中：rand（0，1）为 ［0，1］ 之间的一个随机数。

在 FCM 的框架下，将自适应多策略花朵授粉算法与 FCM 模型相结合，目标函数（适应度函数）见式（8-30）。

$$J = \sum_{k=1}^{c} \sum_{i=1}^{N} u_{ik}^m (X_i - Y_k)^2 \tag{8-30}$$

式中：X_i 为图像灰度重构后的第 i 个像素的灰度值；Y_k 为第 k 个花粉配子位置，即聚类中心。

在隶属度约束下，利用拉格朗日最小二乘法对隶属度求导，可得隶属度更新公式，见式（8-31）。

$$u_{ik} = (X_i - Y_k)^{-\frac{1}{m-1}} / \sum_{j=1}^{c} (X_i - Y_j)^{-\frac{1}{m-1}} \tag{8-31}$$

由公式（8-31）可知，聚类中心确定后，可计算出隶属度，结合自适应多策略花朵授粉算法之后，聚类中心通过花朵授粉算法产生并进行寻优，隶属度和适应度值也随之进行更新。通过花粉算法初始聚类中心，并利用花粉算法的全局寻优与局部寻优进行迭代更新，可避免因随机设置初始聚类中心而影响最终分割结果（表 8-7）。

表 8-7　GSMFPAFCM 算法流程表

输入：图像数据和参数 **输出**：聚类中心、隶属度
Step1：计算快速带宽，并对原图像进行灰度处理 **Step2**：对花粉配子进行初始化 **Step3**：通过公式（8-28）和公式（8-29）对花粉配子进行寻优，将得到的最优粒子代入公式（8-31）计算相应的隶属度，并根据公式（8-30）计算适应度函数 **Step4**：判断是否满足迭代终止条件，若满足，则进行 Step5，否则，返回 Step3 **Step5**：输出聚类中心和隶属度

（2）实验结果分析

采用 MATLAB 2014a 软件在 3.6 GHz CPU 和 16.0 GB RAM 的计算机上对所提算法进行实验。设置最大迭代次数 max_ iter=500、误差阈值 β=0.00001、模糊度 m=2、常数 σ=40，类数和配子个数根据图像设置。实验图像采用 IBSR 数据集中的脑部 MR 图像数据。因所用数据集中脑脊液像素数量少，仅对灰质和白质的分割结果进行定性、定量分析[62]。为验证所提算法有较高鲁棒性和精确度，与 FCM 算法、FGFCM 算法、只有灰度重构策略的 GFCM、自适应多策略花粉算法与 FCM 相融合的 SMFPAFCM 算法进行对比。最后，对影响算法的参数进行分析。

①图像分割实验：将分割结果进行可视化，如图 8-9 所示，其中，图 8-9（a）为含有噪声的图像，图 8-9（b）为数据集提供的真实分割，图 8-9（c）~（g）分别为 FCM、FGFCM、GFCM、SMFPAFCM、GSMFPAFCM 的分割结果，下角标对应的 1~3 为分割的整体、灰质和白质。经过对比，可以看出加入灰度重构策略的分割结果 ［图 8-9（e₁）~（e₃）］ 和加入花朵授粉算法的分割结果 ［图 8-9（f₁）~（f₃）］ 与 FCM 的分割结果 ［图 8-9（c₁）~（c₃）］

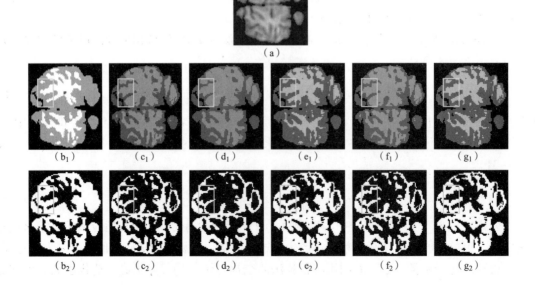

（a）

（b₁）　　（c₁）　　（d₁）　　（e₁）　　（f₁）　　（g₁）

（b₂）　　（c₂）　　（d₂）　　（e₂）　　（f₂）　　（g₂）

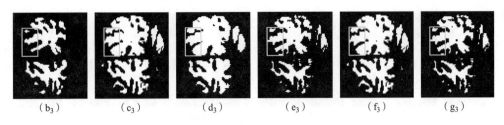

| （b₃） | （c₃） | （d₃） | （e₃） | （f₃） | （g₃） |

图 8-9　分割实验结果

相比更接近真实分割结果。算法改进中，GSMFPAFCM 算法同时处理了噪声敏感问题和初始聚类中心选取问题，FCM、FGFCM 算法没有处理初始值选取问题，对于分割结果，GSMF-PAFCM 算法的分割结果图 8-9（g_1）-（g_3）与 FCM、FGFCM 分割结果相比更接近真实分割结果，尤其是对细节信息的保留和边缘信息的分割，如图中方框区域所示。同时，对分割结果进行定量分析，其 MSE 和 JS 系数见表 8-8。

表 8-8　分割实验不同算法的 JS 系数和均方根误差（MSE）

算法	灰质	白质	MSE
FCM	0.6744	0.5693	106.61
FGFCM	0.6359	0.5440	111.71
GFCM	0.8438	0.6988	87.26
SMFPAFCM	0.6744	0.5693	106.55
GSMFPAFCM	**0.8402**	**0.6988**	**84.83**

由表 8-8 中各算法的定量分析数值可知，加入灰度重构策略的 GFCM 取得的 JS 系数值最大，SMFPAFCM 与 FCM 的 JS 系数差异不明显，加入灰度重构和花朵授粉算法的 GSMFPAF-CM 的 JS 系数与 GFCM 相比，白质 JS 系数相同、灰质 JS 系数差距很小，GSMFPAFCM 算法与 FCM、FGFCM 算法相比，JS 系数最大，FGFCM 算法的 JS 系数低于 FCM。SMFPAFCM 和 GF-CM 算法的均方根误差小于 FCM 的均方根误差，GSMFPAFCM 算法与 FCM、FGFCM、GFCM、SMFPAFCM 算法的均方根误差相比误差值最小。

为进一步验证所提算法的鲁棒性和分割精度，对数据集中图像再次进行分割实验，图 8-10 和表 8-9 分别为分割结果和相关数据。由相关数据可知，其结果与第一个实验结果类似。因

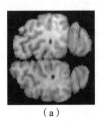

（a）

图 8-10

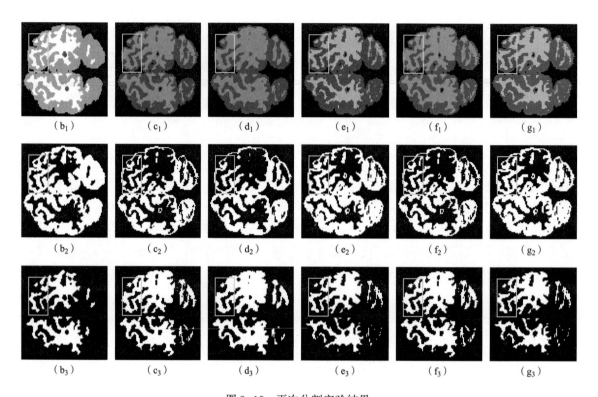

图 8-10　再次分割实验结果

a 为原始图像，（b_1）～（b_3）分别为真实分割的整体图、灰质和白质，（c）～（g）分别为 FCM、FGFCM、

GFCM、SMFPAFCM、GSMFPAFCM，下角标 1~3 分别为分割的整体、灰质和白质。

此，可进一步验证所提算法有较高鲁棒性和分割精度。

表 8-9　再次分割实验不同算法的 JS 系数和均方根误差（MSE）

算法	灰质	白质	MSE
FCM	0.7481	0.6709	100
FGFCM	0.7263	0.6555	103
GFCM	0.8185	0.6993	85
SMFPAFCM	0.7481	0.6709	99
GSMFPAFCM	**0.8177**	**0.6993**	**84**

② 参数分析：在此部分对参数值 σ 的选取进行实验讨论，设置不同的数值，对算法的影响不同，得到了不同的分割结果，如图 8-11 所示。可以看出在值为 40 和 50 时，在两个评价标准下取得最优的结果。综合本实验精度要求，σ 值设置为 40 符合算法性能验证标准且可行。

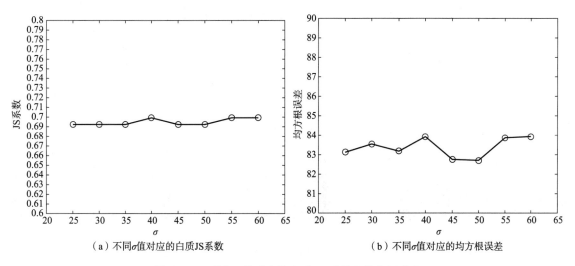

（a）不同σ值对应的白质JS系数　　　　　　（b）不同σ值对应的均方根误差

图 8-11　不同 σ 值对应的白质 JS 系数和均方根误差

8.4　基于滤波技术改进 FCM 分割 MRI

为了确保模糊 C 均值（FCM）在分割磁共振图像时取得更好的分割结果，同时，将上节未考虑的图像信息使用问题在此进行综合考虑，在局部信息的模糊 C 均值算法（FLICM）框架下，对邻域项进行改进，提出一种新的 FLICM 算法。首先，使用非局部均值滤波对原图像进行处理生成附加图像，根据附加图像信息和原始图像信息定义像素一致性系数，对像素点的含噪情况进行衡量，避免含噪像素对邻域项有过大的影响。然后，构造一个中心像素与邻域像素差异性系数，用于衡量邻域像素的灰度差，并与像素一致性系数相结合建立像素相关系数，更加有效地计算邻域像素的相关性。最后，使用像素相关系数构造新的模糊因子并与FLICM 算法相结合，得到改进的 FLICM 算法。

8.4.1　滤波技术

非局部均值滤波是由布阿德斯（Buades）等提出用于图像降噪。该方法通过在较大的窗口中搜索相似的像素，并对相似的像素分配较大的权值，得到像素的加权值。对于给定的图像 $X = \{x_1,\ x_2,\ \cdots,\ x_N\}$，生成滤波后的附加图像可表示为式（8-32）~式（8-35）。

$$\overline{x_i} = \sum_{r \in W_i^{w_1}} w_{ri} x_r \tag{8-32}$$

式中：i 为非局部均值滤波后的附加图像；$W_i^{w_1}$ 为 $w_1 \times w_1$ 的搜索窗口；w_{ri} 为中心点 i 与邻域像素 r 的相似权重。

$$w_{ri} = \frac{1}{Z_r}\exp\left\{-\frac{d_{w2}[v(Q_r),\ v(Q_i)]}{h^2}\right\} \tag{8-33}$$

式中：h 为衰减因子；局部图像块大小为 $w_2 \times w_2$；d_{w_2} 为两个图像块之间的高斯加权欧氏距离。

$$d_{w_2}[v(Q_r), \ v(Q_i)] = \sum_{p}^{w_2 \times w_2} F(x_{r,p} - x_{i,p})^2 \tag{8-34}$$

式中：F 为高斯核函数。

$$Z_r = \sum_{r \in W_i^{w1}} \exp\left\{ -\frac{d_{w_2}[v(Q_r), \ v(Q_i)]}{h^2} \right\} \tag{8-35}$$

式中：Z_r 为正则化系数。

在这一部分，参数设置均参照文献 [54]，搜索窗口 w_1 为 21，局部相似窗口 w_2 为 7，h 为 10。

8.4.2 FLICM 相关算法

（1）FLICM

由 FCM 的目标函数可以看出，FCM 没有考虑邻域信息，在分割复杂的含噪声图像时难以取得理想的效果。在 FCM 的基础上，多位学者将邻域信息引入目标函数。在众多改进的算法中，FLICM 是一种较为经典的算法，其模糊因子和目标函数定义见式（8-36）、式（8-37）。

$$G_{ki} = \sum_{r \in N_i} \frac{1}{d_{ir} + 1}(1 - u_{kr})^m \parallel v_k - x_r \parallel^2 \tag{8-36}$$

$$J = \sum_{k=1}^{c} \sum_{i=1}^{n} \left[u_{ki}^m \parallel x_i - v_k \parallel^2 + G_{ki} \right] \tag{8-37}$$

式中：N_i 为以像素 i 为中心的邻域像素集合；d_{ir} 为中心点像素 i 与邻域像素 r 的欧氏距离。

从模糊因子 G_{ki} 的定义可以看出，FLICM 算法使用固定的欧式距离衡量邻域信息的相关性。在处理不同邻域区域时，邻域像素与中心像素的相似性各不相同，使用固定的空间距离定义模糊因子，不能准确表达两者之间的相关性。

（2）PRFLICM

为了更好地衡量像素之间的相关性，PRFLICM 使用图像块信息替换 FLICM 算法中的固定距离，构造了新的模糊因子，见式（8-38）。

$$G_{ki} = \sum_{r \in N_i} \left(1 - \frac{\sum_{p=1}^{|Q_i|} |Q_i^p - Q_r^p|}{|Q_i| \times 255} \right) (1 - u_{kr})^m \parallel v_k - x_r \parallel^2 \tag{8-38}$$

式中：Q_i 和 Q_r 分别为以 i 和 r 为中心的图像块；p 为图像块内像素。

该算法能够有效衡量像素之间的相关性，但是需要额外设置图像块的尺寸，设置不当将直接影响分割结果。

8.4.3 滤波技术与改进的 FCM 结合

由于 FLICM 算法对空间信息的使用和避免尺度参数影响算法性能，因此本部分将在 FLICM 算法的基础上展开研究，促使在分割的过程中更加全面地使用图像的信息，更好地平衡降噪与图像细节保留的关系。同时，为了避免 FLICM 中像素相关系数，使用固定的欧氏距离以及 PRFLICM 中像素相关系数，手工设置图像块大小。本书定义一个新的像素相关系数，用于衡量邻域信息的相关性。

一方面，降噪处理后的灰度值与真实灰度值更加接近，因此处理后的灰度值与原始灰度值差距越小，其像素点的真实度越大。另一方面，邻域内，中心点像素与邻域像素差值越大，相似度越小。为了更好地利用邻域信息，进一步降低图像噪声并保留更多图像细节，本书在 FLICM 的框架下提出一种新的像素相关系数，从而更加准确地衡量邻域信息的相关性，进一步提高图像分割的准确性。所构造的像素相关系数不仅要保留 FLICM 性能的优势，还要避免 FLICM 中像素相关系数中固定欧氏距离的使用以及 PRFLICM 中的图像块的大小设置等问题。

首先，使用非局部均值滤波算法[54] 生成一个附加图像 $\bar{x}$，并将附加图像信息与原始图像进行对比，定义像素的一致性系数 z_i，见式（8-39）。

$$z_i = \exp^{-\frac{|\overline{x_i} - x_i|}{255}} \tag{8-39}$$

式中：$\overline{x_i}$ 为非局部均值滤波后的像素 i 的灰度值，并使用灰度区间的级数 255 进行归一化处理。

若第 i 个像素为噪声，当降噪后的灰度值 i 与原始灰度值 x_i 差值较大时，对应的一致性系数值 z_i 较小，即两者的相关性较小；反之，当降噪后的灰度值 i 与原始灰度值 x_i 差值较小时，对应的一致性系数值 z_i 则较大，即两者的相关性较大。

其次，利用图像的局部信息，建立中心像素 i 与其邻域像素 r 的灰度差异性系数 l_{ir}，见式（8-40）。

$$l_{ir} = \exp^{-\frac{|x_r - x_i|}{255}}, \ r \in \mathbf{N}_i \tag{8-40}$$

使用灰度区间的级数 255 进行归一化处理。当邻域内像素 r 与中心点像素值 i 差距越大，属于同一类的可能性较小，即两者相关性就越小；反之，两者相关性就越大。

最后，为了更加有效地衡量邻域像素的相关性，同时考虑像素点的一致性 z_i 和邻域灰度差异 l_{ir}。为避免不恰当的结合导致系数较小或较大地影响算法的性能，要确保构造的像素相关系数在 0 和 1 之间。将 z_i 和 l_{ir} 以对衡量邻域信息有同等重要的形式进行结合，得到像素相关系数 S_{ir}，见式（8-41）。

$$S_{ir} = \frac{(z_{ir} + l_{ir})}{2} r \in \mathbf{N}_i \tag{8-41}$$

式中：z_{ir} 是以 i 为中心的像素一致性系数。

使用像素的差异性和一致性得到的像素相关系数 S_{ir}，相比 FLICM[55]，避免了固定的欧氏距离的使用，相比 PRFLICM[56]，避免了图像块尺寸的选择，可以更好地衡量邻域信息的相关性，确保降噪的同时保留更多的图像细节。最后，与 FLICM 和 PRFLICM 相似，用所提出的像素相关系数 S_{ir} 构造新的模糊因子 G_{ki}，见式（8-42）。

$$G_{ki} = \sum_{r \in N_i} \frac{(z_{ir} + l_{ir})}{2} (1 - u_{kr})^m \parallel v_k - x_r \parallel^2 \tag{8-42}$$

利用拉格朗日乘子法分别对隶属度 u_{ik} 和聚类中心 v_k 求导，分别得到更新公式，见式（8-43）、式（8-44）。

$$v_k = \frac{\sum_{i=1}^{n} u_{ik}^m x_i}{\sum_{i=1}^{n} u_{ik}^m} \tag{8-43}$$

$$u_{ik} = \frac{1}{\sum_{j=1}^{c} \left(\frac{\| x_i - v_k \|^2 + G_{ki}}{\| x_i - v_j \|^2 + G_{ji}} \right)^{\frac{1}{m-1}}} \tag{8-44}$$

在滤波技术改进 FCM 算法中，邻域窗口大小根据 FLICM 算法设置为 3×3，最大迭代次数为 500，模糊度为 2，迭代停止条件为 0.00001，聚类个数根据图像设置。所提算法主要步骤见表 8-10。

表 8-10 滤波技术改进 FCM 分割算法步骤

输入：聚类个数 c、模糊度 m、最大迭代次数 T、迭代停止条件 ε、非局部均值滤波涉及参数值 **输出**：聚类中心 v_k、隶属度 u_{ik}
Step1：使用非局部均值滤波生成附加图像 $\bar{x}$ **Step2**：根据公式（8-40）~公式（8-42）计算像素的一致性系数 z_i、差异性系数 l_{ir}、相关性系数 S_{ir} **Step3**：初始化隶属度 u_{ik} **Step4**：根据公式（8-43）计算聚类中心 v_k **Step5**：根据公式（8-42）计算模糊因子 G_{ki} **Step6**：根据公式（8-37）计算目标函数 J_t **Step7**：根据公式（8-44）计算隶属度 u_{ik} **Step8**：判断是否达到最大迭代次数或 $\| J_t - J_{t-1} \| < \varepsilon$，若未达到，则 $t = t + 1$，转到 **Step4**；若达到则进行 **Step9** **Step9**：输出聚类中心和隶属度，并对图像进行分割

8.4.4 实验结果分析

为验证滤波技术改进 FCM 算法的有效性，将滤波技术改进 FCM 算法与 FCM、FGFCM、FLICM 和 PRFLICM 算法进行对比实验。实验对象选取 BrainWeb SBD 和 IBSR 两个数据集中的脑 MR 图像。

首先选用 SBD 数据集中的第 118 张图像和第 127 张图像进行实验。其中，每张图像分别受到不同程度的噪声腐蚀和密度不均匀干扰。在分割时，将图像分割为白质（WM）、灰质（GM）、脑脊液（CSF）和背景。

对第 118 张图像进行分割实验时，分别对含有 1% 噪声、3% 噪声、3% 噪声和 20% 不均匀度的三幅图像进行分割。对分割结果可视化后如图 8-12 所示，图 8-12（a）为含有 3% 噪声和 0% 不均匀度的原始图像，图 8-12（b）为真实分割结果，图 8-12（c）~（g）分别为 FCM、FGFCM、FLICM、PRFLICM 和滤波技术改进 FCM 算法的分割结果。如图中方框内区域所示，滤波技术改进 FCM 算法和 FLICM 在脑脊液部分的分割结果与真实结果更加接近，而 PRFLICM 在此部分的分割结果明显较差。对实验结果的 JS 系数进行统计，见表 8-11。

表 8-11 中 N 表示噪声，I 表示不均匀度，如 N3I20 表示图像受 3% 的噪声和 20% 的不均匀度腐蚀。由表中数据可知，所有算法在图像的白质区域取得了相对于灰质区域、脑脊液区域较好的分割结果。随着噪声和不均匀度级别的增加，滤波技术改进 FCM 算法的 JS 系数值在白质区域与另外几种算法相同，但滤波技术改进 FCM 算法在三个区域分割的平均 JS 系数值最大，表明总体分割结果较好。同时，随着噪声和不均匀度级别的增加，滤波技术改进 FCM 算法依旧取得了最大的系数值。

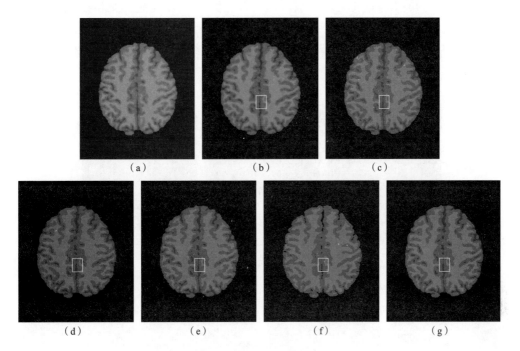

图 8-12 SBD 中第 118 张图像分割结果

表 8-11 SBD 中第 118 张图像分割 JS 系数统计

实验条件	脑部区域	FCM	FGFCM	FLICM	PRFLICM	滤波技术改进 FCM 算法
N1I0	灰质	0.9197	0.9226	0.9413	0.7923	0.9475
	白质	0.9780	0.9746	0.9746	0.8792	0.9746
	脑脊液	0.3730	0.3795	0.4007	0.1564	0.4093
	平均	0.7569	0.7589	0.7722	0.6093	**0.7771**
N3I0	灰质	0.8781	0.8858	0.9027	0.7821	0.9069
	白质	0.9385	0.9385	0.9385	0.8664	0.9371
	脑脊液	0.3583	0.3660	0.3851	0.1541	0.3935
	平均	0.7250	0.7301	0.7421	0.6009	**0.7458**
N3I20	灰质	0.8727	0.8810	0.8928	0.7899	0.8985
	白质	0.9359	0.9359	0.9359	0.8679	0.9359
	脑脊液	0.3510	0.3585	0.3721	0.1725	0.3785
	平均	0.7199	0.7251	0.7336	0.6101	**0.7376**

对第 127 张图像进行分割实验，在分割时分别对含有 3% 噪声和 20% 不均匀度、5% 噪声的两幅图像进行分割。将分割结果进行可视化，如图 8-13 所示，图 8-13（a）为含有 5% 噪声和 0% 不均匀度的原始图像，图 8-13（b）为真实分割结果，图 8-13（c）～（g）分别为 FCM、FGFCM、FLICM、PRFLICM 和滤波技术改进 FCM 算法的分割结果。从图中可以看出，

所有算法都具有降噪能力，但随着噪声级别的提升，算法展示的降噪性能减弱，可见噪声级别的升高对算法性能有着较大影响。如图中方框内区域，滤波技术改进 FCM 算法的分割结果与真实图像更加接近，尤其是在细节部分的分割。对算法分割结果的 DS 系数进行统计，见表 8-12。

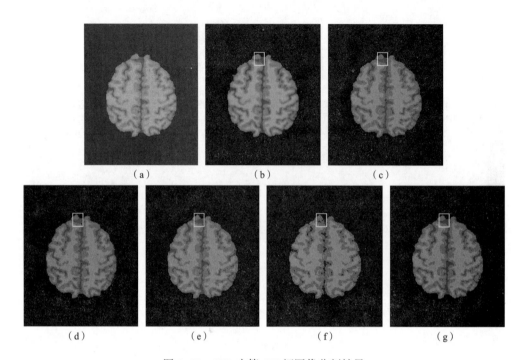

图 8-13　SBD 中第 127 幅图像分割结果

（a）为原始图像；（b）为含有 5% 噪声图像；（c）~（g）分别为 FCM、FGFCM、FLICM、
PRFLICM 和滤波技术改进 FCM 算法分割结果

表 8-12　SBD 中第 127 张图像分割 DC 系数统计

实验条件	脑部区域	FCM	FGFCM	FLICM	PRFLICM	滤波技术改进 FCM 算法
N3I20	灰质	0.9286	0.9276	0.9365	0.8451	0.9388
	白质	0.9552	0.9554	0.9554	0.9186	0.9554
	脑脊液	0.5697	0.5697	0.5837	0.3363	0.5871
	平均	0.8178	0.8176	0.8252	0.7000	**0.8271**
N5I0	灰质	0.9094	0.9048	0.9123	0.7910	0.9142
	白质	0.9431	0.9398	0.9398	0.8794	0.9398
	脑脊液	0.5638	0.5638	0.5725	0.3005	0.5741
	平均	0.8054	0.8028	0.8082	0.6570	**0.8094**

从表 8-12 中数据可知，随着噪声等级的升高，各种算法的 DC 系数值均存在减小的趋势，在不同组织区域表现的情况不同，如在白质区域存在 DC 系数值相同的情况，是由于图

像中白质较集中，分割难度较小。脑脊液的 DC 系数值较小，是由于其分布较分散，分割难度较大。总体来说，所提算法的 DC 系数值依然是最大的。

为了进一步验证所提算法的鲁棒性，在 IBSR 数据集中选取真实脑 MR 图像进行分割实验。将分割结果可视化，如图 8-14 所示。其中，图 8-14（a）为原始图像，图 8-14（b）为真实分割结果，图 8-14（c）～（g）分别为 FCM、FGFCM、FLICM、PRFLICM 和滤波技术改进 FCM 算法的分割结果。从图中可以看出，由于原始图像结构的复杂性，所有算法的分割结果与真实结果相差都很大。但是，滤波技术改进 FCM 算法的分割结果与真实结果更接近。对 JS 系数和 DC 系数进行统计，如表 8-13 所示。

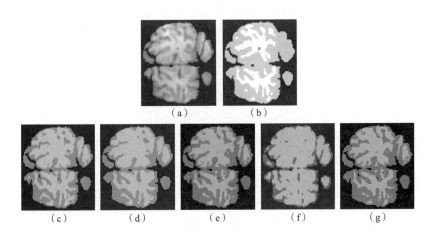

图 8-14　IBSR 中选取的图像分割结果

表 8-13　IBSR 中选取的图像分割 JS 和 DC 系数统计

部位		FCM	FGFCM	FLICM	PRFLICM	滤波技术改进 FCM 算法
JS	灰质	0.6744	0.6359	0.7572	0.3197	0.7769
	白质	0.5693	0.5440	0.6398	0.3848	0.6576
	平均	0.6219	0.5900	0.6985	0.3523	**0.7173**
DC	灰质	0.8055	0.7774	0.8618	0.4844	0.8744
	白质	0.7255	0.7046	0.7803	0.5558	0.7934
	平均	0.7655	0.7410	0.8211	0.5201	**0.8339**

由表 8-13 中数据可知，滤波技术改进 FCM 算法在白质和灰质区域的 JS 系数值和 DC 系数值均是最大的，说明了滤波技术改进 FCM 算法的分割结果最好。

8.5　ResNet 和 Transformer 在遥感图像语义分割的研究及应用

一些模型中的门控制循环单元（GRU）[38,39,42,43] 通过选择性融合和学习长期上下文，充分利用了局部和全局像素依赖性[43,57]。基于此，为了从两种编码方式中选择和融合各层输出特征，本书提出了一个基于改进的卷积门控循环单元（ConvGRU）和顺序卷积块构建的特征选择与融合模块（Feature Selection and Feature Fusion Model，FSFM）。在 FSFM 中，采用基于改进 ConvGRU 的特征选择单元（FSU），通过浅层可变形卷积和深层 1×1 卷积生成相关全局信息。为避免信息损失，将 ConvGRU 单元和两种编码方式输出特征图拼接后，采用顺序卷积块进行融合。这样，门机制控制有用信息传递，显著降低融合过程的噪声。此外，来自 ResNet34[58] 的局部特征相对于整个输入特征图在每个像素位置上被隐式编码并融合。

具体而言，在 U 型框架下，改进的基于 ConvGRU 的并行混合网络由以下三部分构成：ResNet 和 Swin-T 分支，基于 ConvGRU 的特征选择与融合模块（ConvGRU-FSFM），跳跃连接和解码器模块。本书将该方法定义为 FSFM-PHN（PHN：Parallel Hybrid Network）。与现有方法不同，本书利用改进的 ConvGRU-FSFM 选择性地融合两个编码分支每层的特征。另外，为解决遥感图像中目标尺寸和形状不规则性，设计了两个特征选择单元，即浅层特征选择与融合模块（Shallow Feature Selection and Feature Fusion Model，SFSFM）和深层特征选择与融合模块（Deep Feature Selection and Feature Fusion Model，DFSFM），两者区别在于是否使用可变形卷积[59]。最后，在三个公开数据集 Vaihingen、Potsdam 和 BLU 上评价了 FSFM-PHN 方法。

8.5.1 方法

（1）网络架构

在 U 型编码器—解码器框架下，采用 ResNet 和 Swin-T 作为并行编码器，以分层卷积和上采样为解码器，将 FSFM 输出与相邻深层的解码特征一起建立跳过连接。整个系统体系结构如图 8-15 所示。利用 ResNet 和 Swin-T 输出之间的独特性，本书使用 ResNet34[58] 和 Swin-T[19]

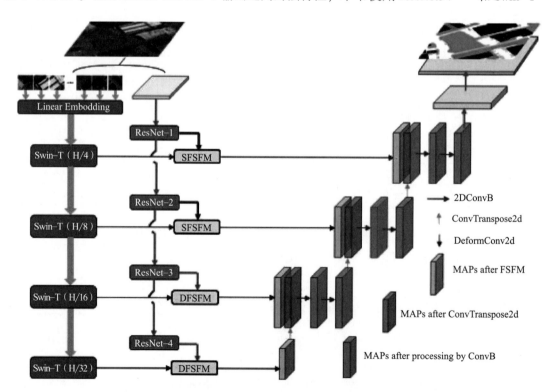

图 8-15 FSFM-PHN 语义分割框架

作为双编码分支。在图 8-15 中，ResNet34 产生的特征图的分辨率随着网络深度的增加而降低。考虑到浅输出图和深输出图具有两种不同的特征风格，而遥感图像对象具有不规则的不同形状，本书采用了两种类型的特征选择和融合模块（SFSFM 和 DFSFM）。

网络架构模块类代码如下：

```python
class DCSwin(nn.Module):
    def __init__(self, encoder_channels = (96,192,384,768), dropout = 0.0, atrous_rates = (6,
12), num_classes = 6, embed_dim = 128, depths = (2,2,18,2), num_heads = (4,8,16,32), frozen_
stages = 2, drop_rate = 0.0, pretrained = True):
        super(DCSwin, self).__init__()
        rate_1, rate_2 = tuple(atrous_rates)
        self.resnet = resnet34()
        if pretrained:
            self.resnet.load_state_dict(torch.load('/data/AIfusion/Tony2016Edu/Tongchi_Zhou/Semantic
_Seg/Swin_GeoSeg/pretrain_weights/resnet34-333f7ec4.pth'))
        self.resnet.fc = nn.Identity()
        self.backbone = SwinTransformer(embed_dim = embed_dim, depths = depths, num_heads = num_
heads, frozen_stages = frozen_stages)
        self.decoder = Decoder(encoder_channels, dropout, atrous_rates, num_classes)
        self.g1 = ConvGRU(x_channels = 64, channels = 96)
        self.g2 = ConvGRU(x_channels = 128, channels = 192)
        self.g3 = Cri_GRU(x_channels = 256, channels = 384)
        self.g4 = Cri_GRU(x_channels = 512, channels = 768)
        self.drop = nn.Dropout2d(drop_rate)
        self.Layer1_0 = nn.Sequential(nn.Conv2d(in_channels = 64, out_channels = encoder_channels
[0], kernel_size = 1), nn.BatchNorm2d(encoder_channels[0]), nn.ReLU())
        self.Layer1_1 = nn.Sequential(
            nn.Conv2d(in_channels = 3 * encoder_channels[0], out_channels = encoder_channels
[0], kernel_size = 1, stride = 1),
            nn.BatchNorm2d(encoder_channels[0]), nn.ReLU(),
            nn.Conv2d(in_channels = encoder_channels[0], out_channels = encoder_channels[0],
kernel_size = 3, stride = 1, padding = 1),
            nn.BatchNorm2d(encoder_channels[0]), nn.ReLU(),
            nn.Conv2d(in_channels = encoder_channels[0], out_channels = encoder_channels[0],
kernel_size = 1),
            nn.BatchNorm2d(encoder_channels[0]), nn.ReLU())
        self.Layer2_0 = nn.Sequential(nn.Conv2d(in_channels = 128, out_channels = encoder_chan-
nels[1], kernel_size = 1),
            nn.BatchNorm2d(encoder_channels[1]), nn.ReLU())
```

```
        self. Layer2_1 = nn. Sequential(
            nn. Conv2d(in_channels = 3 * encoder_channels[1], out_channels = encoder_channels
[1], kernel_size = 1, stride = 1),
            nn. BatchNorm2d(encoder_channels[1]), nn. ReLU(),
            nn. Conv2d(in_channels = encoder_channels[1], out_channels = encoder_channels[1],
kernel_size = 3, stride = 1, padding = 1),
            nn. BatchNorm2d(encoder_channels[1]), nn. ReLU(),
            nn. Conv2d(in_channels = encoder_channels[1], out_channels = encoder_channels[1],
kernel_size = 1),
            nn. BatchNorm2d(encoder_channels[1]), nn. ReLU())
        self. Layer3_0 = nn. Sequential(
            nn. Conv2d(in_channels = 256, out_channels = encoder_channels[2], kernel_size = 1),
            nn. BatchNorm2d(encoder_channels[2]), nn. ReLU())
        self. Layer3_1 = nn. Sequential(
            nn. Conv2d(in_channels = 3 * encoder_channels[2], out_channels = encoder_channels
[2], kernel_size = 1, stride = 1),
            nn. BatchNorm2d(encoder_channels[2]), nn. ReLU(),
            nn. Conv2d(in_channels = encoder_channels[2], out_channels = encoder_channels[2],
kernel_size = 3, stride = 1, padding = 1),
            nn. BatchNorm2d(encoder_channels[2]), nn. ReLU(),
            nn. Conv2d(in_channels = encoder_channels[2], out_channels = encoder_channels[2],
kernel_size = 1),
            nn. BatchNorm2d(encoder_channels[2]), nn. ReLU())
        self. Layer4_0 = nn. Sequential(
            nn. Conv2d(in_channels = 512, out_channels = encoder_channels[3], kernel_size = 1),
            nn. BatchNorm2d(encoder_channels[3]), nn. ReLU())
        self. Layer4_1 = nn. Sequential(
            nn. Conv2d(in_channels = 3 * encoder_channels[3], out_channels = encoder_channels
[3], kernel_size = 1, stride = 1),
            nn. BatchNorm2d(encoder_channels[3]), nn. ReLU(),
            nn. Conv2d(in_channels = encoder_channels[3], out_channels = encoder_channels[3],
kernel_size = 3, stride = 1, padding = 1),
            nn. BatchNorm2d(encoder_channels[3]), nn. ReLU(),
            nn. Conv2d(in_channels = encoder_channels[3], out_channels = encoder_channels[3],
kernel_size = 1),
            nn. BatchNorm2d(encoder_channels[3]), nn. ReLU())
    def forward(self, x):
        x_u = self. resnet. conv1(x)
```

```
        x_u = self. resnet. bn1( x_u)

        x_u = self. resnet. relu( x_u)

        x_u = self. resnet. maxpool( x_u)

        x_1 = self. resnet. layer1( x_u)

        x_1 = self. drop( x_1)

        x_2 = self. resnet. layer2( x_1)

        x_2 = self. drop( x_2)

        x_3 = self. resnet. layer3( x_2)

        x_3 = self. drop( x_3)

        x_4 = self. resnet. layer4( x_3)

        x_4 = self. drop( x_4)

        #Transformer 分支

        h1,h2,h3,h4 = self. backbone( x)

        x1 = self. g1( x_1,h1)

        x1 = torch. cat( [ self. Layer1_0( x_1) ,x1,h1] ,dim = 1)

        x1 = self. Layer1_1( x1)

        x2 = self. g2( x_2,h2)

        x2 = torch. cat( [ self. Layer2_0( x_2) ,x2,h2] ,dim = 1)

        x2 = self. Layer2_1( x2)

        x3 = self. g3( x_3,h3)

        x3 = torch. cat( [ self. Layer3_0( x_3) ,x3,h3] ,dim = 1)

        x3 = self. Layer3_1( x3)

        x4 = self. g4( x_4,h4)

        x4 = torch. cat( [ self. Layer4_0( x_4) ,x4,h4] ,dim = 1)

        x4 = self. Layer4_1( x4)

        x = self. decoder( x1,x2,x3,x4)

        return x
```

变形卷积 GRU 模块类：

```
class ConvGRU( nn. Module) :

    def __init__( self,x_channels,channels) :

        super( ConvGRU,self) . __init__( )

        self. channels = channels

        self. x_channels = x_channels

        self. conv_x_z = DeformConv2d( inc = self. x_channels,outc = self. channels,kernel_size =
3,stride = 1)

        self. conv_h_z = nn. Conv2d( in_channels = self. channels,out_channels = self. channels,
kernel_size = 1,stride = 1)

        self. conv_x_r = DeformConv2d( inc = self. x_channels,outc = self. channels,kernel_size =
```

3 , stride = 1)

    self. conv_h_r $=$ nn. Conv2d (in_channels = self. channels , out_channels = self. channels , kernel_size = 1 , stride = 1)

    self. conv $=$ DeformConv2d (inc = self. x_channels , outc = self. channels , kernel_size = 3 , stride = 1)

    self. conv_u $=$ nn. Conv2d (in_channels = self. channels , out_channels = self. channels , kernel_size = 1 , stride = 1)

    self. conv_Fout $=$ nn. Sequential(

     nn. Conv2d (in_channels = 2 $*$ self. channels , out_channels = self. channels , kernel_size = 1 , stride = 1) ,

     nn. BatchNorm2d (self. channels) , nn. ReLU( ) ,

     nn. Conv2d (in_channels = self. channels , out_channels = self. channels , kernel_size = 3 , stride = 1 , padding = 1) ,

     nn. BatchNorm2d (self. channels) , nn. ReLU( ) ,

     nn. Conv2d (in_channels = self. channels , out_channels = self. channels , kernel_size = 1 , stride = 1) ,

     nn. BatchNorm2d (self. channels) , nn. ReLU( ))

def forward (self , x , h_t_1) :

"""GRU 卷积流程 args : x : input , h_t_1 : 上一层的隐含层输出值 shape : x :

 [in_channels , channels , width , lenth]

  z_t $=$ F. sigmoid (self. conv_x_z (x) $+$ self. conv_h_z (h_t_1))

  r_t $=$ F. sigmoid ((self. conv_x_r (x) $+$ self. conv_h_r (h_t_1)))

  h_hat_t $=$ F. tanh (self. conv (x) $+$ self. conv_u (torch. mul (r_t , h_t_1)))

  y $=$ self. conv_Fout (torch. cat ([torch. mul ((1 $-$ z_t) , h_t_1) , torch. mul (z_t , h_hat_t)] , dim = 1))

  return y

（2）CNN 和 Transformer

除了第一阶段的配置外，其他阶段都是相似的。在 ResNet34 中，每个瓶颈块包含 1×1 的投影卷积，3×3 的卷积，1×1 的投影卷积和输入与输出之间的残差连接。对于 Swin-T、RGB 图像首先被拆分成非重叠补丁作为标记。补丁被嵌入，生成的补丁特征被设置为原始 RGB 像素值的连接。然后将原始值特征输入特征变换中进行通道扩展，最后进行全连接操作和残差连接。在 Swin-T 中，W-MSA 和 SW-MSA 模块被连接为一组。W-MSA 和 SW-MSA 的区别在于 MSA 部分，其中 SW-MSA 在计算时有一个窗口偏移。整个分支被分为五个阶段，每个阶段由几个这样的组合组成。通过四个阶段，生成了四个分辨率递减的 Swin-T 特征图（Swin-T1、Swin-T2、Swin-T3、Swin-T4），深度值为 {2，2，18，2}。对于解码器，采用了原始的 U-Net 解码结构。为了对齐空间，从更深的解码特征上采样，并沿通道维度连接来自上层 FS-FM 的输出图。之后，使用卷积块为当前层解码器生成结果。

为了可视化双分支编码特征的优势和差异，在基本框架下，本书呈现了 ResNet34 和 Swin-T

在不同阶段的输出结果，如图 8-16 所示。第一列是原始 RGB 图像，后面列显示某个通道的输出图，这里每个阶段给出了两个图。与浅层 Swin-T 输出相比，ResNet34 特征具有更清晰的轮廓信息和浅层细节。随着层深度的增加，变换器输出图表现出聚类特性，以及更完整的语义信息，而 ResNet 输出中的语义信息受滤波器核的限制，导致语义图不完整。

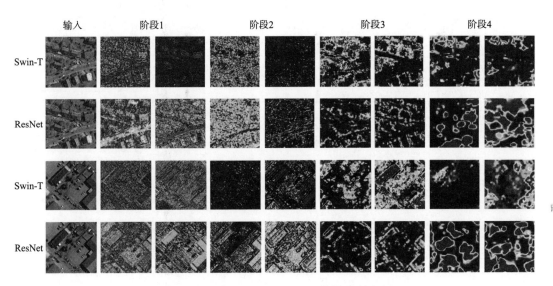

图 8-16　由 Swin-T 和 ResNet34 提取的特征图

（3）特征选择与融合模块

受 GRU 中重置和更新门功能的启发，本书应用改进的 ConvGRU 来合并局部和全局表示，这被视为特征选择单元。为了合并 ResNet、Swin-T 和 FSU 的输出特征，构造了基于堆栈和顺序卷积块运算的特征融合单元。对于每一层的 FSFM，它包含两个单元，特征选择单元 ［图 8-17（a）］ 和特征融合单元 ［图 8-17（b）］。对于浅层，本书利用浅层特征选择和融合模块，对应于 SFSFM。该模块由两个主要单元组成，可变形的卷积 GRU、串联块和卷积块，分别对应于 FSU 和 FFU，如图 8-17（a）、（b）所示。

①通过改进的 ConvGRU 实现的特征选择单元：FSU 采用了 ConvGRU 的机制，其主要作用是选择那些对于分割任务非常有益的特征。这一机制使模型能够智能地筛选出与任务相关的特征。特征融合单元（Feature Fusion Unit，FFU）则将经过 FSU 选择的特征与来自两个编码器的输出特征在通道维度上进行拼接，之后通过卷积操作进行特征融合。这一模块的关键功能是控制信息流，使模型能够有效地筛选和聚合有用的特征，从而减少了在融合过程中可能产生的噪声干扰。此外，GRU 的引入有助于模型建模像素之间的依赖关系，这有助于更好地融合不同语义层次的特征。GRU 使模型能够更精确地组合局部和全局表示，从而提高了分割任务的性能。

总体来说，该模块结合了 ConvGRU 和特征融合，以帮助模型智能地选择、组合和利用特征，降低了噪声干扰，同时更好地捕捉了图像中的信息和像素之间的依赖关系。

FSU 通过改进的 ConvGRU 实现，如图 8-17（a）所示。其中，ConvGRU 的输入是来自 ResNet34 的特征图，隐状态初始化为来自 Swin Transformer 的输出。门控机制可以筛选对当前

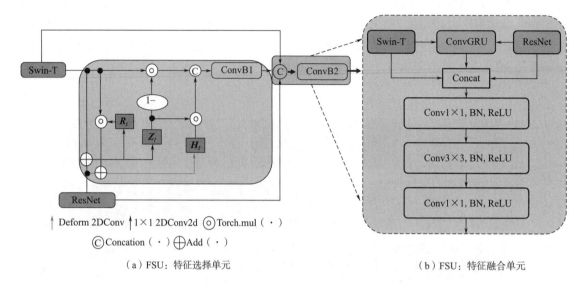

（a）FSU：特征选择单元　　　　　　　　（b）FSU：特征融合单元

图 8-17　FSU 和 FFU 的子网

任务相关的特征。而可变形卷积核还可以处理遥感图像中的不规则区域。最后通过两个卷积块处理 GRU 的输出，得到筛选后的特征图。在 ConvGRU 中，复位门 R_t 和更新门 Z_t 用公式（8-45）、式（8-46）表示：

$$R_t = \sigma(W_t * X_t + U_r * H_{t-1}) \tag{8-45}$$

$$Z_t = \sigma(W_z * X_t + U_z * H_{t-1}) \tag{8-46}$$

通过式（8-46）、式（8-47）处理后，候选隐藏状态可以表示为式（8-47）。

$$\widetilde{H}_t = \tanh[X_t * W_{zh} + (R_t * H_{t-1}) * W_{hh} + b_h] \tag{8-47}$$

式中：$*$ 为卷积运算；W 为卷积核；$\sigma()$ 表示哈达玛乘积算子。

为了减少模型参数和降低计算复杂度，U_r 和 U_z 对 H_{t-1} 采用 1×1 卷积，b_h 为偏置。由于 RSIs 中目标大小和形状的多样性，X_t 在 SFSFM 中采用了可变形卷积，用于适应目标感知。为了将隐藏的状态值保持在区间（-1,1）中，使用了 tanh 非线性激活函数。

在获得隐藏状态后，输入状态 H_{t-1} 与更新门 Z_t 相结合，新的隐藏状态 H_t 由公式（8-48）确定。

$$H_t = f_{conv\_B1}(Z_t: H_{t-1} \| (1 - Z_t) \odot \widetilde{H}_t) \tag{8-48}$$

式中：$\|$ 为连接；$f_{conv\_B1}(\cdot)$ 为两个卷积块；$\odot$ 表示矩阵乘法运算。

考虑到保留特征和更新特征的同等重要性，与标准 GRU 不同，沿通道维度采用级联堆叠，然后采用两个 1×1 卷积和正则化作为隐藏状态的输出。对于这两个卷积块，一个用于压缩通道，另一个相当于整个连接层。通过实验验证，基于串联和堆叠算子的结果略优于添加的结果。

②功能融合单元及其输出图：经过 FSU 处理后，可以得到来自 FSU、ResNet 和 Swin-T 的三个输出图。为了有效地融合输出，本书采用了三种顺序操作来实现对齐通道、提取特征和非线性变换。对于图 8-17（b）所示的 FFU，本书选择改进的 ConvGRU、Swin-T 和 Res-

Net34 的输出沿信道维度连接，然后实现基于顺序操作的三个卷积块，旨在压缩信道，具体操作遵循式（8-49）。

$$X_{\text{skip\_con}} = f_{\text{conv\_B2}} \big[\text{Cat}(\boldsymbol{H}_t, \boldsymbol{X}_t, \boldsymbol{H}_{t-1}) \big] \tag{8-49}$$

式中：Cat（·）为沿着通道尺寸的连接；$f_{\text{conv\_B2}}$（·）为这三个顺序卷积块操作；$X_{\text{skip\_con}}$ 为选择和融合后的输出特征图。

为了定性地比较 FSU 和 FFU 的有效性，并行编码器、FSU 和 FFU 的输出特征图如图 8-18 所示。由于双编码器之间的特征通道数不同，因此为每个阶段随机选择所提供的两个映射。此外，空间尺度在不同阶段也有所不同，并通过双线性插值应用上采样来对齐空间域。最左边的列显示相同的输入 RGB 图像。为了可视化和比较，特征图用 JET 颜色图进行渲染，以获得更好的视觉识别。在颜色贴图中，红色表示较高的像素值，蓝色表示较低的像素值。通过观察所得到的地图，所提出的 FSU 结合了互补的全局和局部信息。与纯 ResNet34 或 Swin-T 的结果相比，所选的特征在语义类之间的描述更清晰。同时，随着深度的增加，FFU 输出中的区域相对完整，边缘清晰。

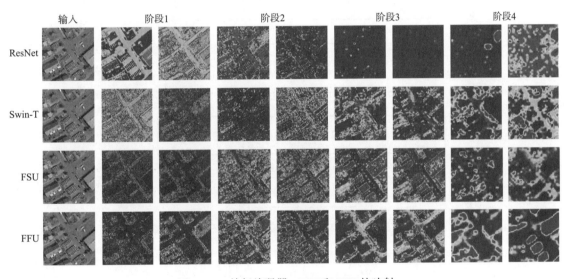

图 8-18　并行编码器、FSU 和 FFU 的映射

在 U 型结构框架下，采用改进的 GRU 模块融合双编码输出特征方法的流程图如图 8-19 所示。

（4）综合损失

在网络训练过程中，采用了组合损失函数，这个函数结合了软交叉熵损失和骰子损失（Dice Loss），是为了在训练期间平衡模型的稳定性和泛化能力。软交叉熵损失函数通过对真实标签进行标签平滑，计算交叉熵损失。这个方法在一定程度上提高了模型在多类任务上的泛化性能，使其更好地适应各种不同的数据。而骰子损失则有助于解决类别不均衡问题，它能更平衡地考虑各个类别的重要性，从而帮助模型更好地处理不同类别之间的不平衡情况。

总之，这种组合损失函数的使用能在训练中平衡稳定性和泛化能力，同时减轻类别不均衡问题，有助于提高模型的性能。骰子损失由式（8-50）定义。

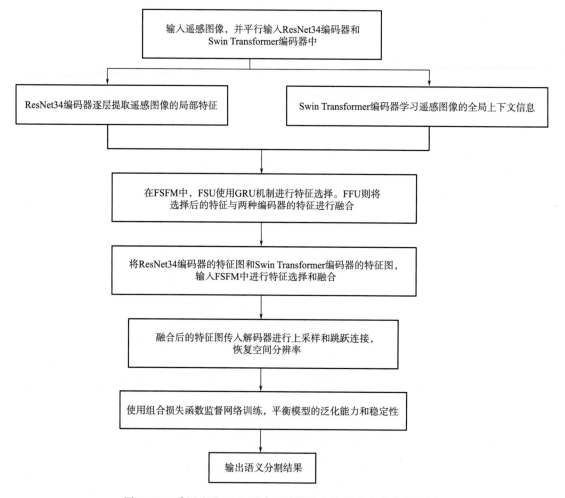

图 8-19　采用改进 GRU 融合双编码输出特征的方法的流程图

$$\text{Dice Loss} = 1 - \frac{2\,|\,\boldsymbol{X} \cap \boldsymbol{Y}\,|}{|\,\boldsymbol{X}\,| + |\,\boldsymbol{Y}\,|} \tag{8-50}$$

式中：$\boldsymbol{X}$ 为地面真值；$\boldsymbol{Y}$ 为预测值。

软交叉熵损失函数如式（8-51）、式（8-52）所示。

$$\boldsymbol{L}_{\text{CE}} = -\sum_{i=1}^{N} \boldsymbol{X}'(i)\log\big[\,\boldsymbol{Y}'(i)\,\big] \tag{8-51}$$

$$\boldsymbol{Y}'(i) = \frac{\mathrm{e}^{\boldsymbol{Y}(i)}}{\displaystyle\sum_{j=1}^{N} \mathrm{e}^{\boldsymbol{Y}(j)}} \tag{8-52}$$

式中：$\boldsymbol{X}'(i)$ 为真实标签在第一个位置的概率；$\boldsymbol{Y}'(i)$ 为全连接层输出经过 softmax（·）后的预测概率。

本研究使用软交叉熵和骰子损失的联合损失来监督 CNN 和 Swin-T 分支的训练，由式（8-53）定义。

$$L = \lambda_1 \cdot \text{DiceLoss} + \lambda_2 \cdot L_{\text{CE}} \qquad (8\text{-}53)$$

式中：λ 是两者之间的平衡系数（此处 λ_1 和 λ_2 设置为 1）。

8.5.2　实验

采用三个数据集上，ISPRS 2D（Gerke 2014）和 Potsdam 数据集（Ji et al.，2018），以及一个新的北京土地使用（BLU）数据集上进行了实验，以全面测试所提出的 FSFM 的学习能力和通用性。进行了消融研究，并验证其有效性。在下文中，我们将详细介绍数据集的描述、实验设置和这三个数据集的实验结果。

8.5.2.1　数据集和实现细节

（1）数据集

ISPRS Vaihingen 挑战数据集：ISPRS Vaihingen 数据集记录了一个相对较小的村庄，具有许多独立建筑和小型多层建筑。它包含 33 幅非常高分辨率的正射影像（TOP），平均尺寸为 2494 像素×2064 像素，分辨率为 9 厘米。提供了近红外（IR）、红外（R）、绿色（G）通道，以及对应数字表面模型（DSM）和归一化 DSM。按照官方数据分割[14,18,22]，选择 11 幅图像进行训练（4736 幅），其余 5 幅图像（11、15、28、30、34）用于验证（1036 幅），剩余 17 幅 IR-R-G 图像（2416 幅）用于测试。验证集中，从 0.3 米空间分辨率航空图像中裁取 512×512 片段，其中标注了超过 18 万个建筑实例。这些建筑样本在体型、颜色、尺寸和用途上存在差异。

ISPRS Potsdam 数据集：ISPRS Potsdam 数据集记录了一个典型的历史城区，存在大型建筑块、狭窄街道和密集居住结构。它包含 38 块正射影像，提供近红外、红外、绿色和蓝色通道，以及 DSM 和 NDSM。图像尺寸为 6000 像素×6000 像素，分辨率 5 厘米。按照官方数据分割[18]，仅在实验中使用 IR-R-G 图像，其中 24 幅用于训练，14 幅用于测试。

BLU 数据集：该数据集由 21 世纪航天技术有限公司的北京二号卫星于 2018 年 6 月在北京收集。所获数据为 RGB 光学图像，地面采样间隔（GSD）为 0.8 米，分辨率为 15680×15680。每个大尺寸图像进一步裁剪为 64 幅（49 幅用于训练，7 幅验证，8 幅测试），每幅 2048×2048 像素。训练、验证和测试区域不重叠，而每个区域内的裁剪窗口有少量重叠。训练、验证和测试总数分别为 196、28 和 32。在所获图像上进行了细粒度人工标注，包含背景、建筑、植被、水体、农田和道路 6 类土地利用类型。

（2）实验设置

在 PyTorch 深度学习框架下，模型在 NVIDIA V100-SXM2 GPU 上用 SGD 优化器训练。学习率参考前人研究[18] 设为 0.01、动量值为 0.9、权重衰减为 5e-4。应用了随机缩放、裁剪和翻转等数据增强。在训练中，ISPRS Vaihingen、Potsdam 和 BLU 数据集图像及标注随机调整尺度 0.5~2.0 倍，裁剪为 512×512 大小。BLU 数据集训练 70 轮，其他两个数据集训练 200 轮迭代。批量大小设为 6。

（3）评估指标

评估指标遵循官方的设置，包括 F1、总体精度（OA）和平均交并比（mIoU）[18,47,48]，这是主要的参考指标。用式（8-54）~式（8-56）表示：

$$\text{Precision} = \frac{\text{TP}}{\text{TP+FP}}, \quad \text{Recall} = \frac{\text{TP}}{\text{TP+FN}}, \quad \text{F1} = 2 \times \frac{\text{Precision} \times \text{Recall}}{\text{Precision} + \text{Recall}} \qquad (8\text{-}54)$$

$$OA = \frac{TP+TN}{P+N} \tag{8-55}$$

$$IoU = \frac{TP}{TP+FP+FN} \tag{8-56}$$

式中：P、N 分别为正、负；TP 为真正预测的正类的像素；TN 为真正预测的负像素；FP 为错误预测的正像素；FN 是错误预测的负像素。

8.5.2.2　在 ISPRS Vaihingen 数据集上的结果

（1）针对 FSFM 的消融研究

对于主干网络（Backbone），并行混合网络由耦合的 ResNet 和 Swin-T 构建，它们的输出沿通道方向叠加，然后用 1×1 2D 卷积压缩通道。首先，为了写作方便，本书定义一些方法的缩写。FSFM_ B：在所有四个阶段的 FSU 中使用 1×1 2D 卷积，没有 FFU。FSFM_ B（3×3）：在 FSFM_ B 的基础上，用 3×3 核替换 1×1 2D 卷积。FSFM_ F：在 FSFM_ B 的基础上，第一层 FSU 采用带 3×3 核的可变形卷积。FSFM_ FF：在 FSFM_ F 的基础上，在第一层增加 FFU。本书采用的方法是在 FSFM_ FF 的基础上，第二层配置与第一层相同，其他层增加 FFU。每层的详细配置在表 8-14 中列出。在 Vaidingen 数据集上的消融实验包括两部分，即 FSU 及其与 FFU 的组合的评估，以及各层 FSFM 配置的比较（表 8-15）。

表 8-14　不同层的配置

方法（Methods）	第一层（First layer）	第二层（Second layer）	第三层（Third layer）	第四层（Fourth layer）
FSFM_ B	FSU：1×1	FSU：1×1	FSU：1×1	FSU：1×1
FSFM_ B（3×3）	FSU：3×3	FSU：3×3	FSU：3×3	FSU：3×3
FSFM_ F	FSU：defor_ Conv	FSU：1×1	FSU：1×1	FSU：1×1
FSFM_ FF	FSU：defor_ Conv, FFU	FSU：1×1	FSU：1×1	FSU：1×1
本研究方法（Our Method）	FSU：defor_ Conv, FFU	FSU：defor_ Conv, FFU	FSU：1×1, FFU	FSU：1×1, FFU

表 8-15　Vaihingen 数据集上不同配置的比较　　　　单位:%

方法	F1 分数					mIoU	F1	OA
	不透光表面	建筑物	低矮植被	树木	车辆			
FSFM_ B	96.85	95.72	84.44	89.82	89.31	84.19	91.23	93.27
FSFM_ B（3×3）	96.85	95.82	**84.64**	**90.12**	87.90	83.93	91.06	**93.34**
FSFM_ F	96.88	**95.95**	84.62	89.77	89.03	84.23	91.25	93.20
FSFM_ FF	96.86	95.94	84.36	89.96	89.45	84.35	91.31	93.32
FSFM-PHN	**96.88**	95.85	84.33	89.62	**90.61**	**84.68**	**91.52**	93.33

不同配置的比较：在这一小节中，本书从三方面分析了卷积核大小、可变形卷积和 FFU 对分割性能的影响：第一，可以看到在基于 ConvGRU 的 FSU 中采用 1×1 2D 卷积的输入和隐藏单元，其性能优于采用 3×3 2D 卷积的两项评估指标（mIoU 和 F1）。此外，可以看到 1×1 卷积降低了计算的复杂程度。第二，采用可变形卷积的性能优于 1×1 2D 卷积。实验再次验证

了可变形卷积对不规则区域的优势。第三，在最后两行增加 FFU 后，分割性能达到最佳。但是，随着可变形卷积的引入，模型参数有所增加。通过大量实验，不同配置验证了所提出模块的有效性。

FSU 和 FFU 的比较：FFU 用于合并 FSU、ResNet 和 Swin-T 的输出。为了测试 FSU，将其插入与 Bi-Fusion[60] 相同的网络架构中。在相同的设置下进行了实验，以验证 FSU 的性能。这里，对于 FSFM-PHN（FSU）的配置，在浅层（前两层），使用 1×1 二维卷积，与 3×3 核进行变形卷积；在深层，1×1 卷积核用于所有二维卷积，没有 FFU。对于 FSFMPHN（FSU+FFU），其配置在 FSFM-PHN（FSU）下添加了 FFU。定量结果见表 8-16，基准获得 83.34%的 mIoU。FSU 单独就取得了 84.31%的 mIoU 分数。FSFM 比基准方法提高了 1.34%，而 FFU 带来约 0.37%的相对性能提升，这表明 FSFM 具有更强的语义上下文学习和局部细节提取能力。

表 8-16　并行混合网络对 Vaihingen 测试集的消融研究　　　　单位:%

方法	FSU	FFU	mIoU	F1	OA
基准	—	—	83.34	90.70	93.23
FSFM-PHN（FSU）	√	—	84.31	91.26	93.22
FSFM-PHN（FSU+FFU）	√	√	84.68	91.52	93.33

比较不同的方法：为了验证与其他方法相比 FSFM 模块的性能，编码分别采用纯 Swin-T 和 ResNet34 网络，解码器都相同，利用卷积块、上采样和拼接堆叠的跳跃连接作为基础架构。表 8-17 显示了每个类别的语义分割结果，其中最佳分数加粗，采用 F1 和 mIoU 指标进行评估。总体上，FSFM-PHN 方法的性能优于纯 Swin-T 和 ResNet34。

表 8-17　ISPRS Vaihingen 试验集的定量比较结果　　　　单位:%

方法	F1 分数					mIoU	F1	OA
	不透光表面	建筑物	低矮植被	树木	车辆			
Swin-T[8]	96.87	95.85	84.15	89.82	86.55	83.28	90.64	93.23
ResNet34[58]	93.65	91.19	73.68	81.68	77.08	83.46	90.79	93.21
FSFM_ B	96.85	95.72	84.44	89.82	89.31	84.19	91.23	93.27
FSFM_ F	96.88	**95.95**	**84.62**	89.77	89.03	84.23	91.25	93.30
FSFM-PHN	96.88	95.85	84.33	**89.92**	**90.61**	**84.68**	**91.52**	**93.33**
方法	mIoU 评分							
FSFM_ B	93.89	91.79	73.06	81.53	80.69	—	—	—
FSFM_ F	93.96	92.22	73.34	81.88	80.22	—	—	—
FSFM-PHN	**93.96**	92.03	72.91	81.68	**82.83**	—	—	—

定性比较：从图 8-20 中可以看到，与其他方法，如 Swin-T、ResNet34、DCST、Bi-Fusion 相比，FSFM 显著增强了对局部特征的全局感知和全局表示的局部细节。双融合是由 CNN 和 Transformer 耦合建立的并行混合网络，采用自注意和多模态融合机制进行融合。DCST 引入 Swin-T 作为提取上下文信息的骨干，并利用密集连接的特征聚合模块来恢复分辨率并生成分割图。具体来说，DCST、Bi-Fusion、Swin-T 和 ResNet34 表现出一些分割错误（主要差异用紫色方块标记，放大后查看更多细节），此方法可以生成相对可信的结构和纹理。然而，它仍然在某些外观上有错误（用黑色方格标记）。

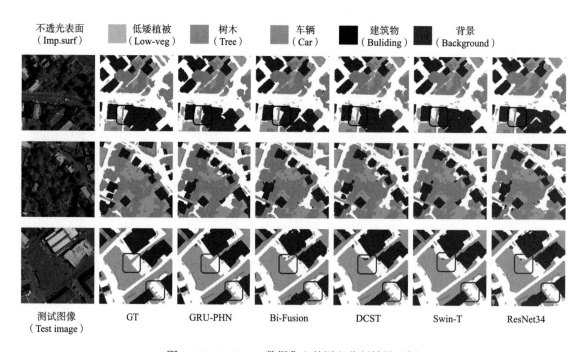

图 8-20　Vaihingen 数据集上的语义分割结果示例

（2）与其他的模型相比

将 FSFM-PHN 与一些现有方法进行了比较，包括 Unet[13,36]、EaNet[14]、PEGNet[61]、DDCM-Net[16]、MAResU-Net[36]、UNetFormer[47]、Bi-Fusion[60]、DCST[18]。前五种比较方法基于传统 CNN 及其变体，引入了扩张卷积和注意力机制，而后三种比较方法则采用了 Transformer 或混合网络。EaNet 的跳过连接采用 Transformer、边缘精练和 PEGNet。需要注意的是，通过 Bi-Fusion 和 DCST 获得的结果是在设置中实现的。基于 F1 评分评价指标，将本研究方法与基线和经典方法进行了定量比较。结果表明，该方法所提出的 FSFM-PHN 在三个评价指标上都优于其他方法。特别地，对于本研究提出的方法，"汽车"类别的结果在表 8-18 中最好。在这里，EaNet 采用了 ResNet 作为基本架构，在每个跳跃路径中都嵌入了 Transformer，而 LKPP 提供了丰富的上下文信息和细粒度的细节保存。PEGNet 利用多路径无模获取边缘区域映射，而 DDCM-Net 是一个密集扩张卷积合并网络。MAResU-Net 是一种多阶段注意反应网，它将注意机制纳入深度网络。具体来说，本研究的方法 ISPRS Vaihingen 测试集上获得了 91.52% 的 F1 分数、84.68% 的 mIoU 和 93.33% 的 OA。优于大多数 CNN、Transformer 或混合网络。

表 8-18　与 ISPRS Vaihingen 数据集上的最新模型的定量比较结果　　　单位:%

方法	F1 分数					mIoU	F1	OA
	不透光表面	建筑物	低矮植被	树木	车辆			
Unet[13,36]	84.33	86.48	73.13	83.89	40.83	61.36	73.73	82.02
EaNet[14]	93.40	96.20	85.60	90.50	88.30	—	90.80	91.20
PEGNet[61]	92.80	**96.30**	85.30	89.70	86.40	80.80	90.10	91.00
DDCM-Net[16]	92.70	95.30	83.30	89.40	88.30	81.70	89.80	90.40
MAResU-Net[36]	92.91	95.26	84.95	89.94	88.33	83.30	90.28	90.86
UNetFrome[47]	92.70	95.30	84.90	90.60	88.50	82.70	90.40	91.00
Transfuse[60]	96.65	95.32	84.42	89.70	85.70	82.78	90.36	93.05
DCST[18]	93.60	96.18	**85.75**	**90.36**	87.64	83.22	90.71	91.63
FSFM-PHN	**96.88**	95.85	84.33	89.92	**90.61**	**84.68**	**91.52**	**93.33**

8.5.2.3　在 ISPRS Potsdam 数据集上的结果

定量比较:对于 ISPRS Potsdam 数据集,基于 F1 和 mIoU 评分评价指标,表 8-19 列出了每种语义分割方法的数值结果 RSIs。一般来说,本研究方法得到了良好的分割结果。令人惊讶的是,此方法在基于 mIoU 和 OA 的评价下得到了更好的结果,但在基于 F1 的评价下得到的结果略差。事实上,同样的现象也出现在一些研究[37,16,47,18] 中。对于 LANet[26],使用补丁注意模块和注意嵌入模块对提取的特征进行处理,并弥合高级特征和低级特征之间的差距。CCNet[37] 通过亲和操作获取其交叉路径上所有像素的上下文信息。值得注意的是,在 mIoU 评分评价中,基于 ST-Unen、Swin-Unet 和 Trannet 的定量分析结果由于实验设置不同且没有预训练,低于本研究的方法和 Swin-T[19]。

表 8-19　在 ISPRS Potsdam 数据集上与现有模型的定量比较结果　　　单位:%

方法	F1 分数					mIoU	F1	OA
	不透光表面	建筑物	低矮植被	树木	车辆			
FCN[12]	91.08	95.21	86.17	86.51	94.63	83.24	90.72	88.96
ResNet34[58]	**94.63**	95.86	85.65	86.22	95.77	84.89	91.63	91.5
LANet[26]	91.63	95.83	85.96	86.35	93.98	84.47	91.45	89.91
WiCoNet[48]	92.50	96.53	87.03	87.31	95.13	84.93	91.70	90.24
CCNet[37]	93.58	96.77	86.87	88.59	96.24	85.65	92.41	91.47
DDCM-Net[16]	92.90	96.90	87.80	**89.40**	94.90	86.00	92.30	90.80
Swin-T[19]	93.86	96.71	87.73	88.86	95.27	86.23	92.49	91.38
UNetFrome[47]	93.60	**97.20**	87.70	88.90	**96.50**	86.80	**92.80**	91.30
DCST[18]	94.04	96.87	**87.79**	88.87	95.45	86.43	92.60	91.50
FSFM-PHN	94.43	97.03	87.77	89.35	96.39	**87.14**	92.30	**91.80**

续表

方法	mIoU 评分					mIoU	F1	OA
	不透光表面	建筑物	低矮植被	树木	车辆			
TransUNet[20]	78.61	85.60	67.16	64.10	79.33	74.96	85.44	—
Swin-Unet[44]	71.45	75.02	59.03	50.96	71.15	65.52	78.79	—
ST-UNet[24]	79.19	86.63	67.89	66.37	79.77	75.97	86.13	—
Swint[19]	88.43	93.63	78.14	79.96	90.97	—	—	—
DCST[18]	88.76	93.92	78.23	79.97	91.29	—	—	—
FSFM-PHN	89.45	94.23	78.21	80.75	93.03	—	—	—

定性比较：从图 8-21 中可以看到，与其他方法（如 Swin-T、ResNet34、DCST、Bi-Fusion）相比，本研究的 GRU-PHN 显著增强了对局部特征的全局感知和全局表征的局部细节。具体来说，DCST、Bi-Fusion、Swin-T 和 ResNet34 表现出一些分割错误（主要差异用方块标

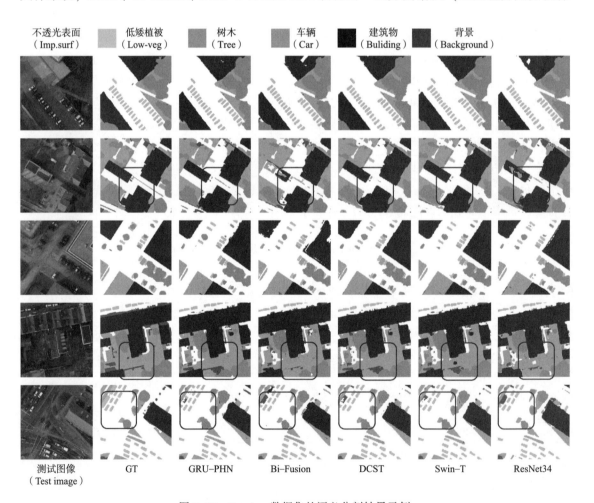

图 8-21　Potsdam 数据集的语义分割结果示例

记，放大后查看更多细节），本研究的方法可以生成相对可信的结构和纹理。

8.5.2.4　在 BLU 数据集上的结果

定量比较：对于 BLU 数据集，将本研究的方法与 LANet[26]、WiCoNet[48] 和 DCST[18] 等方法进行了比较。在这里，LANet、MANet 和 A2FPN 采用 CNN 及其变体作为骨干。见表 8-20，与 LANet、WiCoNet 和 DCST 相比，本研究的方法分别实现了增益，+2.9%、+2% 和+1.12%（mIoU）。其中，A2FPN 引入了基于注意力聚集的特征金字塔网络来改进多尺度特征学习。Li 等[36] 提出了一种带有 ResNet 50 主干的多注意网络（MANet），它探索了注意机制和深度网络之间的复杂组合，用于语义分割的精细分辨率 RSIs 任务。对于 RSIs，当局部特征和全局特征不能很好地聚合[60] 时，基于 Swin-T 的方法得到了相对较好的分割结果。与 WiCoNet 相比，基于双融合的分割结果近似相等。基于 F1 或 mIoU 评分评估指标，除了农业类别外，本研究的方法对每个类别的性能都优于最先进的模型。

表 8-20　在 BLU 数据集上与其他模型的定量比较结果　　　　　单位:%

方法	F1 分数						mIoU	F1	OA
	不透光表面	建筑物	低矮植被	水体	农业区	道路			
LANet[26]	73.81	87.48	90.6	85.99	87.02	68.49	70.60	82.28	86.89
FransFuse[60]	73.61	87.94	90.85	86.28	88.10	69.90	71.38	82.78	87.28
A2FPN[63]	70.28	86.70	89.90	84.00	86.66	64.96	68.22	80.42	85.85
MANet[36]	71.53	86.89	90.33	84.82	87.17	64.85	68.96	80.93	86.36
WiCoNet[48]	74.43	88.55	90.94	86.01	87.23	70.21	71.50	82.89	87.35
DCST[7]	1875.11	88.51	91.36	86.80	**89.49**	69.52	72.42	83.46	88.09
FSFM-PHN	**76.60**	**89.62**	**91.44**	**87.66**	89.12	**71.09**	**73.50**	**84.25**	**88.43**
方法	mIoU 评分								
FransFuse[60]	58.25	78.48	83.24	75.86	78.73	53.73	—	—	—
A2FPN[63]	54.18	76.52	81.65	72.42	76.45	48.11	—	—	—
MANet[36]	55.68	76.82	82.37	73.64	77.25	47.98	—	—	—
DCST[18]	60.13	79.39	84.09	76.67	**80.98**	53.28	—	—	—
FSFM-PHN	**62.08**	**81.19**	**84.22**	**78.02**	80.37	**55.15**	—	—	—

定性比较：更直观的视觉分割结果的比较如图 8-22 所示。分割图由 A2FPN、Bi-Fusion、MANet 和 DCST 提供。从图中可以看到，A2FPN 和 MANet 对于 4 列和 6 列是模棱两可的，特别是在对象处（如紫色框中的区域），因为它们缺乏全局上下文信息。

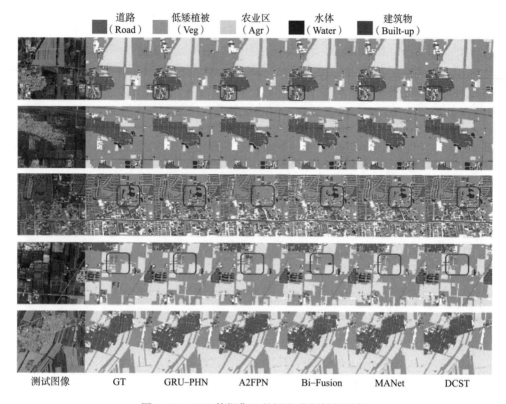

图 8-22　BLU 数据集上的语义分割结果示例

8.6　本章小结

本章主要是处理医疗图像和智能遥感图像分割问题，主要包括以下三个部分。

一是对模糊 C 均值算法的初始聚类中心选取和噪声敏感等方面问题进行了探讨，分别使用粒子群优化算法和花粉算法对模糊 C 均值聚类模型进行了优化，并应用于脑磁共振图像的分割。不仅对粒子群算法和模糊 C 均值聚类的改进，还使用了图像形态学中的基本变换，并使用相关数据集中的数据进行了验证，证明了所使用策略和改进的有效性，这在一定程度上有力地促进智能优化算法和聚类算法的发展。同时，可以促进更多的理论进行结合，为图像分割领域贡献更多的有意义的算法。通过改进，算法的性能有所提升，但在图像信息使用方面仍存在改进空间。

二是通过综合考虑图像的局部信息和非局部信息，并计算像素的相关性，提出了一种新的 FLICM 算法。首先，提出的算法是在 FLICM 的框架下进行改进的，可以保持 FLICM 对邻域窗口大小不敏感的优势，避免手动设置邻域窗口影响算法性能的问题。其次，通过定义像素一致性系数，可以有效地衡量像素点含噪情况；同时，定义邻域像素差异性，对中心点像素与邻域像素的差异性进行计算。最后，将像素一致性和邻域像素差异性结合构造像素相关性，这种做法可以避免噪声像素过多地影响图像边界处的判断，也避免了图像块尺寸等额外参数的设置，可以更好地衡量邻域相关性。将构造的模糊因子引入目标函数，并使用两个数据集中的 MR 图像进行分割实验，结果显示所改进的算法取得了更好的效果。

三是在结合 ResNet 和 Swin-T 的 U 型双编码器网络下，提出了 FSFM-PHN 以实现遥感图像的语义分割。与其他基于注意力的融合方法不同，主要创新点是所提出的特征选择与融合模块（FSFM），它执行特征选择和聚合，明显增强了局部和全局的表示能力。为利用局部和全局像素依赖性，根据重置和更新门设计了基于改进的 ConvGRU 的 FSU，显著控制信息流。此外，利用 FFU 合并三个分支的输出。在三个遥感图像数据集 ISPRS Potsdam 和 BLU 上进行实验，结果表明，相比传统 CNN、视觉 Transformer 及其简单组合，FSFM-PHN 取得了状态藐视的语义分割结果，展现了在语义分割任务中的巨大潜力。

参考文献

[1] GRAU V, MEWES A U J, ALCAÑIZ M, et al. Improved watershed transform for medical image segmentation using prior information [J]. IEEE Transactions on Medical Imaging, 2004, 23 (4): 447-458.

[2] ZHOU N N, YANG T T, ZHANG S B. An improved FCM medical image segmentation algorithm based on MMTD [J]. Computational and Mathematical Methods in Medicine, 2014, 2014: 690349.

[3] Zhang X, Zhang C, Pang S, et al. One stratified FCM for medical image segmentation [J]. Journal of Information and Computational Science, 2011, 8 (15): 3637-3645.

[4] KUMAR D, VERMA H, MEHRA A, et al. A modified intuitionistic fuzzy c-means clustering approach to segment human brain MRI image [J]. Multimedia Tools and Applications, 2019, 78 (10): 12663-12687.

[5] KHAN S U, ULLAH I, AHMED I, et al. Directional weighted spatial fuzzy C-means for segmentation of brain MRI images [J]. Journal of X-Ray Science and Technology, 2020, 27 (6): 1087-1099.

[6] KANG M, KIM J M. Fuzzy C-means clustering with spatially weighted information for medical image segmentation [C] //2014 IEEE Symposium on Computational Intelligence for Multimedia, Signal and Vision Processing (CIMSIVP). Orlando, FL, USA. IEEE, 2014: 1-8.

[7] 马超, 刘亚淑, 骆功宁, 等. 基于级联随机森林与活动轮廓的 3D MR 图像分割 [J]. 自动化学报, 2019, 45 (5): 1004-1014.

[8] ZHENG Q, LI H L, FAN B D, et al. Integrating support vector machine and graph cuts for medical image segmentation [J]. Journal of Visual Communication and Image Representation, 2018, 55: 157-165.

[9] KARIMI D, SALCUDEAN S E. Reducing the Hausdorff distance in medical image segmentation with convolutional neural networks [J]. IEEE Transactions on Medical Imaging, 2020, 39 (2): 499-513.

[10] 贾洪, 郑楚君, 李灿标, 等. 基于局部线结构约束的 FCM 聚类视网膜血管分割 [J]. 光学学报, 2020, 40 (9): 40-49.

[11] 杨阳, 沈艳冰, 李竹. 一种分割脑部磁共振图像的 FCM 改进算法 [J]. 计算机应用与软件, 2020, 37 (3): 231-235.

[12] SHELHAMER E, LONG J, DARRELL T. Fully convolutional networks for semantic segmentation [C] //IEEE Transactions on Pattern Analysis and Machine Intelligence. IEEE, 2017: 640-651.

[13] MINAEE S, BOYKOV Y, PORIKLI F, et al. Image segmentation using deep learning: A survey [J]. IEEE Transactions on Pattern Analysis and Machine Intelligence, 2022, 44 (7): 3523-3542.

［14］ ZHENG X W, HUAN L X, XIA G S, et al. Parsing very high resolution urban scene images by learning deep ConvNets with edge-aware loss ［J］. ISPRS Journal of Photogrammetry and Remote Sensing, 2020, 170: 15-28.

［15］ ZHANG C, JIANG W S, ZHAO Q. Semantic segmentation of aerial imagery via split-attention networks with disentangled nonlocal and edge supervision ［J］. Remote Sensing, 2021, 13 (6): 1176.

［16］ LIU Q H, KAMPFFMEYER M, JENSSEN R, et al. Dense dilated convolutions merging network for semantic mapping of remote sensing images ［C］//2019 Joint Urban Remote Sensing Event (JURSE). Vannes, France. IEEE, 2019: 1-4.

［17］ HUANG H, LIU P, WANG Y Z, et al. Multi-feature aggregation network for salient object detection ［J］. Signal, Image and Video Processing, 2023, 17 (4): 1043-1051.

［18］ WANG L B, LI R, DUAN C X, et al. A novel transformer based semantic segmentation scheme for fine-resolution remote sensing images ［J］. IEEE Geoscience and Remote Sensing Letters, 2022, 19: 6506105.

［19］ LIU Z, LIN Y T, CAO Y, et al. Swin Transformer: Hierarchical Vision Transformer using Shifted Windows ［C］//2021 IEEE/CVF International Conference on Computer Vision (ICCV). Montreal, QC, Canada. IEEE, 2021: 9992-10002.

［20］ LI R W, MAI Z D, ZHANG Z B, et al. TransCAM: Transformer attention-based CAM refinement for Weakly supervised semantic segmentation ［J］. Journal of Visual Communication and Image Representation, 2023, 92: 103800.

［21］ PENG Z L, HUANG W, GU S Z, et al. Conformer: local features coupling global representations for visual recognition ［C］//2021 IEEE/CVF International Conference on Computer Vision (ICCV). Montreal, QC, Canada. IEEE, 2021: 357-366.

［22］ GAO L, LIU H, YANG M H, et al. STransFuse: Fusing swin transformer and convolutional neural network for remote sensing image semantic segmentation ［J］. IEEE Journal of Selected Topics in Applied Earth Observations and Remote Sensing, 1003, 14: 10990-11003.

［23］ MO Y D, LI H H, XIAO X L, et al. Swin-conv-dspp and global local transformer for remote sensing image semantic segmentation ［J］. IEEE Journal of Selected Topics in Applied Earth Observations and Remote Sensing, 2023, 16: 5284-5296.

［24］ HE X, ZHOU Y, ZHAO J Q, et al. Swin transformer embedding UNet for remote sensing image semantic segmentation ［J］. IEEE Transactions on Geoscience and Remote Sensing, 2022, 60: 4408715.

［25］ MOU L C, HUA Y S, ZHU X X. Relation matters: Relational context-aware fully convolutional network for semantic segmentation of high-resolution aerial images ［J］. IEEE Transactions on Geoscience and Remote Sensing, 2020, 58 (11): 7557-7569.

［26］ DING L, TANG H, BRUZZONE L. LANet: Local attention embedding to improve the semantic segmentation of remote sensing images ［J］. IEEE Transactions on Geoscience and Remote Sensing, 2021, 59 (1): 426-435.

［27］ YANG M K, YU K, ZHANG C, et al. DenseASPP for semantic segmentation in street scenes ［C］//2018 IEEE/CVF Conference on Computer Vision and Pattern Recognition. Salt Lake City, UT, USA. IEEE, 2018: 3684-3692.

［28］ ZHAO H S, SHI J P, QI X J, et al. Pyramid scene parsing network ［C］//2017 IEEE Conference on Computer Vision and Pattern Recognition (CVPR). Honolulu, HI, USA. IEEE, 2017: 6230-6239.

［29］ HOU Q B, ZHANG L, CHENG M M, et al. Strip pooling: Rethinking spatial pooling for scene parsing ［C］//2020 IEEE/CVF Conference on Computer Vision and Pattern Recognition (CVPR). Seattle, WA, USA. IEEE, 2020: 4002-4011.

［30］ LEE J, KIM D, PONCE J, et al. SFNet: learning object-aware semantic correspondence ［C］ //2019 IEEE/ CVF Conference on Computer Vision and Pattern Recognition （CVPR）. Long Beach, CA, USA. IEEE, 2019: 2273-2282.

［31］ FU J, LIU J, TIAN H J, et al. Dual attention network for scene segmentation ［C］ //2019 IEEE/CVF Conference on Computer Vision and Pattern Recognition （CVPR）. Long Beach, CA, USA. IEEE, 2019: 3141-3149.

［32］ LI X, ZHONG Z S, WU J L, et al. Expectation-maximization attention networks for semantic segmentation ［C］ //2019 IEEE/CVF International Conference on Computer Vision （ICCV）. Seoul, Korea （South）. IEEE, 2019: 9166-9175.

［33］ CHOI S, KIM J T, CHOO J. Cars can' t fly up in the sky: Improving urban-scene segmentation via height- driven attention networks ［C］ //2020 IEEE/CVF Conference on Computer Vision and Pattern Recognition （CVPR）. Seattle, WA, USA. IEEE, 2020: 9370-9380.

［34］ SCHLEMPER J, OKTAY O, SCHAAP M, et al. Attention gated networks: Learning to leverage salient regions in medical images ［J］. Medical Image Analysis, 2019, 53: 197-207.

［35］ MEI Y Q, FAN Y C, ZHOU Y Q, et al. Image super-resolution with cross-scale non-local attention and exhaustive self-exemplars mining ［C］ //2020 IEEE/CVF Conference on Computer Vision and Pattern Recognition （CVPR）. Seattle, WA, USA. IEEE, 2020: 5689-5698.

［36］ LI R, ZHENG S Y, DUAN C X, et al. Multistage attention ResU-net for semantic segmentation of fine- resolution remote sensing images ［J］. IEEE Geoscience and Remote Sensing Letters, 2021, 19: 8009205.

［37］ HUANG Z L, WANG X G, HUANG L C, et al. CCNet: criss-cross attention for semantic segmentation ［C］ //2019 IEEE/CVF International Conference on Computer Vision （ICCV）. Seoul, Korea （South）. IEEE, 2019: 603-612.

［38］ DING H H, JIANG X D, SHUAI B, et al. Context contrasted feature and gated multi-scale aggregation for scene segmentation ［C］ //2018 IEEE/CVF Conference on Computer Vision and Pattern Recognition. Salt Lake City, UT, USA. IEEE, 2018: 2393-2402.

［39］ LI X T, ZHAO H L, HAN L, et al. Gated fully fusion for semantic segmentation ［J］. Proceedings of the AAAI Conference on Artificial Intelligence, 2020, 34 （7）: 11418-11425.

［40］ Haithami M, Ahmed A, Liao I, Jalab H. An embedded recurrent neural network-based model for endoscopic semantic segmentation ［C］ //Proceedings of CEUR Workshop Proceedings, 2021, 2886: 59-68.

［41］ NGUYEN K, FOOKES C, SRIDHARAN S. Context from within: Hierarchical context modeling for semantic segmentation ［J］. Pattern Recognition, 2020, 105: 107358.

［42］ YUAN F N, ZHANG L, XIA X, et al. A gated recurrent network with dual classification assistance for smoke semantic segmentation ［J］. IEEE Transactions on Image Processing: a Publication of the IEEE Signal Processing Society, 2021, 30: 4409-4422.

［43］ YUAN F N, TANG Z D, WANG C M, et al. A multiple gated boosting network for multi-organ medical image segmentation ［J］. IET Image Processing, 2023, 17 （10）: 3028-3039.

［44］ CAO H, WANG Y Y, CHEN J, et al. Swin-unet: Unet-like pure transformer for Medical image segmentation ［M］ //Lecture Notes in Computer Science. Cham: Springer Nature Switzerland, 2023: 205-218.

［45］ BrainWeb. Online Interface to a 3D MRI Simulated Brain Database ［EB/OL］. ［2019-12-21］. http: // www. bic. mni. mcgill. ca/brainweb/.

［46］ NITRC. The Internet Brain Segmentation Repository ［EB/OL］. ［2019-12-21］. https: //www.nitrc. org/ projects/ibsr/.

［47］ WANG L B, LI R, ZHANG C, et al. UNetFormer: A UNet－like transformer for efficient semantic segmentation of remote sensing urban scene imagery ［J］. ISPRS Journal of Photogrammetry and Remote Sensing, 2022, 190: 196-214.

［48］ DING L, LIN D, LIN S F, et al. Looking outside the window: Wide－context transformer for the semantic segmentation of high－resolution remote sensing images ［J］. IEEE Transactions on Geoscience and Remote Sensing, 2022, 60: 4410313.

［49］ NOBLE W S. What is a support vector machine? ［J］. Nature Biotechnology, 2006, 24: 1565-1567.

［50］ STROBL C, BOULESTEIX A L, ZEILEIS A, et al. Bias in random forest variable importance measures: Illustrations, sources and a solution ［J］. BMC Bioinformatics, 2007, 8 (1): 25.

［51］ ESTEVA A, KUPREL B, NOVOA R A, et al. Dermatologist－level classification of skin cancer with deep neural networks ［J］. Nature, 2017, 542: 115-118.

［52］ HE K M, ZHANG X Y, REN S Q, et al. Identity mappings in deep residual networks ［C］//European Conference on Computer Vision. Cham: Springer, 2016: 630-645.

［53］ 瞿博阳, 李国森, 焦岳超, 等. 自适应多策略花朵授粉算法 ［J］. 计算机工程与设计, 2020, 41 (2): 440-448.

［54］ BUADES A, COLL B, MOREL J M. A non－local algorithm for image denoising ［C］//2005 IEEE Computer Society Conference on Computer Vision and Pattern Recognition (CVPR'05). San Diego, CA, USA. IEEE, 2005: 60-65.

［55］ Zhang X, Zhang C, Pang S, et al. One stratified FCM for medical image segmentation ［J］. Journal of Information and Computational Science, 2011, 8 (15): 3637-3645.

［56］ KUMAR D, VERMA H, MEHRA A, et al. A modified intuitionistic fuzzy c－means clustering approach to segment human brain MRI image ［J］. Multimedia Tools and Applications, 2019, 78 (10): 12663-12687.

［57］ Visin F, Ciccone M, Romero A, et al. Reseg: A recurrent neural network－based model for semantic segmentation ［C］//Proceedings of the IEEE conference on computer vision and pattern recognition workshops. 2016: 41-48.

［58］ HE K M, ZHANG X Y, REN S Q, et al. Deep residual learning for image recognition ［C］//2016 IEEE Conference on Computer Vision and Pattern Recognition (CVPR). Las Vegas, NV, USA. IEEE, 2016: 770-778.

［59］ ZHU X Z, HU H, LIN S, et al. Deformable ConvNets V2: more deformable, better results ［C］//2019 IEEE/CVF Conference on Computer Vision and Pattern Recognition (CVPR). Long Beach, CA, USA. IEEE, 2019: 9300-9308.

［60］ ZHANG Y D, LIU H Y, HU Q. TransFuse: Fusing transformers and CNNs for medical image segmentation ［C］//Medical Image Computing and Computer Assisted Intervention－MICCAI 2021: 24th International Conference, Strasbourg, France, September 27-October 1, 2021, Proceedings, Part I. ACM, 2021: 14-24.

［61］ PAN S M, TAO Y L, NIE C C, et al. PEGNet: Progressive edge guidance network for semantic segmentation of remote sensing images ［J］. IEEE Geoscience and Remote Sensing Letters, 2021, 18 (4): 637-641.

［62］ CHEN Y, ZHANG H, ZHENG Y, et al. An improved anisotropic hierarchical fuzzy c－means methods based on multivariote student t－distribution for brain MRI segmentation ［J］. Pattern Recognition, 2016, 60 (1): 778-792.

［63］ HU M, LI Y, FANG L, et al. A2－FPN: Attention aggregation based feature pyramid network for instance segmentation ［C］//Proceedings of the IEEE/CVF Conference on computer vision and pattern recognition. 2021: 15338-15347.

第9章 基于局部特征的视频人体行为识别

9.1 视频人体行为识别研究的背景和意义

随着信息化进程的快速发展，数字信号越来越受到人们的重视，其中视觉信号（静态、动态图像）占据了人们接收感知信息的80%以上。视觉信号不仅可以帮助用户观察运动对象的姿势、表情等外在的信息，还可以帮助用户推断单一或群体运动对象的意图和心理变化等。近二十年来，图像序列中人体行为分析和分类识别已成为计算机视觉领域的研究热点之一。该研究起始于20世纪70年代，在20世纪90年代取得了长足的发展，涌现出许多较有成效的计算机视觉信号处理方法。在2000年之后，行为分析、异常行为检测等方面的研究都取得了快速发展。对于起初的行为识别研究，大多方法是在环境（预先设定或可人为控制的非自然环境）和孤立动作的假设条件下识别简单的人体行为。近些年，随着计算机视觉技术的发展，根据视频行为特征的属性，如空间多身体部位协作以及运动部位在时间上的变化，众多学者开始关注行为建模的方法。总的来说，视频人体复杂行为研究已成为当前及以后计算机视觉研究的重点之一。

视频人体行为分析的目的是理解和识别人的个体动作，人与人之间的交互运动，人与周围环境的交互关系以及群体性行为等。这种理解和识别是利用计算机技术，在不需要人为干预或者尽少地加入人为干预的条件下，实现视频人体检测，人体跟踪以及对人体行为的识别等。行为识别及行为分析的研究涉及计算机视觉、模式识别、人工智能、机器学习、大数据挖掘等多个学科领域，对提高计算机的智能视觉处理能力有着重要的研究意义和价值。在这里，主要从实际应用前景和学术方面作介绍。

人体行为分析的研究具有广阔的应用前景。它的应用领域主要包含以下方面。

9.1.1 智能视频监控

在当今社会，公共场合的安全需求越来越高，各种大大小小的监控摄像头遍布在街头巷尾甚至机动车辆上。但是，依靠人工分析大量的视频很难保证效率和实时性。为了能够自动或半自动地、实时准确地进行人体行为识别、分析、预测，人体行为识别技术被用来搜索区域内可能出现的人物的可疑行迹。在机场、商场、超市、火车站、地铁口、医院、学校以及体育场所等人流聚集区域，智能监控技术可对人流密集区域的异常行为进行及时的检测，并反馈给安保人员。

9.1.2 基于内容的视频检索

传统的视频检索技术主要依赖于文本信息，例如视频的标题、脚注等实现对视频的检索。

然而，当视频的描述信息不完整或有错误时，这种检索方式就不能满足用户的需求。事实上，如果能够通过计算机技术分析视频的内容，采用判别表示方法概述视频内容，实现基于内容的视频检索，检索的正确率将会得到很大提高。视频流中存在很多有意义的事件，如拳击、跳舞、足球等，都包含了复杂的人体行为。基于视频的人体行为分析技术可以使对这些事件的检索变得非常方便。因此，基于内容的视频检索是人体行为分析领域的一个重要应用目标。

9.1.3 人机交互

人机交互（Human-Computer Interaction，HCI 或 Human-Machine Interaction，HMI），即根据用户的需求将行为与指令信息结合起来，实现高效、人性化的人机交流。经典的人机交互主要使用键盘、鼠标等传统输入设备实现人与机器的交流。现代的人机交互抛开了对输入、输出的限制，交互方式日益多元化，可以采用表情、手势、行为或者语音等方式实现人机互动，通常将其称为"智能人机交互"。例如，音乐网站可根据用户的行为分析其情绪或预测下一个动作，并向其推送适合其内心需求的音乐；通过事先训练，人体行为可以作为指令用于控制计算机进行相关操作，用户通过手势等行为可以取消或选择当前任务，如摸一下鼻子可以将当前任务保存；"渐冻人"眼球写字以及微软的 Kinect 可以识别人体的肢体动作或手势，使体感操控成为现实。

9.1.4 运动分析

人体运动分析主要包括人体局部、整体的运动分析。一般采用 2D 或 3D 几何模型分析人体整体、躯干或各个关节的运动状态，通过人体运动的各个参数实现对人体运动分析。人体运动分析已经应用在许多领域，如辅助医疗、体感游戏、体育训练等。

在学术方面，国际期刊［包括 *International Journal of Computer Vision*（*IJCV*），*IEEE Transaction on Pattern Analysis and Machine Intelligence*（*TPAMI*），*IEEE Transaction on Image Processing*（*TIP*），*Pattern Recognition*（*PR*），*Pattern Recognition Letter*（*PRL*），*Computer Vison and Image Understanding*（*CVIU*），*Image and Vison Computing*（*IVC*）等］和国际会议［包括 International Conference on Computer Vision（ICCV），International Conference on Computer Vision and Pattern Recognition（CVPR），ACM International Conference on Multimedia（ACM Multimedia），Europeon Conference on Computer Vision（ECCV），Asian Conference on Computer Vision（ACCV）等］对这一领域的优秀论文进行了收录。同时，国内期刊包括《中国科学》《电子学报》《自动化学报》《模式识别与人工智能》等设置了该领域的专版或专刊来收录优秀的学术论文。

9.2 常用的视频人体行为数据集

对相关算法的研究、开发以及行为识别性能的比较，视频人体行为数据库是一个不可或缺的数据材料。相同的算法在不同的数据库上可能具有不同的识别性能。在衡量一个算法的优劣时，通常采用多个数据库进行实验验证及评价。随着相关研究的不断深入，出现了多个不同侧重点的行为数据库。这些数据库为相关行为识别算法的性能分析提供了客观的依据和开放的平台。总的来说，行为识别和分析的公共数据库有以下六种。

9.2.1　KTH 行为数据库

KTH 是瑞典皇家理工学院 CVAP 实验室采集整理而成的视频人体行为数据库，包含走（Walk）、慢跑（Jog）、跑（Run）、拳击（Boxing）、招手（Wave）、拍手（Handclap）6 种行为[1]。每类由 25 人在 4 种场景下的视频切片组成，总计 599 个。这四个场景是三个室外（摄像头静止、伸缩以及不同的衣着表观）和一个室内场景。对于 KTH 数据库，识别性能的评价框架主要有留一法与分裂法。图 9-1 中给出了 KTH 数据库的行为类视频帧。

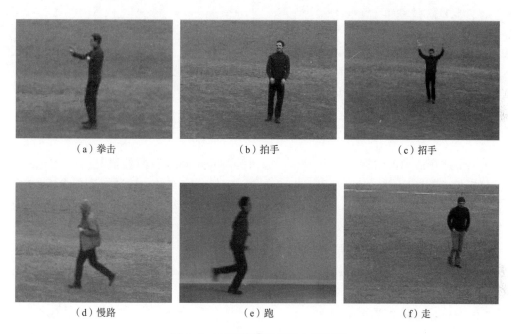

|（a）拳击|（b）拍手|（c）招手|
|（d）慢跑|（e）跑|（f）走|

图 9-1　KTH 数据库的行为视频帧

9.2.2　UCF 行为数据库

美国中佛罗里达大学（University of Central Florida，UCF）自 2007 年以来发布的一系列视频行为数据库，包括 UCF-Sports[1,2]、UCF YouTube（UCF-YT）[3]、UCF50[4]、UCF101[4]，引起了广泛关注。这些数据库主要来自 BBC/ESPN 广播电视频道收集的各类运动样本以及从互联网上下载而来的样本。相对于 Weizmann 和 KTH，UCF 家族的运动视频更具挑战性。在这里，主要介绍 UCF-Sports 和 UCF-YT 两个常用的行为数据库。

UCF-Sports 数据集总共包含了 150 个视频序列，所有的视频序列都来源于运动频道网络，比如 BBC 和 ESPN 等电视台。总计有 10 种行为类型（图 9-2），分别为跳水（Diving）、打高尔夫球（Golf Swing）、踢球（Kick）、举重（Weight Lifting）、骑马（Horse Riding）、跑（Running）、滑板（Skate）、体操（Swing on a Pommel Horse and on the Floor）、单杠（Swing on a High Bar）以及散步（Walking）。视频序列中存在镜头摇晃、光线变化，以及多人运动

等复杂的交互行为。对于该行为数据库，识别性能评价方法主要有留一法、五折交叉验证法和分裂法。

| （a）跳水 | （b）打高尔夫球 | （c）踢球 | （d）举重 | （e）骑马 |

| （f）跑 | （g）滑板 | （h）体操 | （i）单杠 | （j）散步 |

图 9-2　UCF-Sports 数据库的行为视频帧

UCF-YT 体育活动数据集有如下特点：摄像机有静止和运动两种情况；环境复杂、场景变化；目标尺度不断变化；视角变化；光照变化；图像分辨率低。该数据库包含 1168 个视频切片，视频帧的分别率为 320×240。10 种行为分别为投篮（Shooting）、骑自行车（Bikng）、打高尔夫球（Golf Swing）、骑马（Horse Riding）、踢足球（Play Football）、荡秋千（Swing）、网球（Tennis）、蹦床（Jumping）、排球（Volleyball）、散步（Walk）。对于该行为数据库的评价方法，主要以留一法为主。图 9-3 给出了 UCF-YT 数据库的行为视频帧。

9.2.3　Hollyhood 行为数据库

Hollywood 人体行为数据库是从好莱坞（Hollywood）电影中截取的包含典型人体行为的视频片段[5-7]。该数据集有两个版本，第一个版本包括 8 种行为[5,6]，如图 9-4 所示。行为类分别为坐下（Sit Down）、站起（Stand Up）、亲吻（Kiss）、打电话（Answer Phone）、拥抱（Hug Person）、握手（Hand Shake）、下车（Get Out Car）和起床（Sit Up）。该数据库包含 219 个训练集视频切片，211 个测试集视频切片。第二个版本称为 Hollywood 2[7]。它是在 8 类 Hollywood 行为数据库的基础上增加了 4 种行为，并且每种行为的样本个数也比第一版增加了。该数据集的行为在空间和时间上具有巨大的差异。目标之间相互遮挡，摄像机运动，动态背景等使得该数据库非常有挑战性。大多数样本中的人体对象只有上半身，但是也有一些包含人体全身或者脸部特写。

9.2.4　Weizmann 数据集

Weizmann 数据集[8] 由 Weizmann 研究所于 2005 年发布。数据库中包含 10 种行为动作：侧身（Side）、托（Jack）、弯腰（Bend）、招手 1（Wave1）、招手 2（Wave2）、散步（Walk）、跳跃（Skip）、向上跳（Pjump）、跳（Jump）、跑（Run）。视频由固定相机进行拍

(a) 投篮　　　　　　（b）骑自行车　　　　　（c）跳水　　　　　　（d）打高尔夫球

(e) 骑马　　　　　　（f）踢足球　　　　　　（g）荡秋千　　　　　　（h）网球

(i) 蹦床　　　　　　（j）排球　　　　　　　（k）散步

图 9-3　UCF—YT 数据库的行为视频帧

(a) 坐下　　　　　　（b）站起　　　　　　（c）亲吻　　　　　　（d）打电话

(e) 拥抱　　　　　　（f）握手　　　　　　（g）下车　　　　　　（h）起床

图 9-4　Hollywood 数据库的行为视频帧

摄，由 9 名表演者参与，共含有 93 段视频，如图 9-5 所示。

9.2.5　KARD 数据集

KARD 数据集[9]中拍摄于室内，含有 18 种人体行为：站起（Stand Up）、水平挥舞胳膊（Horizontal Arm Wave）、坐下（Sit Down）、侧踢（Side Kick）、举胳膊挥舞（High Arm

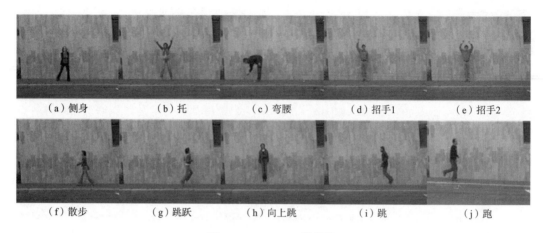

（a）侧身　　　　（b）托　　　　（c）弯腰　　　　（d）招手1　　　　（e）招手2

（f）散步　　　　（g）跳跃　　　　（h）向上跳　　　　（i）跳　　　　（j）跑

图 9-5　Weizmann 数据集

Wave）、喝水（Drink）、扔纸张（Toss Paper）、双手挥舞（Two Hand Wave）、打电话（Phone Call）、抓帽子（Catch Cap）、向高抛（High Throw）、鼓掌（Hand Clap）、画 X（Draw X）、弯腰（Bend）、画勾（Draw Tick）、取伞（Take Umbrella）、行走（Walk）、向前踢（Forward Kick）。每个动作均由 10 名不同的实验人员拍摄 3 次，共计 540 个视频，所有行为动作皆是在同样的静态环境背景下完成拍摄，如图 9-6 所示。

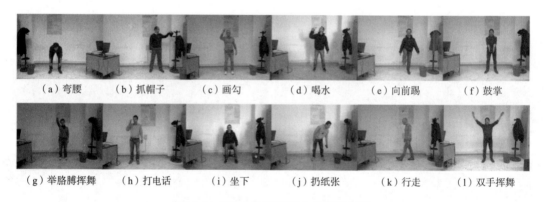

（a）弯腰　　（b）抓帽子　　（c）画勾　　（d）喝水　　（e）向前踢　　（f）鼓掌

（g）举胳膊挥舞　　（h）打电话　　（i）坐下　　（j）扔纸张　　（k）行走　　（l）双手挥舞

图 9-6　KARD 数据集部分类别样本帧

9.2.6　Drone-Action 数据集

Drone-Action 数据集[10]是由澳大利亚南澳大学在 2019 年公开的数据集，该数据集中人体行为视频均由无人机在野外环境下低速低空拍摄，共 240 个视频片段，包含了 13 类人类动作行为：向前走（Walking-f-b）、拳击（Boxing）、鼓掌（Clapping）、侧跑（Running-side）、向前跑（Jogging-f-b）、拍球（Hitting-bottle）、挥手（Waving）、向前跑（Running-f-b）、杆击球（Hitting-stick）、刀刺（Stabbing）、踢（Kicking）、侧走（Walking side）、侧跳（Jogging-side），如图 9-7 所示。

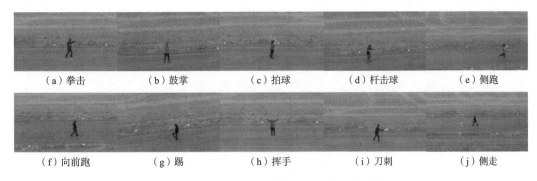

| （a）拳击 | （b）鼓掌 | （c）拍球 | （d）杆击球 | （e）侧跑 |

| （f）向前跑 | （g）踢 | （h）挥手 | （i）刀刺 | （j）侧走 |

图 9-7　Drone-Action 数据集部分类别样本帧

除了以上几个在行为识别领域常用的公开数据库外，还有很多其他研究者或机构提供的用于行为分析的数据库，如中国科学院自动化所 CASIA、UT-Interaction 数据库［包含握手（Hand Shake）、指向（Point）、拥抱（Hug）、推人（Push）、踢人（Kick）、打架（Fight）6 种两人之间的交互行为］、TREC 视频监控事件检测［（TREC Video Retrieval Evaluation）以及一些美国其他机构举办的国际竞赛和会议采用该视频数据库］、CMU 数据库［复杂条件下的 5 种单人行为：单手挥动（Waving One Hand）、双手挥动（Waving Two Hands）、按电梯（Pushing an Elevator Button）、捡东西（Picking up an Object from the Ground）、开合跳（Jumping Jacks）］等。

9.3　基于有效提取和描述局部特征的行为识别

9.3.1　引言

近年来，局部特征建立行为模型的方法已取得了较好的识别性能，尤其是轨迹特征的行为模型已成为当前研究的一个热点方向。轨迹特征能捕获运动对象随时间变化的过程，获取运动对象丰富的几何结构信息。在提取轨迹特征中，最常用的方法主要有稀疏光流（Kanade-lucas-tomasi，KLT）跟踪[11,12]、近邻帧兴趣点匹配[5,11]，以及光流跟踪密集采样点[12]。对于行为表示，轨迹特征或轨迹的内容特征[2,13,14]并结合视觉词袋模型（Bag of Visual Words，BoVWs）直方图表示行为成为当前主要的方式。在识别阶段，轨迹特征的多类描述符在多通道融合和支持向量机（SVM）分类识别框架下获得了较好的识别性能。

在感兴趣区域和提取有效轨迹方法的启发下，本研究采用 KLT 跟踪器和尺度不变特征转换（SIFT）匹配的方法跟踪显著的相对运动区域内的兴趣点，之后利用提取的轨迹特征建立行为模型。在提取轨迹阶段，利用自适应处理后的运动边缘和超像素构建显著相对运动图像序列，而后以显著运动区域内的兴趣点作为轨迹起点。对于轨迹形状，等长轨迹采用位移矢量表示，而变长轨迹主要采用转移矩阵[5]或方向幅度统计表示[11]。与文献轨迹形状表示不同，本研究采用预定义的多方向模式统计位移方向来表示变长轨迹形状。在 KTH 和 UCF-Sports 行为数据库上，提取的丰富轨迹能够很好地描述对象的运动变化和精确地捕获视频结构信息。在 SVM 分类识别框架下，提取的轨迹特征获得了较好的识别性能，与方向幅度描述符的识别性能相比，多模式方向统计获得了优越的识别结果。同时，多核学习融合轨迹多种类型特征作为 SVM 分类器的最终输入，获得了最佳的识别性能。

9.3.2 方法框架

如图 9-8 所示给出了提取轨迹特征及行为表示、融合框架。在该框架下，主要分为三部分，即预处理、轨迹特征提取和行为表示及融合。在预处理部分，本研究采用运动边缘和超像素提取视频帧的显著相对运动区域；在轨迹特征提取阶段，采用 KLT 和 SIFT 匹配的方法跟踪显著相对运动超像素内的兴趣点；对于行为表示，本研究分别采用轨迹特征表观方向梯度直方图（HoG）、运动模式 MBH、轨迹形状（多方向模式统计）分别建立行为描述符，之后在 SVM 分类框架下采用 MKL 融合三种类型行为描述符作为视频切片的最终表示。

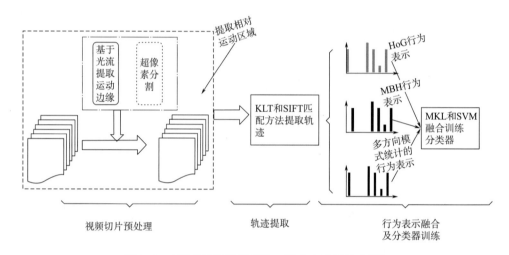

图 9-8　有效的轨迹特征提取、行为表示级融合框架

9.3.3 提取相对运动点的轨迹

（1）提取相对运动序列图

运动边缘是近年出现的能够抑制相机匀速运动的方法。事实上，边缘和其同质区域包含了丰富的运动特征。与文献不同[15]，本研究利用超像素和检测的运动边缘提取显著的运动对象。通过 Wedel 等[17] 方法提取光流后，按式（9-1）计算光流梯度。

$$V_x = \frac{\partial v(x, y)}{\partial x}, \quad V_y = \frac{\partial u(x, y)}{\partial y} \qquad (9-1)$$

式中：V_x、V_y 和 v、u 分别表示水平、垂直方向的梯度图和光流图。

由光流梯度构建的运动边缘图如图 9-9（c）所示。

在约束环境下，近邻帧的变化仅仅表现在运动对象的局部区域，大部分区域是相对静止的。因此，依据运动边缘图的分布统计，采用自适应门限选择感兴趣对象的运动边缘，将包含显著运动边缘的超像素作为运动对象的变化区域。通过以上处理，提取的变化区域如图 9-9（d）所示。具体来说，首先定义一个相邻帧的变化像素数 a，它与视频帧的分辨率

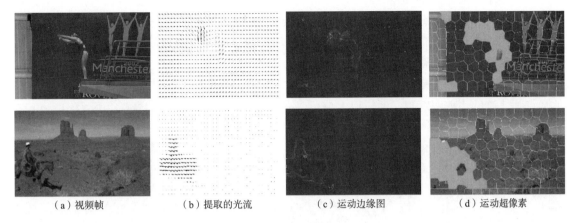

| （a）视频帧 | （b）提取的光流 | （c）运动边缘图 | （d）运动超像素 |

图 9-9　提取运动超像素的过程

成正比，如式（9-2）所示。

$$a = WHx \tag{9-2}$$

式中：W、H 为视频帧的宽和高，x 为一经验常数，实验中设置为 0.003。

本研究采用 Bin 个量化区间统计运动边缘图的分布，并按照量化区间内像素数目的升序排序每个量化 Bin 的索引，之后按照升序索引累积量化区间的像素数目，选择累积数目不大于 a 的量化级索引，最后从索引集中选择最后一个索引号 Ind_{max}，按照式（9-3）计算自适应门限 β。

$$\beta = V_{min} + Ind_{max}(V_{max} - V_{min})/Bin \tag{9-3}$$

式中：V_{max}、V_{min} 为边缘图像的像素极值；Bin 是个参数，表示量化区间的个数。

通过门限处理，选择像素值大于 β 的运动边缘坐标，并构建集合 $C = \{z_k: z_k \in \mathbf{R}^2\}$，其中 z_k 表示第 k 个坐标。通过以上分析，提取视频切片显著相对运动画板的算法 1，总结如表 9-1 所示。

表 9-1　提取显著相对运动画板的算法

算法 1　提取显著相对运动画板
输入：视频切片
输出：显著相对运动画板序列
1）初始化：定义迭代 $t = 1$，t 的最大值为视频切片帧数 f 减 1
2）**do**
For　$t = 1$：f
采用韦德尔（Wedel）等[17] 的方法提取光流，依据式（9-1）提取边缘获得边缘图
对边缘图线性量化 Bin 个区间并统计每个量化区间的像素数
对量化区间内像素数目按升序排序，累积量化区间内的像素数目，依次选择不大于 a 的量化级索引，选择最后一个索引号 Ind_{max}
按式（9-3）计算边缘图的分割门限值 β，选择显著像素并提取其坐标
将集合 C 的坐标点映射到超像素图，包含坐标的超像素作为提取的区域
end For
until 保存显著相对运动图

（2）显著区域内的点跟踪

为提取到密集的轨迹同时剔除静态轨迹，在多空间尺度下，采用互补的 KLT 和 SIFT 匹配[11,12]跟踪显著运动超像素内的兴趣点。在跟踪阶段，限制有效的轨迹长度 L 为：$5 \leqslant L \leqslant 25$。通过跟踪，提取的轨迹如图 9-10（a）所示。图 9-10（b）是先跟踪兴趣点提取轨迹，之后通过轨迹的相似度来抑制静态轨迹。在图 9-10 中，黄色三角代表检测到的轨迹起点，红色圆点为轨迹的当前跟踪点。通过以上分析，有效轨迹的提取算法 2 如表 9-2 所示。

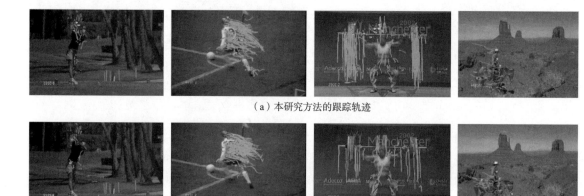

（a）本研究方法的跟踪轨迹

（b）未选择有效点的跟踪轨迹

图 9-10　特征轨迹比较

表 9-2　提取有效的轨迹的算法

算法 2 提取有效的轨迹
输入：视频切片，显著相对运动画板
输出：轨迹特征
1）初始化：设置初始跟踪帧为 $t=1$，最大跟踪帧为视频切片的帧数。在多分辨率下，提取视频帧的兴趣点（SIFT 和显著角点）
2）**do**
For $t=1:f$
根据算法 2 的第 1）步和当前跟踪兴趣点所在视频帧的分辨率选择显著运动图序列，之后选择显著区域内的兴趣点作为轨迹的起点
采用 KLT 和 SIFT 匹配方法分别跟踪 Harris 和 SIFT 兴趣点
end For
until 依据提取的轨迹坐标，剔除位移方差小于三个像素的轨迹。保存跟踪轨迹

9.3.4　轨迹形状特征和多核组合表示

（1）轨迹形状描述符

轨迹位移矢量的方向和幅度是相互独立的。对于方向，它独立于噪声和运动对象的尺度变化。然而，幅度容易受噪声和相机运动速度的影响。由于相机运动，来自不同时刻或不同视频切片的运动一致轨迹点方向将会散布在不同的量化区间。采用单一的刚性划分 Bin 致使方向分布在不同量化区间。受参数滤波器提取时空兴趣点和金字塔多分辨率的启发，本研究定义多个方向模式，分别统计方向分布来避免由相机轻微运动引起量化的误差。在这里，每个方向配置模式相当于一个滤波器，轨迹位移矢量的方向投影到定义的每一个方向模式将会产生不同的响应序列。

通过以上分析，定义的方向模式及其对应的量化级如图 9-11（b）的 A、B 和 C 所示。其中，A 旋转 45°即为 B。为了统计不同水平的方向信息，将粗、细量化级嵌入方向配置中。其中 A 和 B 为 4 个 Bin，C 为 8 个 Bin。小量化级对应粗略的方向分布统计，大的量化对应详细的方向统计。在图 9-11（a）和（b）中，X 和 Y 代表 2D 平面坐标方向，T 表示时间方向。"1，2，3，…"等表示每个方向模式的量化级对应的索引。通过投影位移方向到每个模式，之后级联 A、B 和 C 的方向分布统计作为轨迹形状描述符，如图 9-11（c）所示。

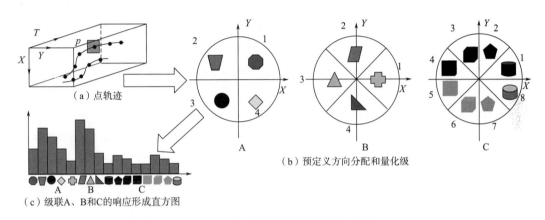

（a）点轨迹

（b）预定义方向分配和量化级

（c）级联 A、B 和 C 的响应形成直方图

图 9-11　轨迹形状描述符的产生过程

（2）编码和 MKL 组合特征

本研究以每条轨迹为中心的时空体[11-16] 分别计算三种不同类型的描述符。对于表观（HoG）和运动特征（MBH），采用标准的凸优化稀疏编码算法编码局部描述符[16-18]。近些年，稀疏编码已广泛应用到目标检测、跟踪以及图像或视频人体行为识别等各个应用领域，并展示出优越的效果。在这里，符号 $\mathbf{D}$ 表示视觉词码本。投影表观描述符 HoG、局部运动模式特征 MBH 到各自的字典，采用 L_1 范数规则稀疏编码 HoG 和 MBH 特征矢量。编码后，采用最大池运算操作产生一个显著视觉词集合的权重组合来分别表示视频切片的内容。若视频切片 r 提取的局部特征描述符集合为 $\mathbf{X}_r = [x_1, x_2, \cdots, x_n]$，采用特征池概述 n 个局部特征的联合分布来表示视频切片。稀疏编码和最大池函数 $f_{\max}(\mathbf{Z})$ 的定义分别如式（9-4）和式（9-5）所示。

$$\hat{\mathbf{Z}} = \underset{Z}{\arg\min} \frac{1}{2} \parallel \mathbf{X} - \mathbf{DZ} \parallel_{l_2}^2 + \lambda \parallel \mathbf{Z} \parallel_{l_1} \tag{9-4}$$

$$f_{\max}(\hat{\mathbf{Z}}) = \parallel \hat{\mathbf{Z}} \parallel_\infty = \max_{i \in r} \hat{\mathbf{Z}}_i \tag{9-5}$$

为了公平比较轨迹形状描述符的性能，方向统计和布雷贡齐奥（Bregonzio）等[11] 的方向幅度描述符均采用线性量化表示视频切片。线性量化避免了繁琐的码本学习和码本大小的选择问题。在这里，定义每个统计量被量化为 N_{bin} 个量化级，规范化的 $N_O \times N_{\mathrm{bin}}$ 长的矢量表示每一个视频切片内容。在下面的图和表中，为了便于表示每类特征，方向幅度描述符[30]

采用 O-M 表示，方向统计描述符采用 O 表示。

为了融合 HoG、MBH 和 O 三种类型行为表示，采用多核学习 MKL[2,11] 的方法。在给定一个基核集合的条件下，MKL 在 SVM 分类识别框架下交替优化搜索 SVM 分类器的参数和一个线性权重组合来自动选择特征。

9.3.5 实验结果及分析

（1）行为数据库及实验设置

两个行为数据库 KTH 和 UCF-Sports 被用来评价本研究的方法。在 HP i5 主机处理器 2.80GHz 和内存为 4G 的台式机上采用 MATLAB R2011b 实现。视频帧分辨率在 1，1/2，1/3 三个尺度下，分别提取轨迹特征。在实验中，选择 Bin = 10 量化运动图像。需要说明的是，Bin ∈ [10 20] 时几乎不影响提取显著运动超像素。轨迹特征的空间采样尺度为 2.5，空间分割为 4×4 网格。轨迹描述符 HoG、MBH 的矢量长度分别为 128 和 256。对于方向统计描述符，每个预定义的方向被量化为 N_{bin} = 30Bin。对于背景简单的 KTH 人体行为数据库，在留一法交叉验证（Leave-one-out Cross Validation，Loocv）性能评价框架下，评价轨迹特征的有效性和优越性。依据参考文献学习码本的大小[11]、视觉特征 HoG 和 MBH 的字典设置为 300。对于 UCF-Sports 行为数据库，采用文献的实验设置及评价方法[2,19]。该识别评价框架能够最小化训练集和测试集的强相关性场景线索。在这里，视觉特征的字典大小为 1024。

（2）轨迹特征的有效性

采用单 CHI2-RBF 核 SVM 分类器在 KTH 和 UCF-Sports 两个行为数据库上验证每类特征的识别性能。对于 KTH 行为数据库，通过交叉验证设置惩罚参数为 1000。实验结果如表 9-3 所示，与其他类描述符的识别性能相比，MBH 描述符达到了最好的识别精度。采用轨迹形状描述获得了 62.67% 识别率，相关文献[11] 的方向幅度统计描述符在本章算法框架下获得了 55.33% 的识别率。与方向幅度统计描述符相比，方向统计描述符表示轨迹形状具有鲁棒性。

表 9-3　不同描述符的识别结果比较

描述符	识别率/%		
	KTH（CHI2-RBF）	UCF-Sports（CHI2-RBF/Linear）	UCF-Sports[37]
HoG	86.67	72.56/71.49	69.88
MBH	94	74.12/73.67	72.74
O	62.67	56.98/54.71	—
O-M	55.33	51.5/50.36	—

对于 UCF-Sports 行为数据库，为验证每类轨迹特征的识别性能，采用一对余下的分类策略。在该部分，首先评价每类轨迹特征详细的识别性能。对于 CHI2-RBF 核，通过交叉验证设置惩罚参数为 1000，边带宽度采用样本均值。同时，采用多类线性核分类器验证提取的轨迹特征[20]，平衡参数设为 0.1。图 9-12 以柱状图的形式给出每个描述符的识别性能。表 9-3 给出了每类特征的平均识别性能。对于 CHI2-RBF 核、线性核 SVM 分类器，MBH 描

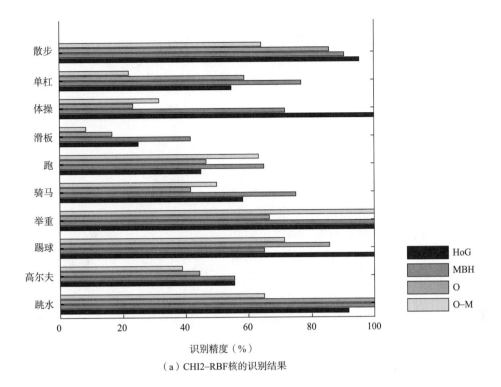

（a）CHI2–RBF核的识别结果

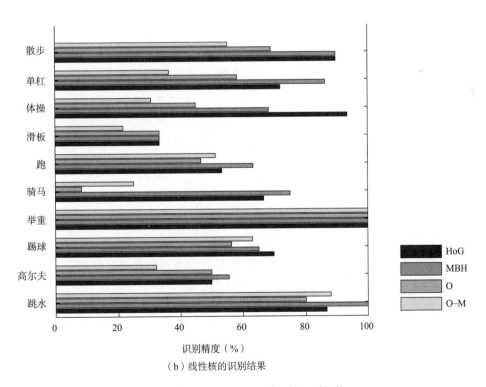

（b）线性核的识别结果

图 9-12　不同描述符的详细的识别性能

述的识别性能高于其他描述符。MBH 获得最好识别性能的合理解释是由于该描述对运动相机具有较好的鲁棒性。与方向幅度描述符相比，方向统计描述符避免了轻微相机运动的影响，增强了相似轨迹表示的鲁棒性。对于 HoG 和 MBH 描述符，与相关文献[2] 相比，提取的轨迹特征取得了较好的识别性能。另外，从分类器的核函数方面比较，CHI2-RBF 核的识别性能高于线性核。

（3）在基准行为数据库上的识别性能

①KTH 实验结果及分析：在这里，仍然采用 CHI2-RBF 核[21] 作为每类描述符的相似性度量。识别结果如图 9-13 以混淆矩阵形式显示。从图 9-13 可以看出，腿部相关的运动"慢跑"和"走"容易出现混淆。"慢跑"行为容易被误识别为"跑"行为，说明了"慢跑"的轨迹特征相似于"跑"。表 9-4 列出了本章方法与其他方法的识别结果比较。本章提取的轨迹特征并在 MKL 融合特征的框架下获得 96.29% 的识别率，识别性能与采用轨迹特征建立的行为模型[19,22,35] 相当。其中相关文献[22] 采用跟踪运动边缘密集采样点的方法提取轨迹，之后以轨迹特征构建 3D 共生内容。相关文献[2] 采用 STIF 点轨迹和粒子轨迹通过权重组合的方式概述行为，而还有文献[19] 采用提取的等长显著轨迹建立行为模型。

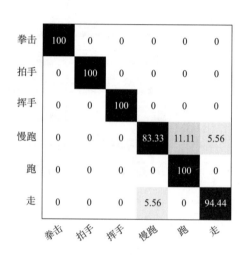

图 9-13 在 KTH 数据库上识别结果的混淆矩阵

表 9-4 与其他方法的性能比较

方法	年	实验设置	识别率/%
本章方法	—	Loocv	96.29
Yu 等人[2]	2014	Split	96.3
Peng 等人[22]	2014	Split	95.60
Yi 等人[19]	2013	Loocv	97

②UCF-Sports 实验结果及分析：对于三种类型轨迹特征，分别采用单 CHI2-RBF 核、线性核及 MKL 多类 SVM 分类器识别分类。其中，非线性、线性单核分类器采用特征等比例串联的方式融合特征，而 MKL 采用一个 CHI2-RBF 核集合通过优化组合各类特征。平均识别率以混淆矩阵的形式给出。从图 9-14 可以看出，行为"高尔夫""跑""滑板"的识别性能相对较低。与线性核分类相比，采用 MKL 学习的方法提高了多类行为的识别性能，但是"高尔夫"降低了。一种合理的解释是，MKL 是在优化过程中选择误分类的支持矢量。

在相同的评价标准下，表 9-5 列出了与其他方法比较的结果。MKL 融合多类特征获得了 82.23% 的识别率，稍高于本研究采用轨迹特征行为建模[2,19,23] 以及本章采用单核距离度量分类器分类识别结果。这说明单核函数不能很好地度量高维组合特征。总的来说，本研究的方法获得较好识别率是由于提取有效的轨迹，同时采用 MKL 融合各类特征。

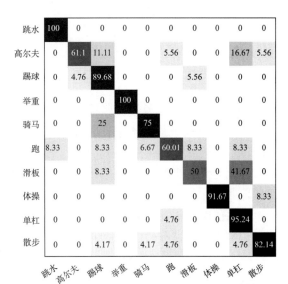

（a）CHI2-RBF核的识别结果　　　　　　　　　　（b）线性核的识别结果

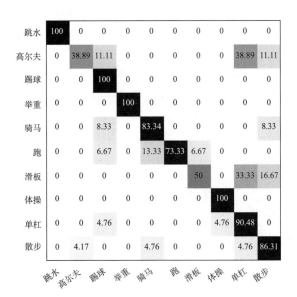

（c）MKL的识别结果

图 9-14 在 UCF-Sports 数据库上的混淆矩阵

表 9-5 与其他方法的性能比较

方法	年	识别率/%
本章方法	—	82.23（MKL）
	—	80.48（Linear）
	—	75.04（CHI2-RBF）
Yu 等[2]	2014	81.07

续表

方法	年	识别率/%
Yi 等[19]	2013	79.64
Raptis 等[23]	2012	79.40

（4）时间复杂度分析及比较

在实验环境及上述参数设置下，以 UCF-Sports 行为数据库"骑马"行为序列（seq: sequence）为例分析时间复杂度。该行为类的每个视频切片有 60 帧，分辨率为 720×404。轨迹数目采用有效的平均轨迹数目表示。在未选择兴趣点的条件下，提取轨迹的时间代价包含轨迹提取和移除静态轨迹两部分，而本章方法将光流和超像素分割作为特征提取的预处理部分。本章算法的时间消耗主要包括三个方面：有效轨迹提取；轨迹的描述和编码；不同融合方式下的识别。三个过程的运行时间如表 9-6~表 9-8 所示。

表 9-6 不同轨迹提取的时间对比

方法	有效轨迹数目	耗时/（s/seq）
未选择有效特征点	533	94.96
选择特征点	350	76.54

表 9-7 轨迹描述符和编码的计算时间

描述符和编码	耗时/（s/seq）
HoG	9.5938
MBH	12.9826
O	0.0673

表 9-8 不同融合方式下运行时间对比

融合方式和分类识别	耗时/（s/seq）
Cascade（Linear）	0.0864
Cascade（CHI2-RBF）	0.3017
MKL	0.3578

从表 9-6 可以看出，在选择相对运动点的条件下提取轨迹的时间消耗小于未选择跟踪点的方法。本章方法减少了跟踪轨迹数目，计算时间大约减少了 18s。若在线提取光流和分割运动图像，提取轨迹的平均运行时间将会达到 527.13s。有学者以分辨率为 320×240 的 KTH 行为数据库的视频样本来评价计算代价[19]。对于 100 帧的视频切片，提取显著轨迹以及计算描述符的总耗时为 160s。在轨迹数目为 1179 时，有学者跟踪每帧采样点的平均时间为 4ms[11]。该方法的统计时间不包含计算光流和检测运动边缘的耗时。当视频帧的分辨率设置为与参考文献相同的尺度时[19]，本研究方法提取轨迹的总耗时是 230.05s。同样地，为与参考文献[11] 作公平的比较，平均轨迹数目为 350 时，每帧的平均跟踪时间为 1.03ms。通过以上分析，本研究方法提取轨迹的主要耗时是在提取光流和选择相对运动超像素部分，总的耗

时要大于参考文献[11,19] 的方法。但是，采用本研究的方法能够提取有效的轨迹特征，并在 MKL 框架下获得较好的识别性能。

在表 9-7 中，轨迹形状描述符 O 不需要码本编码，计算时间消耗相对较小。与 HoG 描述相比，包含水平和垂直两种成分的 MBH 描述符消耗较大的时间。在识别阶段，采用等比例级联组合特征，特征维度高达 3552（1024×3+16×30）。如表 9-8 所示，线性分类器的时间消耗较小，而单 CHI2—RBF 核运行时间较长；与单 CHI2—RBF 核的 SVM 分类器的识别性能相比，采用优化组合特征的 MKL 方法运行时间稍长。从整体来说，本节算法的时间消耗主要在相对运动区域和轨迹特征的提取阶段。

9.4　分层树结构的稀疏编码视频行为识别应用

9.4.1　引言

采用传统方法对海量的图像或视频数据进行处理、分析、理解、存储和传输已不能满足当今的需求。如何简洁地表达这些庞大的数据，同时消除高层语义与底层数据之间的鸿沟成为人们日益关注的问题。近年来，海量数据的稀疏表示已有较好的发展，表现出了重要的研究意义。信号的稀疏表示在图像去噪、图像或视频的检索、视频行为识别等实际应用领域越来越受人们的重视，其中基于结构化的稀疏表示逐渐成为人们研究的热点之一。由于传统无结构的稀疏编码对相似特征的稀疏表示缺少鲁棒性，即相似的特征在编码后缺失相似性，一些研究者提出了群（组）结构、图或超图嵌入模型、树状结构等稀疏编码模型。这些方法将信号编码为具有鲁棒性和判别性（不具有相似性的特征）的稀疏表示，在图像去噪、图像增强、分割、行为识别等应用领域已表现出较好的性能。

笔者依据以前研究者的理论，分析了基于 L_0 范数、L_1 范数规则的稀疏编码和字典更新过程，并研究了当前构建结构字典的方法，提出了一种分层树结构字典学习框架。该方法采用自上而下序贯方式的分层学习子字典。其核心思想是通过上层选择字典原子的索引，规划数据点在下层选择的路径和原子索引，构建层与层之间字典原子的关联、层内原子分组的分层树结构字典。通过实验验证，信号的稀疏表示具有较好的鲁棒和判别能力（相似特征编码后具有较好的鲁棒性，而差异的特征编码后具有强的判别性）。与同类文献相比，本节基于局部特征描述符的稀疏表示建立视频人体行为模型获得了较高的识别精度。

9.4.2　相关文献与存在的问题

在信号的稀疏表示中，字典的学习扮演着重要的角色，字典的更新和信号的稀疏编码是两个交替优化的过程。信号的近似逼近主要有贪婪追踪、凸松弛、贝叶斯框架等。基于匹配追踪（Matching Pursuit，MP）和正交匹配追踪（Orthogonal Matching Pursuit，OMP）等稀疏编码的非凸优化贪婪算法是一种逐步选择数据点与一个原子最佳匹配的过程。数据是基于匹配原子计算后的信号残差，通常采用 K-SVD 序贯的更新字典原子，而 L_1 范数的稀疏编码过程与此有较大的差别。传统的 L_1 范数规则化的编码过程是一个求解凸优化的过程，将信号的稀疏表示定义为一类有约束的极值求解问题，进而转化为线性规划问题来求解。编码过程协作考虑各原子对数据点的贡献，每次匹配一个原子后，更新编码系数。字典的更新通常采用拉格朗日对偶算法或采用在线更新策略。这些字典学习方法假定数据之间是相互独立的，仅考虑编码的稀疏度和残差的剩余，缺少码系数的先验信息或码本原子之间的关系。当信号微小变化时，致使编码系数有较大的差异性，相似的特征失去了相似的编码性质[26-28]。标准的编码方法已不能满足高要求的模式分类、图像去噪、分割等领域的需求，而基于结构字典学习的编码算法能够获取鲁棒稀疏码，成为当前研究的热点之一，尤其是组结构、图嵌入结构、树状结构等字典学习方法。

2012 年，泽尔尼克-曼诺尔（Zelnik-Manor）等[27] 在 K-SVD 算法[28] 基础上研究了块结构字典的优化学习算法。不足之处在于，块结构的数目及每块的大小需要预先设置为固定值，同时该方法缺少块与块之间、块内原子之间关联的考虑，致使学习字典的结构缺乏灵活性。2012 年，李等[26] 采用字典学习方法降低医学图像噪声，实现融合[28]。在 2006 年，亚哈龙（Aharon）等提出的 OMP 编码和 K-SVD 字典更新算法的基础上，构建了原子之间的图模型，学习图嵌入的组织结构字典。该方法有效地保留了图像块的几何结构信息，同时增强了信号稀疏表示的鲁棒性。标准的 MP 或 OMP 算法是一个非凸优化的非确定性多项式（Non-deterministic Polynomial，NP）难题。2006 年，李（Lee）等[29] 提出以松弛 L_0 范数的方法来优化字典学习，其字典学习模型如式（9-6）所示。

$$D = \arg \min_{D,\boldsymbol{\Phi}} \|X - D\boldsymbol{\Phi}\|_F^2 + \lambda \|\boldsymbol{\Phi}\|_l$$
$$\text{s. t. } \|D_j\|_2^2 \leq 1, \ j = 1, \ 2, \ 3, \ \cdots, \ n \tag{9-6}$$

式中：X 为数据矩阵，每个矢量代表一个数据点；D_j 为字典 D 索引号为 j 的一个原子；$\boldsymbol{\Phi}$ 为 X 的编码系数矩阵；F 表示 Frobenius 范数，λ 为平衡参数，通常为经验值，用来平衡稀疏表示的稀疏度与数据点的误差。

2010 年珍娜顿（Jenatton）等[30] 在研究标准 L_1 范数规则稀疏编码的基础上，定义了树状结构字典，将 L_1 范数规则嵌入树结构的分层范数规则中，通过近邻梯度法优化学习结构化稀疏编码和以坐标下降算法在线更新学习树状结构字典，稀疏编码模型如式（9-7）所示。

$$\min_{\boldsymbol{\Phi} \in \mathbf{R}^{\text{num} \times M}} \frac{1}{M} \sum_{i=1}^{M} \left[\frac{1}{2} \|X_i - D\boldsymbol{\Phi}_i\|_2^2 + \lambda \Omega(\boldsymbol{\Phi}_i) \right]$$
$$\Omega(\boldsymbol{\Phi}_i) \stackrel{\Delta}{=} \sum_{g \in \zeta} w_g \|\boldsymbol{\Phi}_{i,|g}\|_p \tag{9-7}$$

式中：Ω 是规则项，通常为混合范数；w_g 为正权重；p 通常采用 L_2 或 L_∞；D 为字典；$\boldsymbol{\Phi}_i$ 为第 i 个数据点 X_i 的稀疏编码。

当 Ω 为 L_1 范数函数时，式（9-7）与李（Lee）等提出的 L_1 范数规则化编码等价。该字典学习是求解一个大的优化过程，在线更新字典原子的同时需要依据定义树结构分配原子归属于哪个节点。因此，该方法的计算复杂度较高。2012 年郭等[31] 提出了群稀疏的结构化字典学习数学模型。该方法通过引入定位因子结合凸分析和单调算子理论提出了一种有效的结构化字典学习算法。但是，群结构的大小及字典原子更新的时效性仍然是需要解决的问题。显然，组结构[26] 是从平均最大化相关性的角度编码数据点，并非一种很好的先验信息，在学习组结构稀疏码或字典的同时，组内非最佳原子抑制了数据点的显著信息。2012 年魏等[32] 在标准 L_1 范数规则化稀疏编码的基础上，采用了权重稀疏码规则化，即引入位置规则项，计算数据点与字典原子之间的相似度作为编码系数的权重。此种方法与图嵌入稀疏编码相似，但又有所不同：图嵌入模型并未考虑字典原子与数据点之间的局部位置。总的来说，通过结构化编码，相似数据点的稀疏表示具有较强的鲁棒性。

9.4.3　学习结构字典及描述局部特征

L_0 范数的求解速度较快，但编码系数缺乏稳定性，而基于 L_1 范数的稀疏编码对不同特征具有较好的区分性，对于相似特征的编码缺少鲁棒性。为此，一些学者引入组、块、树结构等先验信息，采用较少的原子稀疏编码逼近原始信号。该方法获得的稀疏表示具有较好的鲁棒性。但是，采用凸优化学习一个大尺度字典带来了较大的计算复杂性。考虑到以上因素，本研究将一个大的字典优化学习过程分解为由粗到细关联的多个子字典序贯学习过程，通过平衡参数等条件约束上层学习低频特征、下层学习高频特征的子字典，使层与层之间的原子建立关联，层内原子分组。考虑到字典的原子具有复共用现象和相似信号选择原子的差异性，在分层框架下定义了一种学习字典的数学模型，如式（9-8）所示。

$$D_l = \arg\min_{D_l, \Phi_l} \| X_l - D_l \Phi_l \|_F^2 + \lambda_l \Omega(\Phi_l)$$

$$\text{s. t. } \| D_{l,j} \|_2^2 \leqslant 1, \ j = 1, \ 2, \ 3, \ \cdots, \ n \tag{9-8}$$

$$X_l = X_{l-1} - D_{l-1} \Phi_{l-1}, \ l = 1, \ 2, \ 3, \ \cdots L$$

式中：D_l 表示第 l 层的子字典；Φ_l 表示数据 X_l 的编码系数矩阵（每个列矢量表示一个数据点的稀疏表示）；λ_l 表示第 l 层的平衡参数；$D_{l,j}$ 为字典 D_l 索引号为 j 的一个原子。

对于某一层，采用 Lee 等提出的松弛 L_0 范数稀疏编码和拉格朗日对偶更新字典原子，同时，依据编码系数更新激活矩阵（数据点与原子的关联矩阵由编码系数决定）。对于任一数据点，通过数据点与上层字典原子的关系（激活矩阵）预先规划下层可预选编码路径及路径内预选激活原子。由上层激活原子的索引推导下层预激活原子的索引，其推导过程如式（9-9）所示。

$$d_{l\_1,j}$$
$$\downarrow$$
$$d_l \in \{ d_{l,i} \mid i = (S-1) * n + j, \ S = 1, \ 2, \ 3 \cdots, \ N \} \tag{9-9}$$
$$\text{s. t. } i \leqslant N * n, \ N = 2, \ 3, \ \cdots$$

式中：n 为 l_1 层字典原子的数目；N 为 l 层与 l_1 层的字典大小关系；$d_{l\_1,j}$ 表示 l_1 层索引号为 j 的原子；d_l 是由 $d_{l,i}$ 构成的一个子集，原子的索引号 i 是由式（9-9）推导而来的（向下箭头表示推导关系），i 为一变量，S 为从 1 到 N 逐步取整数值。若某个信号激活了上层第 j 个原子，则下层激活原子由 d_l 子集构成。

在这里，随着学习字典的层数增加，定义下层字典原子的数目是上一层的整数倍。

（1）结构字典学习算法

在参考其他树模型规则定义的基础上，本研究的分层树状字典学习规则定义如下。

①高层节点作为下一层的父节点，其由 1 个或多个原子组成。

②在每层内，每个数据点可以由 1 个或多个父节点权重表示。

③父节点非空时，有可能产生子节点，组内可以产生多个节点。

④在学习过程中，字典的学习是以自上向下的方式分层学习，同时，数据信息自上向下传递。

对于该树结构字典，每层字典是欠完备的。由于 L_1 范数规则的凸优化性质，学习的子字典是一个判别子字典。通过以上定义的规则，分层树状、分组字典学习模型如图 9-15 所示。在图 9-15 中，顶端椭圆形标示代表数据点，数据点 1 在第二层由 3 个原子组成 1 个父节点；数据点 4 在第二层由 2 个原子构成父节点，其中 1 个原子与数据点 1 共享；第 n 个数据点由 1 个原子构成父节点。从节点内的原子共享可以看出，数据点 1 与 4 有某些相似性。根据上层选择原子的索引，规划数据点在下层选择原子的索引和编码路径。数据点 1 在第二层由 3 个原子构建 1 个父节点，在第三层，预定义将产生 3 个父节点（相对上层为子节点，相对于下层为父节点）。数据点 4 与数据点 1 在第二层共享 1 个原子，因此数据点 1 和数据点 4 在第三层共享组内优化学习各自的父节点或共同父节点。

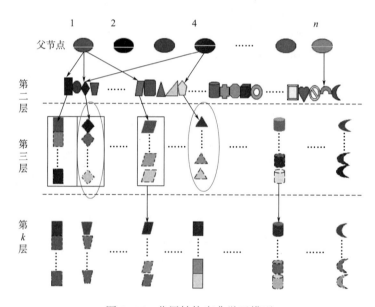

图 9-15　分层结构字典学习模型

通过以上分析，本部分训练字典算法总结如下。

①根据构思的字典学习框架模型，首先初始化参数。

第一层：规则化参数 λ_1，随机初始化 num1 个原子的子字典 $\boldsymbol{D}_1$（为加速收敛，通常随机选择部分训练样本作为字典原子），数据点与原子之间关系的激活矩阵 $\boldsymbol{Act}1$（数据点与原子之间关联的共生矩阵，首层初始化为全 0 元素的矩阵，大小为 num1×n，n 为数据点个数）。

第二层：规则化参数 λ_2，层之间倍数关系 N，子字典 $\boldsymbol{D}_2$ 原子个数为 num2 = N×num1，N≥2，3，4，…。在这里，选择 N=2，即当前层原子数是上一层的 2 倍，表示一个原子的父节点将会产生 2 个单原子的子节点。通常情况下，第二层字典也是随机初始化，为加快训练，采用复制第一层训练的子字典原子。

第三层：规则化参数 λ_3，依据层与层之间倍数关系 N，子字典 $\boldsymbol{D}_3$ 原子个数为 num3 = N×num2，N≥2，3，4，…。

②以 Lee 等算法为基础，学习第一层字典，满足条件时停止优化迭代。学习字典 D_1 作为第一层训练字典，同时记录每个数据点的激活原子索引，构建数据点与原子之间的激活矩阵，更新 $Act1$（原子激活，对应的激活矩阵元素位置置 1，未激活置 0）。

③学习第二层字典。

由激活矩阵 $Act1$ 和公式（9-8）预先规划第二层激活矩阵 $Act2$ 作为初始激活矩阵。若第一层激活索引号为 j，则第二层预定义的激活索引号为（$S-1$）$\times num1+j$，$S=1$，2，3，4，…，N。N 为层与层的倍数关系，S 为从 1 到 N 逐步取整数值。当 $N=2$ 时，S 分别取 1 和 2。

④在预激活矩阵约束编码路径的条件下，根据 Lee 等算法，用初始化的子字典 D_2 对信号（第一层字典编码数据点后的残差信号）编码，达到条件时交替优化停止。D_2 作为第二层训练子字典，依据编码系数更新激活矩阵 $Act2$。

⑤若训练的层数未达到，重复步骤③④。

在该训练框架下，学习的字典具有树状组结构。层与层之间的学习过程类似于 L_0 范数优化编码过程，在层内，考虑到信号显著几何结构的多样性，采用 L_1 规则凸优化的编码算法。该算法考虑了层与层之间原子的父子节点关系，同时在层内采用 L_1 规则稀疏编码改善了其他学者组稀疏编码的不足[26]。通过本研究的方法，采用图像块信号学习一个三层结构字典，学习的字典如图 9-16 所示。在图 9-16 中，每层为一个子字典，每个子字典的一列表示一组原子，下层原子的索引号与上层对应关联，组内原子存在共用现象。随着层数的增加，字典原子由低频（模糊特征）向高频（细节特征）变化。

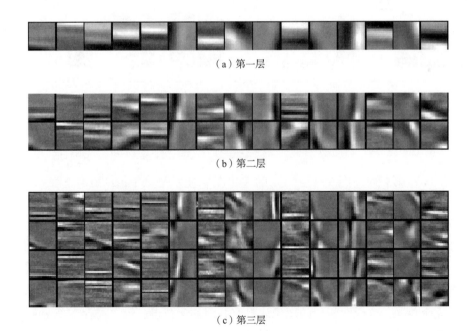

（a）第一层

（b）第二层

（c）第三层

图 9-16　学习分层字典

（2）局部描述符的结构化稀疏编码

视频或图像序列的时空特征描述符主要有 3DSIFT、HoG3D 等，这些由 2D 拓展到 3D 的局部时空特征描述符融入了空间、时间的局部运动信息，具有较好的判别能力，在人体行为识别中被广泛应用。基于稀疏编码的行为识别主要从鲁棒描述符和编码时空上下文关联的局部特征（如融入几何结构的特征对等）等方面考虑，行为建模为判别表示。

为验证本研究方法在学习分层树状结构字典方面的有效性，分别采用 HoG3D、三平面正交局部二值模式（LBP-ToP）及随机采样视频块作为信号，编码局部特征描述符，并将训练字典框架应用到行为识别领域。在该框架下，首先验证信号的稀疏编码具有较好的鲁棒性和判别性。对三个图像块［图 9-17（b）左边第一列］对应的信号编码如图 9-17（a）所示，其中纵坐标表示信号的编码系数，横坐标表示原子索引号。

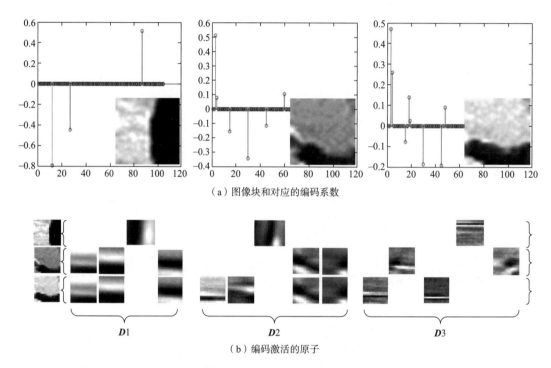

（a）图像块和对应的编码系数

$D1$　　　　　　　$D2$　　　　　　　$D3$

（b）编码激活的原子

图 9-17　图像块的编码表示和原子的选择

图 9-17（a）第一列［图 9-17（a）的左边图］图示是从 Patch 集中选择差异较大的一个 Patch（该图右下角的图像块）的编码系数，图 9-17（a）的后两列为 3D-Patch 中相邻图像块的编码系数，对应的原始信号为图 9-17（b）的左边一列下两行的图像块（与稀疏系数图示右下角的图像块相同），所在行的括号内为原始信号选择的原子及原子所在的子字典。从图 9-17（a）的后两列和图 9-17（b）的后两行的编码选择的字典原子可以看出，相邻图像块之间有较强的相似性，信号的稀疏表示也具有很强的相似性。尤其是在第一层，字典复共用的原子完全相同，这说明相似的图像块具有共同的父节点。第二层存在部分复共用现象。随着层数增加，复共用现象逐渐变弱，选择的原子呈现多样性，例如第三层不存在共用的原子。另外，图 9-17（a）第一列与后两列的编码系数具有较大的差异性（判别性），稀疏非 0 系数所对应的原子具有较大的差异性。从图 9-17（b）第一列中可以看出，第一个图像块与后两个图像块具有较大的差异性（几何结构差异大），稀疏表示时选择的原子完全不同。以上实验说明了分层结构字典编码局部特征具有较好的鲁棒性和判别性。

对于图像块的稀疏编码，如何利用图像块的稀疏表示来描述视频块的 3D 特征呢？桑顿（Thornton）等[33]采用时间池对图像序列的滤波响应堆栈处理来描述视频块特征。在稀疏表示的图像分类、人体行为识别等应用领域，空域最大池操作运算能够很好地产生图像块或视频块描述符。本部分将空间最大池操作运算应用到图像块序列的稀疏表示上。对于所有原子，采用最强响应表示视频块的显著特征，如式（9-10）所示。

$$VideoBlk_j\_ \ Re = \max\{|\boldsymbol{\Phi}_{j,1}|; \ |\boldsymbol{\Phi}_{j,2}|; \ \cdots; \ |\boldsymbol{\Phi}_{j,\text{NtempL}}|\} \tag{9-10}$$

式中：$VideoBlk_j\_ \ Re$ 为第 j 个剪辑视频块以行矢量形式的稀疏表示；$\boldsymbol{\Phi}_{j,i}$ 代表第 j 个视频块中第 i 个图像块的稀疏编码；$\boldsymbol{\Phi}_{j,i}$ 为一行矢量，NtempL 为视频块的时域长度。

在这里，由于字典学习原子较少，不适合采用较大的时域尺度。

9.4.4 实验结果及分析

（1）行为数据库及实验设置

在主频 2.8GHz，内存 4G 的 i5-760 四核处理器台式机上，通过 KTH 行为数据库采用 MATLAB 编程验证学习的树结构字典。由于随机采样视频块的数据量较大，对所有局部时空特征的稀疏表示进行降维、量化，之后采用特征选择的方法选择判别描述符串联表示视频行为。为了避免学习字典的过匹配问题，初始化第一层字典原子数后，采用逐步增加层数方法学习字典。经过多次实验确定字典最终的层数及第一层原子的个数。在这里，设置层与层之间码本为两倍关系。学习字典的训练数据参数设置为 599 个视频切片中随机选择 102 个视频序列作为训练集。

在该部分，分别计算采样体的 HoG3D、LBP-ToP 描述符和像素灰度值。对于 3D 图像块稀疏表示，首先计算每个图像块的稀疏表示，之后采用时间池操作形成视频块描述符。对于 3D 局部特征的三种描述符，采用 PCA 降维信号为原长度的 2/5，之后采用 10 个线性量化区间量化码系数，最后利用统计直方图作为视频块描述符。根据本章数据块的采样密集度，采用特征选择方法从统计直方图中选择部分特征描述符串联作为视频切片的表示。对于行为表示及识别方法，采用 BoVWs 统计模型表示行为，最近邻域 NNC（$k=3$）分类器在留一法评价框架下分类识别。需要说明的是，该行为表示和识别方法与赵等[34]方法相似。另外，在学习树结构框架下，采用第 9 章第 3 节提取的轨迹特征评价本研究方法的有效性。同样地，对于每一个视频切片的局部特征集合，也可以采用最大池运算操作的结果作为视频的表示。

（2）树结构字典深度和大小的选择

依据相关文献的参数设置，在已知采样体大小的条件下，本研究评价树结构码本层数和大小对行为识别性能的影响。在这里，3D-Patch 的时空尺度为 15×15×7（支撑区域），HoG3D 时空尺度为 15×15×10 和 LBP—ToP 时空尺度为 15×15×7。为了方便比较下面的实验结果，设置 3D—Patch 和 LBP—ToP 描述符支撑域的空间尺度为奇数值尺度。需要说明的是，在计算描述符时，采样体的空域尺度为偶数值，即空间尺度分别加一个像素尺度。在 KTH 行为数据库上，通过实验，学习树结构深度和码本大小与行为识别率之间的关系如表 9-9 所示。通过表 9-9 可以看出，三层树结构深度和首层码本尺度设置为 15 时，HoG3D 和 LBP-ToP 描述符获得了较好的识别性能，而对于 3D-Patch 的特征，四层树结构且首层码本大小为 10 时获得了较好的识别性能。

表 9-9 不同码本尺度的识别率（%）

层数/首层码本尺度	3D-Patch	HoG3D	LBP-ToP
2/20	85	89	84
2/30	89	92	90
3/10	91	95	93
3/15	93	**97.99**	**95.24**
4/5	95	97.9	95
4/10	**95.64**	97.92	95.2
4/15	95.35	97.3	95

（3）采样 Cuboids 空域尺度的评价

在 KTH 行为数据库上，评价采样时空体尺度对人体行为识别性能的影响。在这里，依据相关文献的实验设置，为引入更多的时空信息，HoG3D 描述符支撑域的时间尺度设置相对大些。通过上一小节的码本尺度对识别性能影响的分析，设置学习码本大小以及分层码本的层数如下：

①3D-Patch：定义训练字典为四层，每层原子数为 num1 = 10，num2 = 20，num3 = 40，num4 = 80，共 150 个原子的字典，经验平衡参数 λ 分别为：0.2，0.15，0.1，0.08。

②HoG3D：定义训练字典为三层，每层原子数为 num1 = 15，num2 = 30，num3 = 60，共 105 个原子的字典，经验平衡参数 λ 分别为：0.15，0.1，0.08。

③LBP-ToP：定义训练字典为三层，每层原子数为 num1 = 15，num2 = 30，num3 = 60，共 105 个原子的字典，经验平衡参数 λ 分别为：0.15，0.1，0.08。

对于 3D-Patch、HoG3D 和 LBP-ToP 的时空描述符，在下面的空域尺度设置下，经过试验，人体行为的识别性能如表 9-10 所示。从表 9-10 可以看出，采样体的空域尺度等于 15 时，识别性能较好。

表 9-10 识别率（%）与采样体的空间尺度关系

空间尺度	3D-Patch	HoG3D	LBP-ToP
7×7	90	91	89
11×11	92.7	94	90
13×13	95.3	97.83	95.18
15×15	**95.64**	**97.99**	**95.24**
18×18	95.3	97.73	95.13

（4）实验结果及分析

通过以上参数实验分析，按照上一小节的实验设置，给出行为识别的混淆矩阵结果。在图 9-18 中，混淆矩阵的每行表示某种行为的正确识别率和错误识别率，图 9-18（a）为视频块像素的稀疏码识别的结果；图 9-18（b）为 HoG3D 描述符的稀疏编码识别的结果；图 9-18（c）为 LBP-ToP 描述的编码识别的结果。从图 9-18 可以看出，采用图像块序列的稀疏表示并结合小尺度的时间池（本研究采用连续 7 帧）获取的视频块的表示能够作为局部时空特征的描述符，与基于空时描述符 HoG3D、LBP-ToP 的稀疏表示的识别均获得了较好的识别精度。图 9-18 中各结果（灰度值和 LBP-ToP 描述符的识别性能与 HoG3D 描述符的识别性能）比较，上肢行为（拳击、拍手、挥手）与上下肢行为（慢跑、跑、走）的区分较差，笔者分析是由两方面引起的，其一，HoG3D 描述符的时间尺度大于 LBP-ToP 和视频块；其二，HoG3D 描述符的表示方法与 LBP—ToP 和视频块的像素表示是不同的，HoG3D 描述符以 Cuboids 的网格分割作为行为的子单元，以多个子单元描述符的串联作为 Cuboids 的表示。它组合多个空、时子块描述符的邻域信息，引入了局部形状及运动信息。

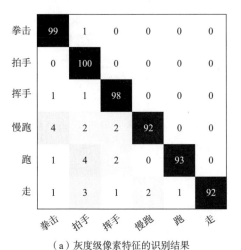

（a）灰度级像素特征的识别结果

（b）HoG3D特征描述符的识别结果

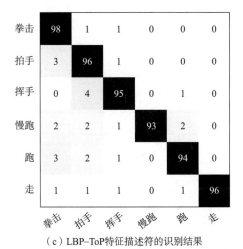

（c）LBP-ToP特征描述符的识别结果

图 9-18　识别结果以混淆矩阵形式显示

另外，本研究采用 KTH 行为数据库评价结构字典编码有效轨迹特征的识别性能。对于轨迹特征描述符 HoG 和 MBH，结构字典的层数和大小与 HoG3D 描述符相同。轨迹特征的识别结果如表 9-11 所示。从表 9-11 可以看出，与 9.3 小节编码识别行为的方法相比，提取的轨迹特征在结构码本编码框架下获得了较好的识别性能，均优越于标准稀疏编码的识别性能。

表 9-11　结构字典编码轨迹特征的识别性能

描述符	KTH 数据库的识别率/%		
	有效描述符方法	SVM+CHI2	NNC
HoG	86.67	91	90.43
MBH	94	96.8	95.89

表 9-12 列出了本章和相关文献方法在 KTH 人体行为数据上的平均识别精度。利用学习的分层树结构字典编码视频块、HoG3D、LBP-ToP 以及轨迹特征描述符，在 KTH 行为数据库上，识别精度分别达到 95.64%、97.99%、95.24% 和 98.3%。在这里，张等[35] 利用标准的稀疏编码方式将兴趣点位移描述符转换为稀疏表示。但是标准稀疏编码方法对局部特征的变换表示缺乏鲁棒性。张等[36] 采用局部约束稀疏编码特征与视觉词之间的距离作为上下文内容描述符。朱等[16] 通过迁移学习构造结构化字典编码 HoG3D 描述符建立行为模型。树结构字典编码 3D-Patch、LBP-ToP 与参考文献[16,35-37] 的方法相比，获得了相当的识别效果，而基于树结构字典编码 HoG3D 描述符的行为识别达到了最好的效果。另外，通过树结构字典编码局部描述符，MKL 融合轨迹特征 HoG、MBH 和 O 描述符在 SVM 分类框架下获得了 98.3% 的识别率。

表 9-12　KTH 数据库实验结果与已有的算法比较

方法	描述符	时间/年	平均识别精度/%
Zhu 等[16]	HoG3D	2010	94.92
Le 等[37]	3D-Patch	2011	93.9
Zhang 等[35]	Displacement	2012	92.59
Zhang 等[36]	HoG-HoF	2012	95.06
本研究算法	3D-Patch	—	95.64
	LBP-ToP	—	95.24
	HoG3D	—	97.99
	轨迹特征描述符	—	98.3

9.5　本章小结

本章通过对局部特征提取和描述、局部特征的鲁棒稀疏编码系等问题的改进来增强行为表示的判别性，以达到提高行为识别的性能。主要内容有以下两点。

第一，提出了有效地提取和描述局部特征的行为识别。针对相机诱导的场景运动，笔者提出了跟踪显著相对运动超像素内的兴趣点来提取轨迹特征。该方法通过运动边缘检测和超像素分割有效地抑制了静态轨迹的起点。为了避免相机轻微运动引起形状描述符的差异性，采用预定义多个方向模式描述轨迹的形状。在基准 KTH 和 UCF-Sports 行为数据库上，实验结果表明，提取的特征轨迹能够很好地描述感兴趣对象的运动变化。与方向幅度描述符相比，轨迹形状的多重方向模式统计提高了行为识别性能。与其他方法的识别结果相比，在 SVM 分类识别框架下采用多核学习融合轨迹特征的多类型描述符获得了较好的识别性能。

第二，提出了基于分层树结构字典的稀疏编码。该算法在 L_1 范数规则化稀疏编码的基础上，把规划编码路径和选择原子约束嵌入 L_1 范数规则项，提出了一种分层树状结构的字典学习算法。该方法的主要思想是层与层之间传递信号，层内采用 L_1 范数结合路径约束的凸优化编码。在弱监督的方式下，学习树结构字典的方法降低了训练字典的复杂度，同时相似特征的稀疏编码具有较好的鲁棒性。在 KTH 数据库上，与同类相关文献的算法相比，学习结构字典编码局部特征的方法获得了较好的识别结果，尤其利用树结构字典编码轨迹特征的行为模型达到了较高的识别率。

参考文献

［1］ KOVASHKA A，GRAUMAN K. Learning a hierarchy of discriminative space - time neighborhood features for human action recognition［C］//2010 IEEE Computer Society Conference on Computer Vision and Pattern Recognition. San Francisco，CA，USA. IEEE，2010：2046-2053.

［2］ YU J，JEON M，PEDRYCZ W. Weighted feature trajectories and concatenated bag - of - features for action recognition［J］. Neurocomputing，2014，131：200-207.

［3］ CAO X C，ZHANG H，DENG C，et al. Action recognition using 3D DAISY descriptor［J］. Machine Vision and Applications，2014，25（1）：159-171.

［4］ NGA D H，YANAI K. A dense SURF and triangulation based spatio - temporal feature for action recognition ［C］//Proceedings of the 20th Anniversary International Conference on MultiMedia Modeling - Volume 8325. ACM，2014：375-387.

［5］ SUN J，WU X，YAN S C，et al. Hierarchical spatio-temporal context modeling for action recognition［C］// 2009 IEEE Conference on Computer Vision and Pattern Recognition. Miami，FL. IEEE，2009：2004-2011.

［6］ 王亮. 基于判别模式学习的人体行为识别方法研究［D］. 哈尔滨：哈尔滨工业大学，2011.

［7］ 李拟珺. 基于计算机视觉的人体动作识别技术研究［D］. 南京：东南大学，2015.

［8］ GORELICK L，BLANK M，SHECHTMAN E，et al. Actions as space-time shapes［J］. IEEE Transactions on Pattern Analysis and Machine Intelligence，2007，29（12）：2247-2253.

［9］ GAGLIO S，RE G L，MORANA M. Human activity recognition process using 3 - D posture data［J］. IEEE Transactions on Human-Machine Systems，2015，45（5）：586-597.

［10］ Perera A G，Law Y W，Chahl J. Drone-action：An outdoor recorded drone video dataset for action recognition ［J］. Drones，2019，3（4）：82.

［11］ BREGONZIO M，LI J，GONG S G，et al. Discriminative topics modelling for action feature selection and recognition［C］//Proceedings ofthe British Machine Vision Conference 2010. Aberystwyth. British Machine Vision Association，2010：1-11.

［12］ JAIN M，JEGOU H，BOUTHEMY P. Better exploiting motion for better action recognition［C］//Proceedings of the 2013 IEEE Conference on Computer Vision and Pattern Recognition. ACM，2013：2555-2562.

［13］ WANG H，SCHMID C. Action recognition with improved trajectories［C］//2013 IEEE International Conference on Computer Vision. Sydney，NSW，Australia. IEEE，2013：3551-3558.

［14］ WU S D，OREIFEJ O，SHAH M. Action recognition in videos acquired by a moving camera using motion decomposition of Lagrangian particle trajectories ［C］//2011 International Conference on Computer Vision. Barcelona，Spain. IEEE，2011：1419-1426.

［15］WEDEL A，POCK T，BRAUN J，et al. Duality TV-L1 flow with fundamental matrix prior ［C］//2008 23rd International Conference Image and Vision Computing New Zealand. Christchurch，New Zealand. IEEE，2008：1-6.

［16］ZHU Y，ZHAO X，FU Y，et al. Sparse coding on local spatial-temporal volumes for human action recognition ［M］//Computer Vision-ACCV 2010. Berlin，Heidelberg：Springer Berlin Heidelberg，2011：660-671.

［17］SU S Z，LIU Z H，XU S P，et al. Sparse auto-encoder based feature learning for human body detection in depth image ［J］. Signal Processing，2015，112：43-52.

［18］胡正平，赵淑欢，彭燕，等. 近邻类加权结构稀疏表示图像识别算法 ［J］. 信号处理，2014，30（8）：891-900.

［19］YI Y，LIN Y K. Human action recognition with salient trajectories ［J］. Signal Processing，2013，93（11）：2932-2941.

［20］ZHU S P，SONG D. Human action recognition based on multiple instance learning ［J］. Journal of Applied Sciences，2014，14（19）：2276-2284.

［21］VEDALDI A，ZISSERMAN A. Efficient additive kernels via explicit feature maps ［J］. IEEE Transactions on Pattern Analysis and Machine Intelligence，2012，34（3）：480-492.

［22］PENG X J，QIAO Y，PENG Q. Motion boundary based sampling and 3D co-occurrence descriptors for action recognition ［J］. Image and Vision Computing，2014，32（9）：616-628.

［23］RAPTIS M，KOKKINOS I，SOATTO S. Discovering discriminative action parts from mid-level video representations ［C］//2012 IEEE Conference on Computer Vision and Pattern Recognition. Providence，RI，USA. IEEE，2012：1242-1249.

［24］WANG X X，WANG L M，QIAO Y. A comparative study of encoding，pooling and normalization methods for action recognition ［J］. Lecture Notes in Computer Science，2012，7726：572-585.

［25］WANG J J，YANG J C，YU K，et al. Locality-constrained Linear Coding for image classification ［C］//2010 IEEE Computer Society Conference on Computer Vision and Pattern Recognition. San Francisco，CA，USA. IEEE，2010：3360-3367.

［26］LI S T，YIN H T，FANG L Y. Group-sparse representation with dictionary learning for medical image denoising and fusion ［J］. IEEE Transactions on Bio-Medical Engineering，2012，59（12）：3450-3459.

［27］ZELNIK-MANOR L，ROSENBLUM K，ELDAR Y C. Dictionary optimization for block-sparse representations ［J］. IEEE Transactions on Signal Processing，2012，60（5）：2386-2395.

［28］AHARON M，ELAD M，BRUCKSTEIN A. K-SVD：An algorithm for designing overcomplete dictionaries for sparse representation ［J］. IEEE Transactions on Signal Processing，2006，54（11）：4311-4322.

［29］LEE H，BATTLE A，RAINA R，et al. Efficient sparse coding algorithms ［C］//Advances in Neural Information Processing Systems 19. Massachusetts：The MIT Press，2007：801-808.

［30］JENATTON R，MAIRAL J，OBOZINSKI G，et al. Proximal methods for sparse hierarchical dictionary learning ［C］//Proceedings of the 27th International Conference on International Conference on Machine Learning. June 21-24，2010，Haifa，Israel. ACM，2010：487-494.

［31］郭景峰，李贤. 基于群稀疏的结构化字典学习 ［J］. 中国图象图形学报，2012，17（11）：1347-1352.

［32］WEI C P，CHAO Y W，YEH Y R，et al. Locality-sensitive dictionary learning for sparse representation based classification ［J］. Pattern Recognition，2013，46（5）：1277-1287.

［33］THORNTON J，MAIN L，SRBIC A. Fixed frame temporal pooling ［C］//THIELSCHER M，ZHANG

D. Australasian Joint Conference on Artificial Intelligence. Berlin, Heidelberg: Springer, 2012: 707-718.

［34］ ZHAO G Y, AHONEN T, MATAS J, et al. Rotation-invariant image and video description with local binary pattern features ［J］. IEEE Transactions on Image Processing, 2012, 21 (4): 1465-1477.

［35］ ZHANG X J, ZHANG H, CAO X C. Action recognition based on spatial-temporal pyramid sparse coding ［C］//Proceedings of the 21st International Conference on Pattern Recognition (ICPR2012). Tsukuba, Japan. IEEE, 2012: 1455-1458.

［36］ ZHANG Z, WANG C H, XIAO B H, et al. Action recognition using context-constrained linear coding ［J］. IEEE Signal Processing Letters, 2012, 19 (7): 439-442.

［37］ LE Q V, ZOU W Y, YEUNG S Y, et al. Learning hierarchical invariant spatio-temporal features for action recognition with independent subspace analysis ［C］//CVPR. Colorado Springs, CO, USA. IEEE, 2011: 3361-3368.

第 10 章 基于局部特征之间的关系的视频人体行为识别

10.1 分层语义特征的行为模型

本章从特征组织结构和层次的角度研究人体行为模型。在单一的局部时空特征描述行为的基础上，本节将其扩展到分层语义特征组描述不同支撑域的内容，获得更加丰富的判别行为原型描述符。

10.1.1 引言

局部特征有效地避免了烦琐的视频分割或目标跟踪，同时对局部遮挡、噪声、表观和视角的变化等不敏感。局部特征结合特征词汇包（Bag of Vision Words，BoVWs）模型的行为表示方法在行为识别领域已获得了较好的效果。但是，基于 BoVWs 直方图的表示带来了许多不利的因素。这些不利因素主要包括三个方面：一是提取的特征包含背景、设备运动等信息；二是 K-均值（K-means）硬性量化容易产生较大的误差；三是 BoVWs 表示忽略了特征之间的组织结构关系。

目前，基于时空兴趣点表示行为的算法缺乏稳定性，容易受滤波器参数、背景以及相机运动的影响。胡等[1] 选择稳定的共生模式，剔除了动态背景等部分干扰，采用时空描述性视频小团体（Spatio-Temporal Descriptive Video-Cliques，ST-DVCs）和时空描述性视频短语（Spatio-Temporal Descriptive Video-Phrases，ST-DVPs）描述符建立行为模型。查克拉博蒂（Chakraborty）等[2] 抑制周围非极值像素并结合局部空域和时域约束，提出了新颖的具有鲁棒和可选择的时空兴趣点检测算法。在分层框架下，宋等[3] 序贯地学习判别行为表示。近些年来，一些学者研究了语义聚类码本。另外，一些研究者提出了松弛硬性编码算法，如局部约束编码、稀疏编码等。总的来说，这类编码算法以最小化重构误差为目的，采用稀疏表示描述原始信号。但是，采用过完备字典和简单范数规则编码特征的方法选择一些与特征相似度不高的视觉词，致使相似特征不能产生鲁棒稀疏编码结果。因此，一些研究者提出了结构化的稀疏表示，如树状结构、组结构等。魏等[4] 提出了局部感知结构字典学习方法，验证了结构化稀疏表示增强了数据点的鲁棒性。为了学习局部特征的时空结构信息，近年来一些学者采用各种各样的方式构建复合特征，如固定网格串联表示法、特征中心邻域描述符、空间金字塔、概率潜在语义分析等。然而，固定网格构建复合特征容易受空间、时间漂移以及对象尺度变化的影响。为解决上述问题，基于欧式距离介数度量的方法被用来构建最近邻凝聚统计或对特征。但是，最近邻介数度量方法容易受到行为规范性、视角变化、复杂背景、图像扭曲等因素的影响，致使学习的时空结构信息不能确定属不属于同一运动区域。因此，该方法捕获的特征缺乏语义。

从运动动力学的角度观察发现，人体运动是由多个局部运动区域在空域、时域灵活组合而成。从人大脑认知系统可知，视觉认知过程是对感官信息组织、识别、解释，然后聚合统计处理的一个过程。受生物生理认知过程和人体运动动力学的激励，在分层框架下，本研究提出了一种升序方式来描述不同尺度时空体。通过近邻帧对齐和时域差分提取局部运动特征后，采用语义距离度量的聚类算法标定特征为语义人体部位的特征组。在构建语义特征组的基础上，采用统计方法描述视频帧时空体的内容作为运动人体对象特征。总的来说，学习时空结构特征的方法如图 10-1 所示。在基准行为数据库 KTH 和 UCF-Sports 上，验证了分层语义特征的鲁棒性。同时，在多种行为识别评价框架下，以分层提取的时空内容特征建立行为模型获得了较好的性能。

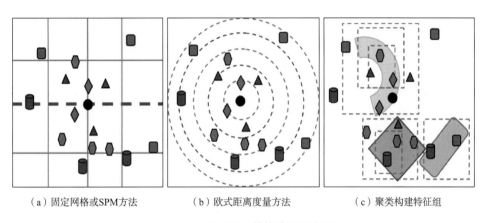

（a）固定网格或 SPM 方法　　　　（b）欧式距离度量方法　　　　（c）聚类构建特征组

图 10-1　学习时空结构特征的方法

10.1.2　已有的研究成果

2003 年，拉普捷夫（Laptev）等提出了 3D 哈里斯（Harris）时空兴趣点检测算法。在随后的研究中，学者们发现提取的时空特征缺乏稳定性，容易受到复杂场景或成像设备移动的影响。帕克（Park）等[5] 把运动特征划分为目标运动、相机运动、场景运动三个部分，采用光流运动特征由粗到细地对齐图像帧，之后通过门限处理冗余信息获取运动区域。植村（Uemura）等[6] 考虑到图像内容的复杂性，分别计算每一个分割区域的主运动，之后通过融合小区域获取占优运动域。杰恩（Jain）等[7] 采用多尺度运动补偿将光流分离为占优流和冗余流，之后分别在光流域或补偿域提取运动特征。

为了降低 K-means 量化误差，王等[8] 依据人体运动部位空域的相似性和时域的持续性，提出了位置约束软编码算法。一些学者采用结构化稀疏编码获得了鲁棒稀疏表示[9-11]。魏等[4] 提出了局部约束和组结构稀疏表示（LGSR）。该编码算法应用到人脸识别领域获得了较高的识别精度。同样地，王等[12] 引入了局部特征位置信息描述行为原型，之后采用多尺度局部约束编码方法将原始特征描述符转变为结构化稀疏表示。

对于时空结构特征，一些学者采用特征中心近邻域描述符构造复合特征[13-16]。该方法分割兴趣点所在支撑域为网格结构，之后串联每个子区域描述符作为大尺度时空体的特征。张等[17] 引入了时空金字塔模型构建不同时空尺度时空体的行为描述符。同样，有学者[13] 采用最近邻方法构建时空结构信息，采用时空结构关系作为视频切片的描述和紧凑表示。在这里，近邻特征的度量通常采用欧式距离计算。总的来说，固定网格或 SPM 方法能够捕获特征结构关系以及其周围的几何结构信息。但是，该方法不能自适应人体部位的尺度变化以及成像设备移动产生的移位。为避免分割区域受成像设备焦距调整及平移运动的影响，有学者[18] 采用固定网格分割视频窄切片的感兴趣区域（Region of Interest，ROI）构建结构特征。对于视频人体行为表示，分层概述可以捕获不同支撑域的时空体内容。科瓦什卡（Kovashka）等[13] 在分层框架下利用学习的 K-means 码本量化特征并构建多级自由形状配置的复合特征。孙等[19] 利用 SIFT 匹配和 KLT 跟踪算法提取轨迹特征，之后构建轨迹点水平级内容、轨迹点与点的转移变化以及轨迹间上下文内容。

10.1.3　分层特征提取方法

在这里，本研究构建了一种自底向上的分层特征提取方法，如图 10-2 所示。学习的特征分别表示人体运动子部分、人体部位、人体对象。运动子部分是显著 3D 运动区域组成的，它代表低水平的视觉特征。对于每一个分割的视频窄切片，依据 3D 运动区域的密度分布，自适应尺度核函数 Mean-Shift 聚类算法被用来构造自由形状的运动人体部位，之后利用学习人体部位特征表示视频窄切片的内容。在构建分层特征的过程中，学习中层特征（特征组）是一个关键的环节，也是本研究方法的核心部分。

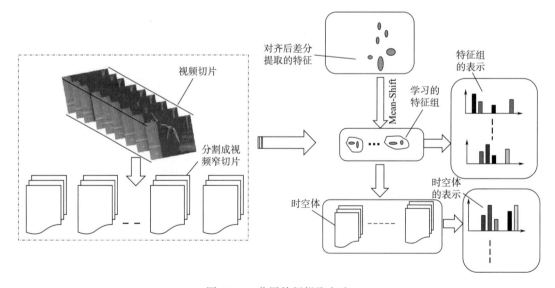

图 10-2　分层特征提取方法

（1）提取低水平运动特征

在相邻帧内，运动信息来自感兴趣运动对象和相机诱导场景位移两部分。在这里，由于目标和相机的运动，本研究采用视频窄切片替代大范围时间尺度的视频切片，把视频窄切片的中间帧作为参考帧，同时约束视频窄切片内所有帧的感兴趣区（ROI）尺度相同。需要说明的是，视频窄切片 ROI 的尺度是在参考帧 ROI 尺度的基础上放大一定比例得到的。

采用 Harris 检测器在 ROI 区域内检测显著角点，之后采用匹配算法匹配近邻帧之间的兴趣点，匹配的兴趣点如图 10-3（a）所示。其中，红色点为参考帧与其前一帧 ROI 图像的对应点，而黄色圈代表参考帧与其后一帧 ROI 图像的对应点。在图 10-3（a）中，大部分对应点具有较高的匹配得分，尤其是刚性结构区域内的点。

为了抑制相机运动，本研究利用多分辨率运动补偿技术，通过高匹配得分的兴趣点分解感兴趣区域的运动为占优和冗余两种成分。对于复杂的视频，占优成分是由相机诱导场景而产生的运动信息，而冗余信息可以看作人体运动产生的运动信息。通过运动补偿 ROI 区域，时间梯度被用来计算近邻 ROI 帧（I_{i-1}, I_i）的差分图像，之后通过式（10-1）对差分图像残差信息 T 自适应门限分割，处理后的结果如图 10-3（b）所示。

$$T_i(x, y) = \begin{cases} \text{abs}\big[I_i(x, y) - I_{i-1}(x, y)\big], & \text{if } T_i(x, y) \geq \alpha * V \\ 0, & \text{otherwise} \end{cases} \tag{10-1}$$

式中：V 是绝对值差分图像的平均灰度值；(x, y) 表示残差图像 I 的像素坐标；abs（·）表示绝对值运算，α 是选择的经验值，设置为 0.5。在这里，经验值 α 的大小直接影响提取的显著信息，通过实验的方法选择一个合适的值。

为避免漏检和非对齐产生的影响，本研究采用一些运动线索［运动一致模式、位移或相位、颜色（灰度图像：亮度）等］选择稳定的运动子区域。对于差分图像构建的每一个时空体，采用 3D 网格分割差分累积图的 8 连接区域作为采样体。在空域，采样体的尺度为相位或位移的变化范围，时域尺度为窄切片的时间长度。对于每个采样体，我们利用两种运动线索（运动一致模式和颜色）按照式（10-2）选择稳定的运动特征。

$$M(\text{W}_1, \text{W}_2, \cdots, \text{W}_L) = \begin{cases} 1 & \text{if sum}(M) \geq 2, \ \exists i, \ i+1 \\ 0 & \text{otherwise} \end{cases}$$

$$W_i = \begin{cases} 1, & \text{if } \exists T_i(x, y) > 0, \ i = 1, 2, \cdots, L \\ 0, & \text{otherwise} \end{cases} \tag{10-2}$$

式中：L 为窄切片的时间尺度；W_i 是一个用来判别图像块内是否存在运动信息的布尔值函数（如果 T 的元素存在大于 0 项，布尔函数设置为 1）；M 是一个判别运动特征是否持续的判别函数。

在这里，定义运动子区域在时域持续不小于两帧。在 KTH 数据库上，定义时空网格的空间尺度为 10；在 UCF-Sports 行为数据库上，时空网格的空间尺度定义为 30。选择稳定的运动子区域作为感兴趣对象的运动特征。3D 运动子区域（运动特征支撑域）的累积图如图 10-3（c）所示。在这里，同种颜色的区域代表连通区域。差分后累积的结果如式（10-3）所示。

$$T_v = \sum_{P=1}^{L} T'_P \tag{10-3}$$

式中：T'_P 表示净化后的差分图像。

（2）聚类产生特征组和编码

①聚类产生特征组：局部特征仅仅表示局部区域的属性，丢失了特征之间的关系。在每个视频窄切片感兴趣区域内，属于人体部位的特征具有一些本质性质，如颜色、密度、位置以及运动特征在局部空域、时域内的共生性和时间持续性。为了增强局部特征的判别能力，

（a）Harris角点

（b）有效的残余运动特征　　　　　　（c）累积运动的图像

图 10-3　提取有效的运动特征

本研究采用语义聚类方法构建特征组来模拟人体运动部位。

在一些先验信息如密度、颜色（对于灰度图像采用亮度先验信息）、位置以及 ROI 尺度的约束下，本研究采用 Mean-Shift 密度聚类算法[20] 标定每个子区域。在这里，将大的运动区域分割为多个子区域，之后采用密度聚类学习属于人体部位的特征。另外，考虑到变形人体运动部位会随着感兴趣区域尺度的变化而变化，本研究采用变尺度 3D 模板 Mean-Shift 聚类算法标定局部特征。在空域，模板尺度（r_x, r_y）的定义如式（10-4）所示。

$$\frac{\text{ref}\_x}{\text{ROI}\_x} = \frac{r_{\text{ref}\_x}}{r_x}, \quad \frac{\text{ref}\_y}{\text{ROI}\_y} = \frac{r_{\text{ref}\_y}}{r_y} \tag{10-4}$$

式中：（ref_ x, ref_ y）表示 ROI 参考尺度；r_{ref} 为定义的人体空域参考尺度，由经验值表示；ROI_ x 和 ROI_ y 为窄切片 ROI 放大某一比例后的尺度。通过聚类优化算法，若测量坐标（x, y）满足式（10-5）时，产生聚类中心（x_o, y_o）。

$$\text{abs}(x - x_o) < r_x \ \& \ \text{abs}(y - y_o) < r_y \tag{10-5}$$

在时域，窄切片的时间长度作为模板的时间尺度。为避免模板尺度的硬性标定，Mean-Shift 聚类运动子区域后，本研究采用运动子区域的表观信息重新标定远离聚类中心的特征。

经过以上两步，对于每个视频窄切片，本研究可以提取到如图 10-4 所示的多个形状可变的 3D 支撑域 $\{R_1, R_2, R_3, \cdots, R_m\}$，其中 m 为一个表示窄切片感兴趣区域的人体部位数目的变量。在示例图中，每个视频窄切片内红色矩形表示某一个时间周期内的一个局部 3D 运动区域，红框内的绿色点表示子运动区域的质心位置，蓝色的方框表示感兴趣区域（ROI）。在这里，本研究以视频帧为单元表示自适应 Mean-Shift 聚类的结果。

②特征编码：采样视频体描述符有多种，如 HoG/HoF、HoG3D、3DSIFT、3DSURF 等。依据相关行为识别文献对这些描述符的评价，本研究选择计算代价相对小的 HoG/HoF 描述

图 10-4　Mean-Shift 聚类算法标定的身体部位

符。每一个子运动区域分割为 3×3×2 网格，每个网格采用 HoG/HoF 来描述，之后串联形成一个 162 维的矢量表示视频块内容。其中，HoG 量化 4 个 Bins，HoF 量化 5 个 Bins。

为了减小 K-means 聚类量化局部特征产生的较大误差，本研究采用 LGSR 稀疏编码[21]将视频体描述符 HoG/HoF 转化为结构化稀疏表示。LGSR 稀疏编码算法在人脸识别领域获得了较好的识别性能，结构化稀疏码描述符被证明更加适合分类任务[21]。事实上，LGSR 稀疏编码过程是通过式（10-6）求解的。

$$\min_{u_k}\|x_k - Cu_k\|_2^2 + \lambda_1 \sum_{j=1}^n \|\boldsymbol{u}_{k,j}\|_2 + \lambda_2 \|v\Theta u_k\|_2^2 \tag{10-6}$$

式中：字典 $C = [C_1, C_2, C_3, \cdots, C_n] \in R^{d\times m}$ 是随机选择 n 个特征组描述符组成。

在这里，每个特征组 C_i 可以看作一个子字典，例如子字典 $C_k = [f_{k,1}, f_{k,2}, \cdots, f_{k,l}]$。对于每个字典的原子（视觉词），是由长度 $d = 162$ 维矢量描述符表示的。λ_1 和 λ_2 是组稀疏和局部约束的平衡参数。在式（10-6）中，Θ 表示点乘，$v\in R^{m\times1}$ 是字典原子和信号特征矢量 f_k 之间的惩罚距离。惩罚距离 $v_{j,t}$ 如式（10-7）所示。

$$v_{j,t} = \exp\left(\frac{\|f_k - f_{j,t}\|_2}{\sigma}\right) \tag{10-7}$$

式中：$v_{j,t}$ 越大，描述符 f_k 与字典原子 $f_{j,t}$ 的相似度越小；$f_{j,t}$ 表示第 j 组索引号为 t 的原子；$v_{j,t}$ 用来抑制式（10-6）中相应的编码系数 $u_{k,j}$；σ 为经验数。需要说明的是，$\boldsymbol{u}_{k,j}$ 表示编码系数的子矢量，子矢量长度等于第 j 组码本 C_j 的大小。

依据聚类获得的标签，人体运动部位 H_g 的描述符集合如式（10-8）所示。

$$H_g = \{f_1, f_2, \cdots, f_k\}, \quad k = 1, 2, 3, \cdots, m \tag{10-8}$$

式中：H_g 代表第 g 个人体部位描述符的集合；$f_k = [\mathrm{HoG}^\mathrm{T}, \mathrm{HoF}^\mathrm{T}]$，为一列矢量。

采用 LGSR 编码后，一个人体部位的稀疏编码集合可表示为如式（10-9）所示。

$$U_g = \{u_1, u_2, u_3, \cdots, u_k\}, \quad k = 1, 2, 3, \cdots, m \tag{10-9}$$

式中，$U_g \in \mathbf{R}^{d \times k}$ 为描述符数据矩阵 $\boldsymbol{H}_g$ 在字典 $\boldsymbol{C}$ 条件下产生的稀疏编码矩阵。$\boldsymbol{u}_k$ 对应于 HoG/HoF 描述符 $\boldsymbol{f}_k$ 的稀疏表示。

需要说明的是，采样质心所在支撑区域会产生部分重叠，所以特征描述符集合存在较大的冗余度。为了降低集合特征的冗余度、捕获自由形状区域的统计信息，采用非线性最大池运算凝聚统计结构化稀疏编码表示作为人体部位的描述符。对于某个人体部位区域内的特征集合，最大池运算如式（10-10）所示。

$$S(i) = \max\{\mathrm{abs}[u_1(i), u_2(i), \cdots, u_k(i)]\}, \quad i = 1, 2, 3, \cdots, d \qquad (10\text{-}10)$$

式中：$S(i)$ 表示区域描述符矢量 $\boldsymbol{S}$ 的第 i 个元素值，元素值为对应原子编码系数的最大绝对值。

（3）目标对象水平内容

特征组描述符是对人体局部运动区域内容的概述。为描述 ROI 构建的时空体内容，我们采用凝聚统计视频词的贡献（系数值）作为人体全局运动的高水平表示。运动人体对象的内容可表示为式（10-11）。

$$V(i) = \sum_{g=1}^{n} S_g(i) \qquad (10\text{-}11)$$

式中：V 表示时空体的内容特征；S_g 表示视频窄切片内的第 g 个区域。

10.1.4　行为表示和分类

描述人体部位和大尺度时空体之后，每个视频采用两个层次的特征分别建立行为模型。对于每一层特征，采用线性量化并规范化表示作为视频的内容。最终，视频描述符的长度为 $m \times N_{\mathrm{bin}}$，$m$ 表示字典码本的大小，N_{bin} 表示线性量化级。需要说明的是，由于密集采样运动区域会产生过度冗余的信息，不采用低水平子运动区域概述行为。

对于行为分类，采用 KNN 和 SVM 分类器分别识别行为。KNN 分类器是一种简单、有效的分类器。对于 KNN 分类器，采用绝对距离来度量视频描述符之间的相似性。对于 SVM 分类器，分别采用在分类识别领域内最常用的 CHI2 核（χ^2 核是由 CHI2 距离度量扩展而来的）和高斯径向基函数（G-RBF）作为高维视频描述符的非线性映射函数。基于 χ^2 核 SVM 分类算法在齐等[22] 研究中已获得了较好的识别性能。高斯径向基和 CHI2 核函数的数学描述如式（10-12）和式（10-13）所示。

$$K_{\mathrm{G\text{-}RBF}}(X_i, X_j) = \exp^{-r\|X_i - X_j\|_2^2} \qquad (10\text{-}12)$$

$$K(X_i, X_j) = \frac{2X_i X_j}{X_i + X_j} \qquad (10\text{-}13)$$

式中：X_i 和 X_j 表示视频的直方图表示。

10.1.5　实验结果及分析

（1）实验数据及设置

为验证分层特征提取算法的有效性，两个基准行为数据库 KTH 和 UCF-Sports 被用来评价本研究的方法。依据相关文献的实验设置，视频窄切片的长度设置为三帧，组稀疏平衡参数 $\lambda_1 = 0.3$，局部约束参数 $\lambda_2 = 0.1$。

关于 KTH 行为数据库，人体行为的识别性能评价方法有多种。在这里，选择相对常用的评价框架留一法验证提取特征的判别性。与分裂法相比，留一法能使每个样本循环一次作为测试集，能够获得较稳定的实验性能。该评价框架的优越性已在相关研究工作中阐述[13]。对于行为分类，采用最简单的 KNN 分类器，近邻数 $k=3$。KTH 行为数据库的背景是相对简单的，不需要对相机运动进行补偿，以视频帧作为感兴趣区域构建大尺度的时空体。在组稀疏编码阶段，通过多次验证最终随机选择 280 个特征组构建字典，其包含了 936 个原子。对于每个视觉词的编码系数，线性量化 N_{bin} 设置为 5。

UCF-Sports 行为数据库的大部分视频切片提供了 ROI 标定信息。对于部分未标定的视频切片，采用手工的方式标注。视频窄切片 ROI 以中间帧感兴趣区域尺度为参考放大 20% 来构建大尺度时空体。随机选择 105 个特征组构建字典 C，其原子数目为 839。KNN 和 SVM 分类器分别被采用分类识别行为。KNN 分类器的近邻参数 k 设置为 5。SVM 分类器采用 G-RBF 核函数和 CHI2 核映射特征。目前，对于 UCF-Sports 行为数据库的评价方法主要有留一法[13,15]、5 折交叉验证（5-fold）[23,24]、分裂法[2,25]。在这里，5-fold 和分裂法分别被用来评价分层特征的判别性。

（2）识别性能与量化区间的关系

在这里，采用场景复杂、存在明显成像设备运动的行为数据库 UCF-Sports 分析不同层的行为描述符的识别性能与量化区间的关系。在 5 折交叉验证的评价框架下，采用最简单的 KNN 分类器分类识别，对于每个量化 N_{bin}，经过多次迭代求其平均值作为识别率，图 10-5 给出了不同线性量化 N_{bin} 下的识别性能曲线。从图 10-5 可以看出，对象层描述符的行为识别稍低于运动部位层的识别结果。但是，对象层行为表示的识别性能受量化级的影响较小。在某些量化级，人体部位特征的识别率达到了 100%。在这里，没有给出子运动区域行为描述符的识别性能，是由于运动子区域的数目受多种因素的影响，特征的冗余度将直接影响行为的识别性能。对于人体部位描述符，采用最大池运算获取显著的字典原子表示有效地避免了某些原子低响应值的影响。

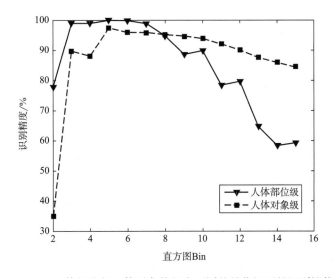

图 10-5　人体部位与人体对象特征在不同的量化级下的识别性能

（3） KNN 和 SVM 分类器的识别性能及比较

通过以上分析，采用对象特征建立行为模型，之后 KNN 和 SVM 分类器分类识别行为视频并进行比较。对于 KNN 分类器，采用 5 折交叉验证和分裂法的评价标准。在 20 次迭代下，以平均识别结果作为分类识别精度。对于 5 折交叉验证评价方法，参考文献的实验设置[13]，行为识别结果如图 10-6（a）所示以混淆矩阵的形式表示。对于分裂法，依据文献的实验设置[25,26]，随机选择每类行为视频的 1/3 作为测试集，余下的视频切片描述符作为训练集，行为识别结果如图 10-6（b）所示以混淆矩阵的形式表示。总的来说，与其他类行为相比，行为类"跑"和"高尔夫"获得了相对较低的识别性能，而部分行为类的识别性能到达 100%。

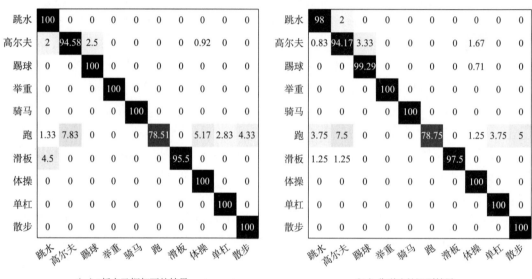

（a）5折交叉框架下的结果 （b）分裂法的识别结果

图 10-6　在 UCF-Sports 行为数据库上 KNN 分类器的识别结果

在分裂评价框架下，采用 SVM 分类器分类识别 UCF-Sports 行为数据库的行为。依据相关文献，高斯径向基核函数的参数 r 设置为 0.2。通过交叉验证，惩罚参数设置为 380 时，其平均识别率高达 97.06%，所有类的平均识别结果如图 10-7（a）所示以混淆矩阵形式表示。对于 χ^2 核 SVM 分类器，所有类行为的平均识别率高达 98%，识别结果如图 10-7（b）所示以混淆矩阵形式表示。从图 10-7 中可以看出，行为类如"高尔夫""跑"容易出现识别错误，而其他类行为均获得了较好的识别性能。

表 10-1 列出了近些年各方法在 UCF-Sports 行为数据上的识别性能。与相关文献比较，采用人体对象表示方法获得了较高的识别性能。在 5 折交叉验证和分裂方法评价框架下，提取的人体对象特征采用最近邻 KNN 分类器分别获得了 96.85% 和 96.77% 的平均识别率。另外，在 χ^2 核和许瓦兹距离度量 G-RBF 函数下，SVM 分类器分别获得了 98% 和 97.06% 的识别率。从分类器的角度比较，采用 SVM 分类器获得的识别性能略高于 KNN 分类器。在表 10-1 中，卡斯特罗达德（Castrodad）等[27] 采用两级特征提取框架并结合稀疏模型描述行为，获得的识别性能与本研究的方法相当。在相同的评价框架下，本节方法获得的识别率高于萨宁（Sanin）等[24] 和邵等[23] 的方法：萨宁等[24] 提取 3D 协方差局部特征描述行为，而邵等采

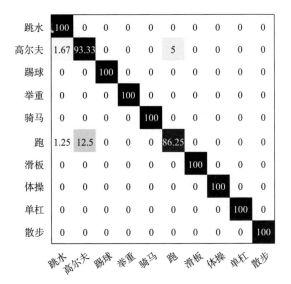
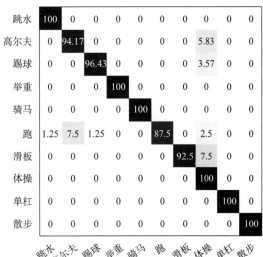

（a）采用 χ^2 核的识别结果　　　　　　　　　　（b）G-RBF核的识别结果

图 10-7　在 UCF-Sports 行为数据库上 SVM 分类器的识别结果

用时空拉普拉斯金字塔结构特征表示行为。本研究方法的优势是在分层特征提取模型下采用自底向上的方式学习语义时空体的内容特征。

表 10-1　在 UCF-Sports 数据库上本章方法与相关文献的识别性能比较

方法	分类器和实验设置	识别率/%
本章方法	NNC：5-fold/split	96.86/96.77
	SVM：χ^2/G-RBF	97.96/97.06
萨宁等[24]	LogitBoost（5-fold）	93.91
卡斯特罗达德等[27]	SVM（Loocv）	97.3
邵等[23]	SVM（5-fold）	93.4
拉匹特斯（Rapits）等[25]	SVM（5-fold）	79.4
兰等[2]	SVM（split）	73.1

（4）在基准行为数据库上验证

为了与其他文献的识别方法相比较，本研究采用最简单的 KTH 行为数据库，在留一法评价框架下识别验证本章算法提取特征的有效性。行为识别率如图 10-8 所示以混淆矩阵的形式表示。从图 10-8 可知，KTH 行为数据的平均识别率为 96.11%，下肢运动的行为如"慢跑"和"跑"出现了识别混淆。分析出现该现象的原因是采用统计方法丢失了局部运动特征在时域的分布信息。

本方法与其他相似文献的识别性能比较如表 10-2所示。总的来说，提取人体对象特征获得了 96.11% 的

图 10-8　混淆矩阵关于 KTH 识别结果

识别精度，优于文献［13］和文献［28］的识别精度。在这里，肖等[28] 采用特征位置约束的稀疏编码方法降低量化误差，同时学习时空兴趣点之间的关系，孙等[18] 学习视觉词的时空共生关系，分别采用两种描述符 HoG/HoF（89.7%）和 3DSIFT（91.2%）评价时空共生特征的识别性能，而科瓦什卡（Kovashka）等[13] 学习分层的局部特征配置识别人体行为。与查克拉博蒂（Chakraborty）等[27] 的方法相比，人体对象特征具有相似的识别性能。另外，当采用人体部位特征描述行为，并且线性量化 N_{bins} 设置为 5 时，所有行为类的平均识别率可以达到 97.3%。

表 10-2　KTH 行为数据库的识别结果与其他相关方法的比较

方法	识别率/%
本章方法	96.11
孙等[18]	89.7/91.2
比林斯基等[29]	96.30
肖等[23]	95.33
卡斯特罗达德等[27]	97.6
科瓦什卡等[13]	94.5

10.2　人体部位特征的树结构行为模型

上一节，在分层框架下提取自由支撑域的内容特征，之后分层描述并分类识别行为。该方法以稳定的低水平运动特征为底层特征，之后逐层增加支撑域描述人体部位及人体对象的属性。然而，统计方法描述时空体的内容忽略了人体运动部位特征在时间分辨率下的关联信息。本节以树结构的方式建立人体部位在时域上的分布关系，通过特征树捕获人体部位在时间分辨率下的运动属性。

10.2.1　引言

在行为识别研究中，STIPs 结合 BoVWs 直方图表示行为的方法获得了具有竞争性的识别性能，成为当前行为建模的主要研究模式。提取时空兴趣点特征不需要人体检测的结果，同时 STIPs 对光照、复杂场景、视角以及对象的尺度变化等具有鲁棒性。因此早期的行为识别研究工作主要关注 STIPs 提取方法、兴趣点所在支撑域的描述符以及行为建模等方面。近些年，一些研究者提出了许多判别行为表示方法，例如局部描述符的鲁棒稀疏编码、时空上下文内容、基于概率潜在语义分析的主题表示以及轨迹特征的行为表示等方法。总的来说，在行为识别领域，一种研究趋势是采用共生统计或特征之间的关系提高行为原型表示的判别能力。通常情况下，内容描述符描述固定尺度球或各种形状核的属性。这些方法都是基于一个假设，即合适的近邻尺度是已知的或统一定义的。本质上，欧式距离度量很难决定兴趣点归属人体的哪一个部位。因此，这些方法学习的共生统计特征忽略了特征的语义意义，丢失了行为描述符的判别能力。

　　笔者观测发现，视频切片的人体行为是由运动人体部位在空、时域按照一定的组织关系组合而成的。如果不考虑运动特征在时间上的配置，对于相似的行为类，如"慢跑"和"跑"，容易出现混淆现象。同样，如果不考虑多重时间尺度运动特征的属性，像 UCF-YT 行为数据库中的"跳床""打排球""投篮"等行为类是很难区分的。这是因为精确尺度的行为单元（局部点特征）具有相似性。但是，组合行为单元表示粗糙尺度时空体的内容可以增强行为表示的判别性。以"拳击"为例，如图 10-9 所示，动作执行者的上肢、头、腿等人体局部运动区域按照严格的时间顺序和空间配置才能转换为精确的行为意义。上肢运动在视频帧 1、3 和 5 中具有强烈的时间关联性。在第三帧，属于上肢运动部位的三个时空兴趣点存在局部语义空间共生关系。因此，学习不同时间尺度的人体部位语义特征的共生统计能够提高行为表示的判别能力。

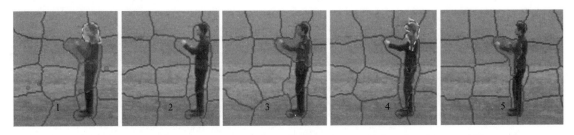

图 10-9　人体行为由人体部位特征在空域、时域有序组织而成

　　根据人体运动变化，已经提出了许多方法建立行为的时间演变特征，如轨迹特征、几何时间内容和排序函数的参数作为行为表示等。在本节，为了捕获时空兴趣点之间的依赖关系，一个几何时间结构的特征树模型被用作捕获不同时间粒度人体部位的几何内容。在这个分层模型中，本研究的方法是利用语义空间共生和多时间尺度建立特征的树结构关系。在特征树中，第二层节点是局部语义空间共生的兴趣点集合，代表人体部位属性。其他层节点捕获不同时间尺度时空体的内容信息，表示人体部位的变化。

　　为了学习局部语义空间的共生统计特征，本研究利用超像素表示运动人体部位，同时标定属于人体部位的 STIPs。同样地，为了学习不同时间尺度的内容信息，以图像块匹配的方式实施融合时间近邻的节点，同时存储节点特征到树结构。总的来说，本研究的方法有多点有利因素。第一，超像素为多个 STIPs 提供了语义共生域；第二，除了叶节点和空间共生节点，其他层的节点能捕获不同时间尺度人体部位的语义内容；第三，树结构建立了不同层节点之间的关系；第四，采用简单、有效的平方差分和匹配算法关联时间近邻节点。对于行为表示，采用稀疏编码每层节点，之后采用最大池运算表示视频内容。为了融合一些层的行为表示，两种早期融合方法——多核学习和等比例权重串联表示被采用。在三个常用的行为数据库上，行为特征的树模型获得了较好的识别性能。

10.2.2　已有的相关工作

　　在视频人体行为识别领域，大量的时空兴趣点建立行为模型的方法已被提出。拉普捷夫（Laptev）等[41] 采用 3D Harris 检测器提取在空、时域具有强烈变化的区域作为兴趣点的支撑域。该方法将空域 Harris 兴趣点提取方法扩展到 3D 时空域。然而，该方法提取的时空兴趣点过于稀疏，不能描述许多复杂的行为视频内容。随后几年，又有一些研究者提出了其他一些时空兴趣点检测算法。多拉尔（Dollar）等采用时间 Gabor 滤波器替代时域高斯滤波，选择高响应值的区域作为兴趣点支撑域。同样地，米兰法尔（Milanfar）等扩展 2D 局部 Steering 核（2D LSKs），通过检测对象到时空局部 Steering 核来捕获空、时几何结构。对于局部特征描述符，HoG、HoF、HoG3D、3D DAISY、Cuboids、DLSKs 和 3D SIFT 等已被广泛应用到行为识别领域。在这些描述符中，串联 HoG 和 HoF 描述符在多种行为数据库上已显示出优越的识别性能。

为了提高局部特征的判别能力，局部特征的共生关系被用来描述大尺度时空体。胡等[1]提出了视频相位和视频切片描述不同粒度的规则时空体。同样地，比林斯基（Bilinski）等[29]通过近邻介度量学习不同几何配置的共生统计描述符。为了处理执行者行为风格的多样性，一些研究者采用多尺度内容信息建立行为模型。王等[30]捕获兴趣点之间的内容信息，之后采用内容特征表示行为。该方法利用每一类兴趣点所在时空体的密度观测作为时空内容。肖等提出了多分辨率分析技术的时空拉普拉斯金字塔编码方法。拉普拉斯分解时空体为多尺度的时空体，之后，3D Gabor 滤波器被用来提取每一个尺度时空体的显著特征。根据欧式距离的介度量和距离值度量，袁等[31]采用视觉词的方向金字塔共生学习几何时间内容。李等[16]以整个视频体作为时空兴趣点的共生域，学习共生域内点特征的共生序列，之后，采用 STIPs 的运动内容训练基因搜索随机森林来识别行为。科瓦什卡（Kovashka）等[13]通过介度量开发分层的 BoVWs 模型来表示不同尺度的时空配置。然而，学习的组合特征对人体部位的描述缺乏鲁棒性，不能捕获每一个语义人体部位的变化。为了学习语义内容和特征之间的关系，特里谢（Trichet）等[32]采用多尺度分割方法构建时空内容的视频体。分割的边带被用来产生共生域，同时建立层与层之间的关系。刘等[33]采用特征对的分层码本编码局部和全局视觉显著人体结构线索，之后在多任务学习框架下利用人体部位的规则学习和发掘具体行为和行为共享的特征子空间。布伦德尔（Brendel）等[34]采用凝聚聚类初始化图模型，之后学习具体行为类的权重最小二乘法的图模型结构。图模型节点对应每一个视频分割，图的边缘表示分割部分之间的关系。王等[15]利用语法规则集合构建解析树，之后利用构造的解析树建立行为模型。事实上，定义的语法规则代表近邻人体部位之间的关系。与参考文献[13,15,34]不同，本研究的方法学习内容特征包含两种类型：第一，空间共生点集合是通过超像素分割来构建的，该节点具有语义意义，可以看作人体运动部位特征；第二，通过图像块匹配建立人体运动部位的特征树结构关系，不同层的节点捕获不同时间尺度人体部位的内容。

对于传统的编码方法如 K-means，每个局部特征描述符被表示为码本的一个最近邻词，这种编码方法被称为矢量量化。分配局部特征为一个视觉词的方法容易产生较大的量化误差。与矢量量化不同，基于最小重构误差约束的稀疏编码是通过求解 L_1 范数规则近似问题而获得的。稀疏编码结合特征池运算操作在图像分类和行为识别领域已得到了广泛应用。对于行为识别，王等[35]研究并评价了多种编码方法，同时评价了每种方法的识别性能。在本部分，笔者采用 SC 算法编码若干层节点特征，之后采用特征级联和多核学习组合特征作为视频切片的最终表示。

10.2.3　学习特征树

人体运动能够被解析为多重局部运动区域在空间、时间上的结构化组合。假设一个视频切片被分解为多重时空体，每一个自由形状和尺度的时空体内的 STIPs 可以通过时间几何结构建立它们之间的关系，本研究利用该模型描述多重时间分辨率时空体的内容特征。在这里，仅仅给出两个子树，学习的部分特征树如图 10-10 所示。除了图 10-10（b）中的叶节点外，其他层节点对应某一时间尺度时空体的内容信息。

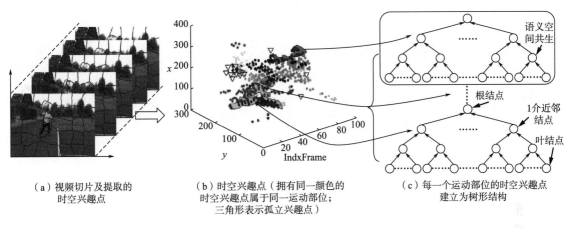

（a）视频切片及提取的　　　（b）时空兴趣点（拥有同一颜色的　　　（c）每一个运动部位的时空兴趣点
　　时空兴趣点　　　　　　　时空兴趣点属于同一运动部位；　　　　　建立为树形结构
　　　　　　　　　　　　　　三角形表示孤立兴趣点）

图 10-10　基于兴趣点建立的特征树

（1）提取兴趣点

在本部分，采用多拉尔（Dollar）等的 Cuboids 检测器提取时空兴趣点。Cuboids 检测器是由空域 2D Gaussian 平滑核和一对时域 1D Gabor 滤波器组成的。基于以前文献介绍，Cuboids 滤波器可以获得丰富的能够描述行为视频运动属性的时空兴趣点特征，优越于 3D Harris 检测器。在约束条件 $\omega = 4/\tau$ 时，空域、时域的两个参数 σ 和 τ 分别表示空间和时间的尺度。单尺度参数 Cuboids 检测器在 UCF—YT 行为数据库上提取的时空兴趣点特征如图 10-11（a）所示。

（2）语义空间共生点集

从每一个视频切片中提取时空兴趣点后，STIPs 可以看作特征树的叶节点。为了获得一个语义几何结构，TurboPixels 超像素算法被用来分割运动图像（运动图像是检测器在提取兴趣点时获得的）。分割运动视频帧后，提取的对象（每一个超像素）可以看作局部语义共生运动区域。属于同一个对象的时空兴趣点集合具有共同的运动属性，如图 10-11（b）所示。每一个点集合可以表示为如式（10-14）所示。

$$Nb(X_k) = \{x_j : p_j \in P_{sp}\} \tag{10-14}$$

式中：$Nb(X_k)$ 表示第 k 个点集合；x_i 表示第 i 个时空兴趣点；p_j 代表第 j 个兴趣点的坐标；P_{sp} 表示超像素 sp 的坐标集合。局部语义空间共生点集和对应的帧索引如式（10-15）和式（10-16）所示。

$$DSets = \{C_{1,I_1}, \ C_{2,I_2}, \ \cdots, \ C_{5,I_7}, \ C_{6,I_i}, \ C_{k,I_i}, \ \cdots\} \tag{10-15}$$

$$IndxFs = \{I_1, \ I_2, \ I_3, \ \cdots, \ I_{n-1}, \ I_n\} \tag{10-16}$$

式中：$C_{k,I}$ 表示激活帧索引号为 I 的第 k 个节点。

（3）构造特征树

为了学习人体运动部位的树结构特征，激活帧索引按照升序方式排列并两两分组为对子

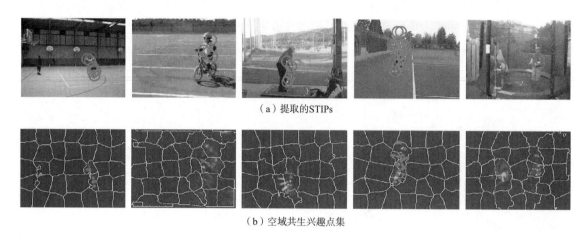

（a）提取的STIPs

（b）空域共生兴趣点集

图 10-11　在视频帧上 Cuboids 检测器提取的时空兴趣点

集。为了避免产生冗余信息，采用非重叠的方式分组激活帧索引。在第一次迭代之前，将激活帧集合分组为对索引子集如式（10-17）所示。

$$\text{GIndSets} = \{S_1, S_2, \cdots, S_N\} \tag{10-17}$$

式中：S_1 表示集合 $\{I_1, I_2\}$；S_2 表示集合 $\{I_3, I_4\}$。如果式（10-16）中的数字 n 是偶数，S_N 表示 $\{I_{n-1}, I_n\}$；如果 n 是奇数，S_N 表示 $\{I_n\}$，同时，在搜索和匹配阶段，与帧索引子集 S_N 对应的特征节点保持不变。

为了详细地描述融合过程，首先定义下面一些标注：在索引子集 $\{I_1, I_2\}$ 中，激活帧索引 I_1 被定义为索引左节点，I_2 被定义为索引右节点。需要说明的是，高层的帧索引节点包含多个激活帧索引。为学习下一层节点，定义标签集合 $\text{SIndSet} = \{0, 0, 0, \cdots, 0\}$，其每一项与集合 GIndSets 中的激活帧索引子集相对应。每一个标签对应集合 GIndSets 的一个索引子集。在特征节点集合 DSets 中，激活帧索引号 I_1 的视频帧包含了两个数据左节点。它们分别是语义空间共生点集合 C_{1,I_1} 和 C_{2,I_1}。

分组激活帧索引后，通过序贯的方式逐层学习特征树。每一组节点的融合过程包含搜索、匹配和融合三个阶段。在搜索、匹配阶段，首先计算每个子索引集合 S 内左右索引节点对应的数据节点数目，之后初始化近邻矩阵集合 $AM = \{M_1, M_2, \cdots, M_N\}$。其中 N 表示索引集 GIndSets 中子集合 S 的数目。在近邻矩阵 M_i 中，每一个元素表示左右节点集合中一组节点之间的关系，如图 10-12（a）所示。图 10-12（b）给出了一个近邻矩阵 M_i，矩阵的行对应左节点，列表示右节点。本质上说，两个兴趣点集合之间的匹配是一个困难的任务。为了获得最佳匹配和加速匹配过程，采用参考文献[36] 的图像块匹配算法来关联时间近邻的两个节点。如果匹配图像块的中心属于同一个超像素，同时匹配块包含点集（节点），则近邻矩阵 M_i 对应元素被设置为 1（黑块表示）。一旦两个节点被关联，同一组其他的节点采用相同的方式搜索和匹配。利用近邻矩阵集合 AM 的时间近邻节点之间的关系，通过式（10-18）更新数据节点集合 C。同时标签索引集 SIndSet 对应项被设置为 1。

$$C = \{[C_{i, \cdot}, C_{j, \cdot}] : M(i, j) = 1\} \tag{10-18}$$

在图 10-12（b）中，若搜索不到最佳匹配，如节点 A-i 和 B-2，被看作孤立节点。融合一组节点后，重复这一过程融合其他组节点。对于树结构下一层节点，实施上述方式融合学习。

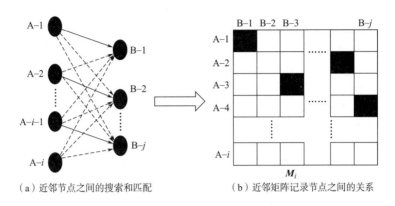

（a）近邻节点之间的搜索和匹配　　　　　　（b）近邻矩阵记录节点之间的关系

图 10-12　近邻节点的融合过程

具体来说，一组节点的融合过程可以概述如下。给定激活帧索引集合 GIndSets 每一个子集条件，从数据集合 DSets 中查找对应的数据节点，之后从左节点集合中查找最大激活帧索引集合 f_{max}，从右节点集合中查找最小激活帧索引集合 f_{min}。如果集合 f_{max} 和 f_{min} 满足式（10-19），则按照图 10-12（a）粗略匹配初始化每一对节点之间的关系。

$$|f_{i,max} - f_{j,min}| \leq T \qquad (10-19)$$

式中：$|\cdot|$ 表示绝对值；T 是一个控制时间间隙的数值。

对于被选择的一对节点，聚类兴趣点的坐标作为右节点中心 C_{f_min}，根据 f_{min} 帧计算的中心，在 f_{max} 帧，以 C_{f_min} 中心采样尺度为 TN×TN 的图像块作为模板。同样地，在 f_{min} 帧，以 C_{f_min} 中心采样尺度为 SM×SM 的窗口作为搜索区域。如果一个超像素被包含在匹配图像块中，则 M_i 中的对应元素设置为 1。通过该方式，对组内的其他对节点逐步搜索、匹配和融合。

图 10-13 给出了特征树学习的例子。父节点 $C_{1,2}$ 表示激活帧索引为 2 的第一个局部空域共生点集。通过搜索和匹配近邻激活帧的节点，父节点 $C_{1,1}$ 和 $C_{1,2}$ 被融合为一个新的节点 $C_{1,(2)}$。在下一层，父节点 $C_{1,(1,2)}$ 和 $C_{1,4}$ 通过融合过程产生高层父节点 $C_{1,(1,2,4)}$。

依据实际应用，尽管许多停止条件被用来完成迭代过程，事实上，通过检测激活帧索引集合 GIndSets 是否存在更新来决定是否停止迭代学习过程是一个较好的条件。如果在两次迭代过程中激活帧索引集合的更新不存在，学习特征树的迭代算法将会停止。需要说明的是，在特征树学习过程中，只包含一个时空兴趣点的孤立节点被看作噪声。特征树详细的产生过程如表 10-3 所示。

10.2.4　行为表示和特征融合

学习特征树之后，采用 SC 并结合特征池运算操作分层描述视频内容。在某一个自由形状时空体内（树节点），采用兴趣点描述符描述时空体（STV）的统计属性。统计属性有均值矢量、协方差矩阵等。在本部分，采用指数权重函数测量时空体内时空兴趣点的重要性，与均值越相近，分配的权重值越大。节点特征 f_{Node} 可以表示为如式（10-20）所示。

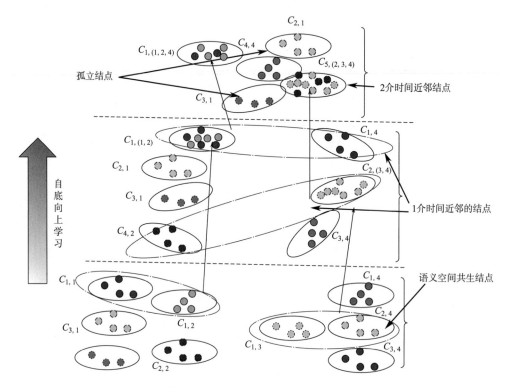

图 10-13 产生特征树的详细过程

表 10-3 学习特征树

算法 10.1 学习特征树

输入：视频切片，激活帧索引集 IndxFs 和数据节点 DSets
输出：特征树
提取 STIPs 和构建语义空域共生点集
While（迭代停止不满足时）do
　If F == 1（学习树结构特征的第三层）
　　初始化 分组激活帧索引为 GIndSets，F = 0
　End If
　依据 GIndSets 的大小 N，初始化标签集合 SIndSet 和近邻共生矩阵集合 $\boldsymbol{AM} = \{\boldsymbol{M}_{ii}\}$；
　For $ii = 1 : N :$ do
　　依据 GIndSets 每一个子集选择数据节点
　　通过近邻搜索和匹配算法寻找对数据节点
　　根据相应节点与节点匹配的结果构造共生矩阵 $\boldsymbol{M}_{ii}$
　　If $\boldsymbol{M}_{ii}$（i, j）> 0
　　　融合（i, j）对应的数据节点
　　　更新 DSets 中对数据节点，同时给标签集合 SIndSet 的对应项分配标签
　　End If
　End For
　根据标签集合 SIndSet，更新激活帧集合 GIndSets
End While

$$f_{\text{Node}} = \sum_{i=1}^{N_j} w_i x_i, \quad \text{s. t.} \quad \sum_{i=1}^{N_j} w_i = 1 \qquad (10\text{-}20)$$

式中：w_i 是描述 x_i 的权重值；变量 N_i 表示节点包含点特征的数目。具体地，当节点为叶节点时，N_i 等于 1。对于某一层，在给定字典 C 的情况下，通过式（10-21）编码集合 X 内每个节点特征 f_{Node} 后，采用最大池运算操作描述视频内容。稀疏编码和系数矩阵 U 的最大池运算如式（10-21）和式（10-22）所示。

$$\hat{U} = \arg\min \frac{1}{2} \| X - CU \|_F^2 + \lambda \| U \|_1 \qquad (10\text{-}21)$$

$$f_{\max}(\hat{U}) = \| \hat{U} \|_\infty = \max \hat{U} \qquad (10\text{-}22)$$

为了融合特征树的某些层的行为描述符，在 SVM 分类器框架下，采用早期融合 MKL 选择有效的特征。相对于后期融合（在分类器识别结果层次的融合），早期融合是核水平或描述符的融合方法，主要有多核学习和串联表示两种形式。早期融合整合不同方面的知识，在行为识别领域获得了较好的识别性能。在本部分，笔者采用两种早期融合方法来组合特征并对融合方法作出比较。对于多核学习，每一个通道对应一层行为描述符。在这里，采用具有优越度量性能的 RBF—卡方核（RBF-CHI2）函数测量每对特征矢量之间的相似性，RBF—卡方核函数的定义如式（10-23）所以。

$$k_k(H_i, H_j) = \exp \left[-\frac{1}{A_k} \chi^2 (H_i, H_j) \right] \qquad (10\text{-}23)$$

式中：A_k 表示第 k 个核的边带宽度；χ^2 表示 CHI2 距离度量。

训练 MKL 和 SVM 分类器分类识别模型后，可以看到一些权重值为 0 的核函数将会消失，而非零权重的核函数用来组合或选择特征树的某些层的行为特征作为分类器的最终输入。

10.2.5　实验结果及分析

（1）行为数据和实验设置

在本部分，三个公开、常用的数据库：KTH、UCF-YT、Hollyhood（HOHA）行为数据库被用来评价本研究的方法。

在 CUP 为 2.8GHz、内存为 8GB RAM 的计算机上，通过 MATLAB 2011b 编程实现算法。在 KTH 和 UCF-YT 数据库上，依据参考文献[1,15] 的实验设置，采用单尺度滤波器参数设置（σ，τ：3，2）提取时空兴趣点特征。KTH 行为数据库的背景是相对简单的。对于每一个视频切片，提取大约 400 个时空兴趣点特征。分割运动图像的超像素数目设置为 15。采用留一法评价框架验证本研究方法的有效性。UCF—YT 是一个复杂的行为数据库。对于每一个视频切片，提取大约 600 个 Cuboids 特征。分割运动图像的超像素数目设置为 30。为了移除不公平的场景影响，采用留一法评价框架组织视频切片为 25 个相对独立的组。对于复杂场景的 HOHA 行为数据库，采用多尺度滤波器提取兴趣点特征[15,16]，其中，$\sigma = \{ \text{sqrt}(2)，2，\text{sqrt}(6)，\text{sqrt}(8) \}$ 和 $\tau = \{ 2，\text{sqrt}(8) \}$。Cuboids 的尺度设置为 $N \times N \times L = 32 \times 32 \times 5$，采用局部表观 HoG 和运动模式 HoF 的规范化表示描述每一个 Cuboids，之后串联描述符作为 Cuboids 的最终表示。对于最佳匹配图像块，搜索区域 SM 设置为 55，模板 TN 设置为 35。采用 K-means 聚类算法学习树结构每层特征的码本字典，之后采用标准的稀疏编码方法表示行为。

对于行为的识别性能，采用平均的识别结果作为行为的识别率。

（2）低水平特征码本尺度的分析

对于时空兴趣点特征，首先研究码本尺度对识别性能的影响。在这里，采用 UCF-YT 行为数据库评价。图 10-14 给出了移除和未移除孤立兴趣点的识别性能曲线，移除孤立兴趣点的识别性能优于未移除孤立兴趣点的方法。需要说明的是，笔者仅仅画出了部分码本尺度下的识别性能，这些码本尺度分别为 {1000，2000，3000，4000，4500，5000，5500，6000}。同样地，比较了 VQ 和 SC 的识别性能。与 VQ 结合 BoVWs 直方图表示行为的方法相比，采用 SC 结合最大池运算获得了较好的识别性能。当码本尺度大于 4000，识别性能的改进较小。通过以上分析，设置特征树低层叶节点特征的码本尺度为 4000。在该码本尺度设置下，VQ 结合 BoVWs 模型的识别结果为 53%，稀疏编码概述行为的识别率为 59%，而移除孤立兴趣点特征后的识别率为 59.64%。

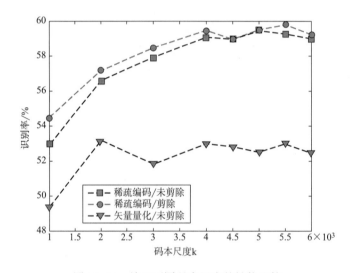

图 10-14 关于不同码本尺度的性能比较

（3）时间间隙 T 和特征组合对识别性能的影响

为了分析时间间隙 T 和组合不同特征层对识别性能的影响，本研究采用 UCF-YT 行为数据库评价。在 CHI2 距离核 SVM 分类器框架下，采用 MKL 组合某些层的行为描述符。选择的特征层分别为时空兴趣点层（P）、语义局部空域共生（SCO）、根节点（RN）以及 n 介时间近邻节点（nN）。参考图 10-14 点特征表示的识别率曲线，对于叶节点，设置码本尺度为 4000。根据码本尺度的经验设置 0.04×num，局部语义空域共生节点、RN 和 nN 层的码本尺度分别设置为 4000、1000、1000。其中，num 表示训练本的数目。

在时间间隙 T 为 4、6、8 和 10 时，表 10-4 列出了不同组合特征的行为识别率。从表 10-4 可以看出，在时间间隙 T 为 8 或 10 时，树结构特征提高了点特征行为表示的判别能力。尤其是添加局部语义空间节点后，显著地提高了大约 3% 的行为识别率。当时间间隙 T 为 8 时，以时空兴趣点表示行为的方法作为基准，基于树结构的分层行为表示产生了较好的识别性能。这说明引入的局部语义空间内容和多时间尺度的时空语义内容为点特征行为建模提供了有利的附加资源。

表 10-4　关于时间间隙 T 和组合特征的识别性能比较

时间间隙 T	识别精度/%					
	P	P+SCO	P+SCO+RN	P+SCO+ (R, 1) N	P+S+ (R, 1, 2) N	P+S+ (R, 1, 2, 3) N
4			62.73	62.55	61.91	62.45
6	59.64	62.45	61.55	61.91	61.82	62.09
8			63.09	63.27	63.73	63.18
10			63.45	63.64	62.82	63.64

（4）节点特征的识别性能

通过上部分的实验，本研究依然采用 UCF-YT 行为数据库，在时间间隙 T 为 8 和特征层 P、SCO、(R, 1, 2, 3) N 的码本尺度为 $\{4000, 4000, 1000, 1000, 1000, 1000\}$ 上验证特征树节点特征的识别性能。采用不同核函数 SVM 分类器分别比较不同层节点特征的识别性能。在这里，采用非线性核和线性核。在表 10-5 中，不同层节点特征获得了不同的识别率。这也说明，不同层节点特征可以为行为表示提供不同的互补信息。

表 10-5　不同特征层的识别性能比较

特征层	类别	P	SCO	1N	2N	3N	RN
识别率/%	RBF-χ^2	59.64	60.18	50.91	51.73	51.55	53.45
	Linear	59.55	57.09	50.91	46.82	46.7	49.09

同样地，为了详细地描述不同层特征及其组合特征的识别性能，图 10-15 给出了每类行为的平均识别精度。需要说明的是，对于组合特征，采用单核函数度量不同层描述符的串联表示，与时空兴趣点特征相比，点特征组合 SCO 和 RN 等特征层在一些行为类如"骑自行车"上获得了较好的识别性能。与其他任意单层特征的识别结果相比，串联方式组合时空兴趣点，语义空域共生以及（R、1、2）层节点特征获得了较好的识别性能。

（5）在基准数据库上的识别性能

①在 UCF-YT 行为数据库上组合特征的识别结果：本研究分别采用 MKL 和等比例串联方式学习组合特征。对于 UCF-YT 行为数据库，通过分析、选择树结构特征的部分层来学习组合特征。在这里，时间间隙 T 设置为 8，选择 5 层特征，分别是叶节点层（P）、局部语义空间共生（SCO）、1 介近邻节点（1N）、2 介近邻节点（2N）、根节点（RN）。图 10-16 以混淆矩阵形式给出了识别结果。其中，图 10-16（a）采用多核学习的方式组合 5 层特征，而图 10-16（b）采用等比例串联方式组合特征。在图 10-16 中，可以观测到，与其他类行为相比，行为类如"打篮球""骑自行车"和"散步"获得了相对低的识别性能，这种现象与参考文献[1,37-39] 相似。然而，与参考文献[1,37-39] 相比，行为类"跳蹦床"和"打排球"获得了较好的识别性能。

与相关参考文献[1,37-39] 相比，采用特征树的方法获得了期望的识别性能，识别结果如表 10-6 所示。通过表 10-4 和表 10-6，可以看出组合特征增强了时空兴趣点表示行为的判别能力，识别率从 59.64% 提高到了 63.73%（多核学习）和 63.18%（等比例串联表示）。这些实验结果说明了特征树在复杂、真实的 UCF—YT 行为数据库上是一种有效的建模方法。另

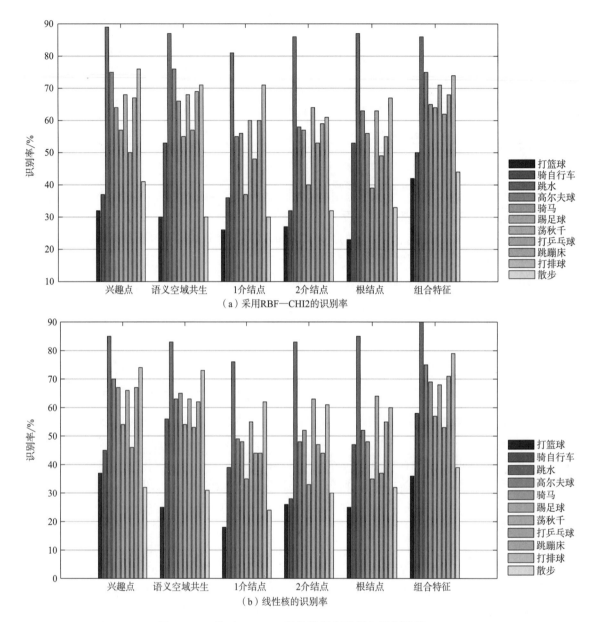

图 10-15　关于 UCF-YT 行为数据库的详细识别性能/%

外，多核学习融合特征的识别性能优于等比例串联的方式。Cao 等[37] 采用近邻帧差分获得感兴趣区域（ROI），之后采用 3D DAISY 描述符概述 ROI 内密集采样时空体。Ye 等[39] 学习内容特征组，之后引入特征组的判别距离度量学习视频切片之间的距离，获得了 63.97%的识别性能。本质上说，Ye 等的方法获益于特征组的判别距离度量学习，该方法整合了局部特征组之间的语义内容信息。Oshin 等[40] 捕获特征的相对分布获得了 61%的平均识别率。Liu 等采用语义视觉码本编码局部特征获得了 57.5%的识别率[38]，通过语义码本编码和数据挖掘选择稳定的运动特征获得了 65.4%的识别结果。

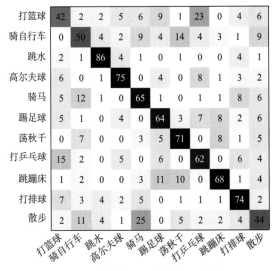
（a）采用多核学习组合特征的识别结果

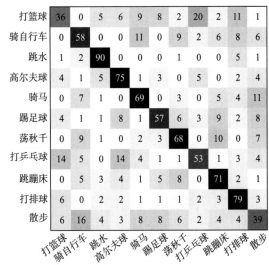
（b）等比例串联的识别结果

图 10-16　关于 UCF-YT 行为数据库组合特征的识别结果

表 10-6　与其他相关方法的识别性能比较

方法	年	识别精度/%
本章方法	—	**63.73**（MKL）
		63.18（Linear kernel）
Cao 等[37]	2014	61.7
Ye 等[39]	2013	63.97
Wang 等[30]	2012	56.8
Oshin 等[40]	2011	61.1
Hu 等[1]	2010	64.3
Liu 等[38]	2009	65.4

②在 KTH 行为数据库上验证：对于 KTH 行为数据库，特征树的低层特征（P）、语义局部空域共生（SCO）和根节点（RN）的码本尺度分别设置为 1000、500、200。在识别阶段，在 SVM 分类器分类识别框架下采用 MKL 组合特征识别人体行为。

表 10-7 给出了每类场景下行为识别的平均识别精度。与参考文献[29]方法比较，特征树的方法获得了较好的识别性能。另外，与基准方法（稀疏编码时空兴趣点特征在非线性核函数 SVM 分类器框架下识别）比较，平均识别率提高了大约 7%。通过融合局部语义空域共生特征和根节点特征，每类行为的识别性能得到了明显的提高。关于基准方法，其识别性能与参考文献[35]的识别性能（稀疏编码时空兴趣点获得 90.74%）相当。

表 10-7　在 KTH 行为数据上的识别精度

场景	类别	S1	S2	S3	S4	S1-S4
识别率/%	基准方法	95.33	87.3	90.61	94.67	91.99
	特征树模型	**100**	**98**	**98**	**98.67**	**98.67**
	Bilinski 等[29]	98.67	95.33	93.2	98	96.30

图 10-17 以混淆矩阵的形式给出了所有行为类的平均识别结果。可以看到,"慢跑"行为类很容易被误分类为"跑",这是由于特征树提取行为"慢跑"的特征和行为"跑"的特征具有相似性。在图 10-17 (a) 中,与其他行为类相比,行为类"鼓掌""慢跑""跑"获得了相对低的识别性能。总的来说,学习特征树的方法获得每类行为的识别率优于基准方法,尤其是容易误分类的行为"鼓掌""慢跑""跑"得到了明显的改进。

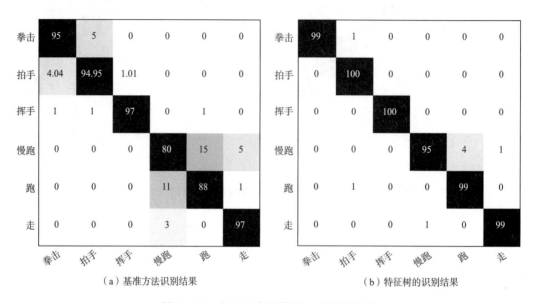

（a）基准方法识别结果　　（b）特征树的识别结果

图 10-17　在 KTH 行为数据上的识别结果

采用特征树模型的识别性能和其他方法的识别结果如表 10-8 所示。表中所有方法均采用留一法评价框架。本研究方法获得了 98.67% 的识别率,识别性能优于大多数存在的方法,与参考文献[29,31]的识别性相当。总的来说,优越的识别结果得益于局部语义空间信息和树根节点的时空内容。

表 10-8　识别性能与其他方法比较

方法	年	识别率/%
本章方法	—	**98.67**
Yuan 等[31]	2014	98.78
Bilinski 等[29]	2012	96.30
Wu 等[44]	2011	94.50
Liu 等[38]	2009	93.80

③在复杂的 HOHA 行为数据库上验证:对于复杂的 HOHA 行为数据库,采用参考文献[15,41]的实验设置来评价特征树行为模型。在提取时空兴趣点阶段,采用多尺度滤波器。对于每个尺度,视频切片提取大约 200 个时空兴趣点,时间间隙 T 为 8。运动图像被超像素分割为 30 个区域。学习特征树后,对于叶节点,采用 K-means 聚类算法学习尺度为 2000 的视觉词码本。

移除孤立 STIPs 后，稀疏编码结合最大池运算表示行为视频，在 SVM 分类识别框架下，本研究的方法获得 36.3% 的识别率，如图 10-18（a）所示以混淆矩阵形式表示。在这里，拉普捷夫（Laptev）等[41] 采用时空兴趣点特征获得了 38.4% 的识别结果。通过学习特征树，选择 5 层特征（叶节点、语义局部空域共生、1 介近邻节点、2 介近邻节点以及根节点）分别建立行为模型，之后在非线性核 SVM 分类识别框架下采用 MKL 融合特征并识别行为。对于选择的 5 层特征，对应的码本尺度分别为 2000、2000、1000、1000、1000。通过多核学习融合，识别率达到了 43%，如图 10-18（b）所示。可以看出，行为类"打电话""拥抱""坐下"的识别性能得到了明显的提高。

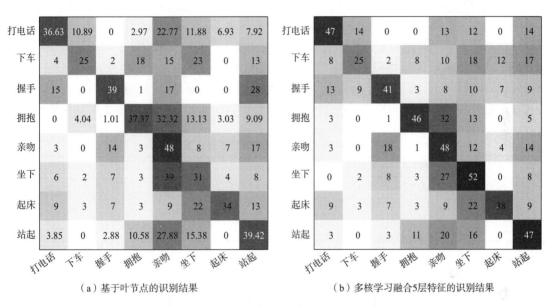

（a）基于叶节点的识别结果　　　　　　（b）多核学习融合5层特征的识别结果

图 10-18　在 HOHA 行为数据库上的识别率

与点特征行为建模的方法[15,41,42] 相比，人体部位的特征树模型取得了期望的识别效果，识别结果如表 10-9 所示。除了在相关工作中介绍的部分方法外，笔者对其他方法给出相应的说明：Zhang 等[42] 采用 Laplace 组稀疏编码的方法建立行为模型，在分层框架下 Sun 等[19] 采用轨迹特征建立行为模型，其中 Zhang 和 Sun 的方法采用分裂方法评价识别性能；Hoai 等[43] 通过动态规划实施联合视频切片分割和行为识别任务，在 5 折交叉验证的评价框下获得了 42.24% 的识别率。

表 10-9　在 HOHA 行为数据库上其他方法的识别性能与本研究的方法比较

方法	年	识别率/%
本节方法	—	**43%**
Zhang 等[42]	2014	53.61
Huai 等[43]	2011	42.24
Wang 等[15]	2011	39.5
Sun 等[19]	2009	47.1
Laptev 等[41]	2008	38.4

（6）时间复杂度分析

利用特征树解析行为视频切片是本节的中心思想。时间间隙参数 T 决定每一个视频切片学习特征树的数目以及特征树的深度，所以时间间隙 T 是一个重要的参数，参考前面的实验评价，T 设置为 8。在 CPU 为 2.80GHz，内存为 8GB 的计算机上通过 MATLAB 2011b 评价学习特征树的时间复杂度。在这里，采用分辨率为 240×320 的 UCF-YT 行为数据库中的三类行为视频切片分析时间复杂度。对于每一类行为，随机选择 5 个视频切片，分别以平均结果作为实验结果。将学习特征树的过程分为三个步骤，分别是提取时空点特征、学习局部语义空间共生以及特征树的构建。前两个过程看作构建特征树的预处理阶段，事实上，这两个过程是学习特征树叶节点和局部语义共生节点。因此，需考虑其计算代价。需要说明的是，学习局部语义共生节点的耗时包含超像素分割运动视频帧和标定 STIPs 两部分。表 10-10 列出了提取时空兴趣点、计算局部语义空域共生以及构建特征树的计算代价，另外列出了每类视频切片的平均激活帧和构建特征树的数目。通过表 10-10 可以看出，构建局部语义空域共生（SCO）的计算代价是相当大的，这是因为采用了超像素分割运动视频帧。与 SCO 的计算代价相比，特征树的其他层的计算代价不大。也就是说，构建特征树的高层节点具有时效性。

表 10-10 构建特征树的计算复杂度

行为类	激活帧数	学习树的个数	提取 STIPs/s	学习 SCO/s	学习特征树的代价/s
投篮	91	37	1.15	340	10.48
骑自行车	119	59	1.58	672	19.31
骑马	107	49	2.55	839	9.82

10.3 学习概念特征对判别共生统计的行为模型

本章第一节，采用不同支撑域的人体部位描述不同水平的视频人体行为原型，而本章第二节，利用树结构模型建立人体运动部位在多时间分辨率上的关系。在本节，笔者从局部特征对共生关系的角度考虑，在共生统计框架下研究人体运动的概念特征对在方向分布和相对距离上的判别共生统计。

10.3.1 引言

为了提高行为表示的判别能力，如轨迹特征、图模型特征、人体部位描述符、共生序列（Co-occurrence Sequences）、特征对以及特征对的时空配置或空间配置等局部特征被用来建立行为模型。同样地，一些方法如 LDA、pLSA 和 GMM-pLSA 等利用局部特征的全局共生关系表示行为特征。另外，考虑行为执行者风格的多样性，其他一些方法，如采用分层序贯的方法或多时间分辨率时空体的内容描述方法，表示行为特征。

在一些学者的以前的研究工作中，通常以某一特征为中心，采用欧氏距离度量学习近邻支撑域的表示[12]。这些方法主要以视觉特征的位置分布或近邻特征的组合构建判别复合特征。总的来说，K-means 聚类码本量化局部特征，并采用简单的共生关系如近邻或固定尺度等学习内容特征缺乏语义意义，对行为原型的表示缺乏鲁棒性。事实上，语义码本标定的时空兴趣点可以表示具体的物理意义（概念特征），例如人体某个部位特有的特征以及人体行为的共性特征等。另外，这些概念特征之间的关系，如共生频率、有序介数、方向和相对距离等对描述行为原型是非常有用的判别信息。例如图 10-19 中，足球、手臂以及马的前腿和后腿等具体对象可以通过一些概念特征对在其方向分布和相对距离信息上的统计进行表示。

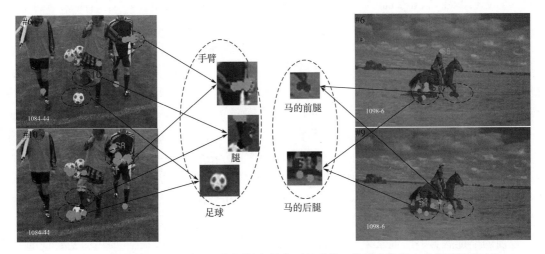

图 10-19　概念特征之间的关系（相同颜色的点可以看作一类概念特征，对象可以表示为一些概念特征在方向和位置约束下的组合）

受参考文献中的特征配置和对象之间关系的启发[13,43-46]，在多时间分辨率框架下，学习概念特征之间的相对配置关系，之后采用稀疏编码建立行为模型。首先采用 K-means 聚类算法和改进的稀疏子空间聚类算法学习一个小尺度的语义概念码本，之后标定时空兴趣点为时间一致的概念特征。在共生统计框架下，嵌入统计特征对的方向和相对距离信息。在识别阶段，多核学习整合多时间分辨率的相对配置和时空兴趣点的行为表示作为 SVM 分类器的最终输入。在试验评价部分，采用两个常用的行为数据库 KTH 和 UCF-Sports 分析本研究学习的概念特征对的判别共生统计的有效性。与其他方法相比，嵌入方向和相对距离的概念特征对的共生统计在这两个典型的视频人体行为数据上获得了优越的识别结果。

10.3.2　已有的相关工作

刘等[38] 在 K-means 聚类算法的基础上利用信息论的熵产生语义码本。事实上，K-means 结合信息论的聚类算法没有考虑高维数据内在的流形结构，容易产生较大的量化误差。在无监督方式下，赵等[47] 采用皮尔逊积矩相关系数（Pearson Product Moment Correlation）度量中等水平描述符的相似性，通过谱聚类算法学习近似语义视觉词汇。王等[48] 采用图规则非负矩阵分解学习高水平行为单元描述符，这些行为单元被看作人体部位或语义几何时空结构。与王等[48] 和赵等[47] 的方法不同，本研究采用多水平距离度量替代王等[21] 的局部约束测量矢量之间的相似性。具体来说，引入新规则到子空间聚类算法来分组 K-means 聚类学习的低水平码本，之后采用子空间算法学习语义概念词。

采用固定模式如规则网格、金字塔等方法构造的时空体缺乏灵活结构，丢失了语义几何意义。视频人体行为本身具有多粒度灵活形状支撑域的属性，科瓦什卡（Kovashka）等[13]以分层的方式利用分层具体类视觉词汇学习具有灵活尺度、形状的时空近邻。比林斯基（Bilinski）等[29]采用欧式距离度量学习特征对，通过不同配置的一个 BoVWs 集合建立不同几何结构的特征对的行为表示。科瓦什卡和比林斯基都采用欧氏距离的介数度量学习几何配置描述行为。伯格奥兹（Burghouts）等[46]采用随机森林分类器量化 STIPs，之后将标定的 STIPs 位置信息构建成与类相关的 GMM。袁等[31]学习方向金字塔描述符的共生统计提高局部特征描述符的判别能力。同样地，盛等[45]在共生矩阵中嵌入特征对的方向信息来增强行为描述符的判别能力。总的来说，以上方法学习特征的共生统计没有考虑"where"和"what"的内容信息。事实上，在某一个时空体内，同介近邻的特征对可能有不同的欧式距离和方向分布信息。艾莎丽（Assari）等[49]提出了广义最大团问题（Generalized Maximum Clique Problem）方法来检测概念特征，之后采用条件概率学习概念特征的共生统计。与袁等[31]和艾莎丽等[49]方法不同，本研究的方法在盛（Sheng）等[45]方法的基础上，采用近邻概念特征对学习判别共生统计，即在共生统计中嵌入概念特征对的方向和相对距离信息来增强行为单元描述的判别性。另外，考虑到行为风格的多样性，多时间分辨率的特征对共生统计被用来描述人体行为特征。

以前的早期融合方法通常采用等比例级联的方式组合特征。胡等[1]采用交叉验证的方法给不同描述符的行为表示分配权重，之后以权重级联行为描述符作为分类器的最终输入。不幸的是，串联组合形成的超级矢量不能够灵活地分析每类特征对识别性能的影响。更严重的是，串联形成的高维矢量在分类器框架下限制了其实际应用。对于描述不同粒度的行为表示，如何通过最佳的权重有效地组合各类行为特征已成为行为特征融合的至关重要的任务。在本研究中，MKL 结合 SVM 分类器被用来交替地选择特征和训练分类识别模型。

10.3.3　概念特征的判别共生统计

在本部分，笔者将详细地描述概念特征对学习判别共生统计的方法。提取时空兴趣点特征后，采用 K-means 聚类算法和改进的稀疏子空间算法学习一个小尺度的概念特征码本，量化时空兴趣点特征作为概念特征。在某一时间尺度构建的时空体内，计算每类概念特征对的方向和欧式距离，之后在每一个方向模式下，统计每个距离量化区间内的特征对（包含同一类的特征对）的发生率。学习概念特征对的判别共生统计结构框架如图 10-20 所示。

（1）提取时空兴趣点

各种各样的时空兴趣点检测算法，如 Cuboids、3D Harris 已在以前的行为识别研究中得到了广泛的应用。在本研究中，笔者采用 Cuboids 兴趣点检测方法提取时空兴趣点。对于滤波器参数，按照王等[15]的实验设置，即四个空域尺度（$\sigma2 = \{2, 4, 6, 8\}$）、两个时间尺度（$\tau2 = \{2, 4\}$）。在该实验设置下，在 KTH 和 UCF-Sports 行为数据库上提取的时空兴趣点如图 10-21 所示。

（2）局部流形约束子空间聚类

在本研究中，首先回顾稀疏子空间聚类算法[50]，之后介绍语义概念特征的学习方法。稀疏子空间聚类算法从高维特征矢量存在多重流形（Multiple Manifold）结构的角度考虑，转换

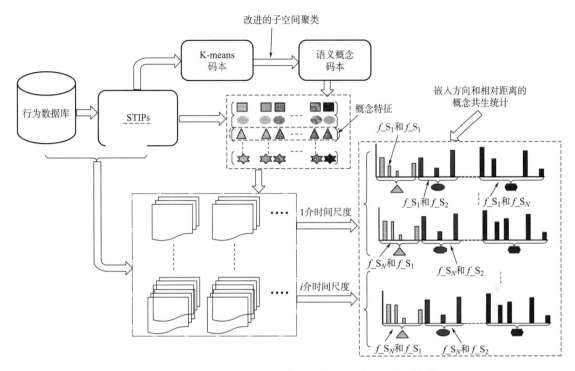

图 10-20 学习多时间分辨率时空体的判别局部共生统计

图 10-21 在多时空尺度下提取的时空兴趣点

原始特征矢量为一种新的表示形式，在转换后的特征空间通过分类低维特征达到分类原始特征矢量的目的。变换后的特征矢量能保留原始特征的属性，如局部相似性和结构一致性。具体来说，在给定一个高维特征矢量集合 $\boldsymbol{X} = \{\boldsymbol{x}_i | \boldsymbol{x}_i \in \mathbf{R}^m,\ i=1,\ 2,\ \cdots,\ N\}$ 的条件下，一个逼近矢量 $\boldsymbol{x}_i$ 的数学模型如式（10-24）所示。

$$\hat{\boldsymbol{x}}_i = \sum_{j=1}^{p} z_{j,i} \boldsymbol{u}_j \tag{10-24}$$

式中：$z_{j,i}$ 表示稀疏系数矩阵的一个元素；$\boldsymbol{u}_j$ 表示视觉词码本 $\boldsymbol{U} \in \mathbf{R}^{m \times p}$ 的第 j 个列矢量，即一个原子或视觉词。码本 $\boldsymbol{U}$ 通常采用 K-means 聚类或从训练集中随机地选择部分样本构成。

变换特征矢量为新的表示后，采用稀疏系数矩阵 $\mathbf{Z}$ 的数据点构建无向图，数据节点之间的关系采用近邻矩阵 $\mathbf{W}$ 表示。在这里，$\mathbf{L}=\mathbf{D}-\mathbf{W}$ 被称作图拉普拉斯矩阵，其中对角自由度矩阵 $\mathbf{D}$ 是由近邻矩阵 $\mathbf{W}$ 的列和（或行和）构成。采用 $\mathbf{L}$ 图拉普拉斯矩阵顶端的特征矢量作为原始数据的低维表示，之后采用 K-means 聚类低维特征矢量作为原始特征矢量的分类结果。

从式（10-24）中可以看到，基于最小重构误差约束的线性模型未考虑数据点 $\mathbf{x}_i$ 和 $\mathbf{U}$ 中的每个视觉词之间的结构相似性。为了确保相似的数据实例产生相似的编码结果，采用多水平距离测量替换 L_1 范数规则来产生紧凑、鲁棒的表示。在最小重构误差条件下，式（10-24）引入距离规则，如式（10-25）所示。

$$\min_{\mathbf{Z}}\|\mathbf{X} - \mathbf{U}\mathbf{Z}\|_2^2 + \lambda\|\mathbf{d}\Theta\mathbf{Z}\|_2^2 \qquad (10-25)$$

式中：λ 为权重化局部约束；符号 Θ 表示元素点对乘；$\mathbf{d}\in\mathbf{R}^{m\times1}$ 表示数据点 $\mathbf{x}_i$ 和特征矩阵 $\mathbf{U}$ 内每个特征之间的欧式距离。

与高斯函数欧式距离度量不同，从金字塔结构的角度考虑，计算数据点 $\mathbf{x}_i$ 和矩阵 $\mathbf{U}$ 内每个特征矢量之间的多水平相似距离。以数据点 $\mathbf{x}_i$ 和特征矢量 $\mathbf{u}_j$ 为例，定义的多水平距离度量 $\mathbf{d}$ 如式（10-26）所示。

$$\mathbf{d}_{i,j} = \exp\left[\sum_{l=1}^{t}\frac{\|V_l(x_i - u_j)\|_2}{\sigma_l}\right] \qquad (10-26)$$

式中：V_l 表示第 l 层的滑动窗口，该滑动窗口分别强加在数据点和 $\mathbf{U}$ 中的每个特征矢量上。

在金字塔尺度下，通过式（10-26）序贯地计算矢量之间的欧式距离，之后将在所有尺度下计算的距离求和作为数据点和特征矢量之间的最终距离。需要说明的是，如果 $l=1$，式（10-26）等价于王等[21] 定义的距离。同时，计算的距离越大，矢量之间的相似度越小。在这里，称多水平距离度量为"局部流形约束度量"。

对于稀疏编码系数矩阵 $\mathbf{Z}$，采用改进的稀疏子空间聚类算法分组数据点。因此，低水平特征码本 C 被分组为如式（10-27）所示。

$$C = \{S_i \mid S_i \cap S_j = \varnothing;\ i \neq j;\ i,j = 1,2,\cdots,N_s\} \qquad (10-27)$$

式中：S_i 表示语义相似的特征集合。

采用学习的语义特征子空间量化时空兴趣点，不同颜色标定的点特征如图 10-22 所示，其中每种颜色的点特征表示一类概念特征。

（3）嵌入方向和相对距离的概念特征对的共生统计

标定 STIPs 为语义概念特征后，每个时空兴趣点将会拥有两种类型的标签，分别代表低水平特征和概念特征。因此，视频切片 V 可以表示为点—词的五元素集合，如式（10-28）所示。

$$V = \{\langle x_i, y_i, t_j, C_k, S_s\rangle,\ i,j,k,s = 1,2,3,\cdots\} \qquad (10-28)$$

式中：每个 $\langle\cdot,\ \cdot,\ \cdot,\ \cdot,\ \cdot,\rangle$ 表示一个时空兴趣点及其属性信息。五元素分别表示空间纵、横坐标、激活帧索引、视觉词和语义概念词的标签。

考虑到不同人在执行同一行为时具有不同的风格（空间和时间范围的变化），采用多时间分辨率时空体的内容建立行为模型。为避免时间尺度对近邻距离度量的影响，将时间近邻帧的兴趣点投影到中心帧，之后采用 2D 欧氏距离的介数度量构造近邻特征对。当然，如果时间近邻为 0，时空兴趣点不需要投影。需要说明的是，为了避免同一运动部位的点特征在

图 10-22　采用语义码本标定的语义概念特征

近邻帧漂移，时间近邻的介数不宜设置过大。

为学习概念特征对的共生统计，定义规则 R 如式（10-29）所示。

$$R = \begin{cases} f_p \in S_{\text{ref}}, f'_q \in S_i; S_s = 1, 2, 3, \cdots, N_s \\ q'_j \in Nb(p); Nb(p) = \{q'_1, \cdots, q'_{n-1}, q'_n\} \end{cases} \quad (10\text{-}29)$$

式中：f 表示一个点特征；p 和 q' 是时空兴趣点 p 和 q 的空间位置；S_{ref} 表示选择的中心特征所在的子空间；$Nb(\cdot)$ 表示拥有同一类概念的前 n 介近邻特征。

在这里，距离和方向（d，a）的定义如图 10-23 所示。其中 $X\text{-}Y$ 平面图表示中心帧，q' 是时空兴趣点 q 在中心帧的投影点。对于特征对（p，q），角度 a 的定义如式（10-30）所示。

$$a(p, q) = \arctan\left(\frac{y_q - y_p}{x_q - x_p}\right) \quad (10\text{-}30)$$

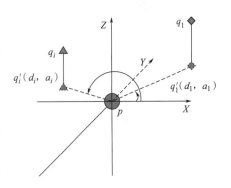

图 10-23　定义特征对的方向和角度

式中：（x_p，y_p）和（x_q，y_q）是兴趣点 p 和 q' 的坐标矢量。

通过式（10-30）计算角度后，根据预定义的方向角度量化级 O_n，线性量化角度信息并对相应的特征对分配方向标签。在这里，定义角度范围 $[0, 360]$ 量化为 O_n 个量化级。

在某一时间分辨率的时空体内，根据定义的规则 R，以一类概念特征为中心，从每类概念特征中选择前 n 介近邻的特征点构建概念特征对，并计算其角度和欧式距离。如果所有类的兴趣点被遍历，分别选择最大值和最小值距离（$d_{\max}$ 和 $d_{\min}$），之后线性分割距离范围 $[d_{\max}, d_{\min}]$ 为 N_{bin} 个量化级。对于某类概念特征对，线性量化方向相同特征对的 2D 欧氏距离。在归属同一方向模式下，统计每个量化区间内的特征对的发生率，最后产生一个长度为 $O_n \times N_{bin}$ 的超级矢量 h_i，如图 10-24 所示。

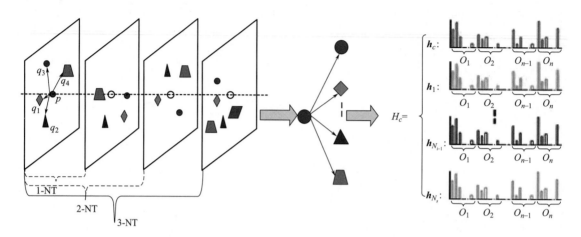

图 10-24　某个时间分辨率时空体的相对配置

以同样的方式计算其他类概念特征对后，最终将会构造成一个尺度为 $N_s \times (O_n \times N_{bin} \times N_s)$ 的共生矩阵。该矩阵是由 N_s 个矢量直方图 H 描述某个时空体。在共生矩阵中，行矢量 H_c 表示以语义概念标签 c 为中心构建的特征对，如式（10-31）所示。

$$H_c = [h_c,\ h_1,\ h_2,\ \cdots,\ h_i,\ \cdots,\ h_{N_s}];\ i = 1,\ 2,\ \cdots,\ c,\ \cdots,\ N_s \qquad (10\text{-}31)$$

式中：h_c 表示自配置的子矢量（由同一类概念特征构建的相对配置）。

在本研究中，简单地定义方向和距离的线性量化级为 4 和 10。4 个方位分别表示"上左""上右""下左""下右"。

10.3.4　行为表示和特征融合

笔者采用两种类型的描述符，时空兴趣点特征和多时间分辨率时空体的相对配置，分别建立行为模型。为了便于本章第 10.3.5 节的实验部分图和表的说明，采用象征符号"P"和"STV"来代表点特征和概念特征对的共生统计。需要说明的是，在编码阶段，每个时间尺度的 STV 特征采用一个对应的码本编码表示。

为了组合这两种类型的行为描述符，采用具有特征选择功能的多核学习融合。在 SVM 分类框架下，MKL 是一种交替优化核权重和分类器参数的一个学习过程。与传统的简单串联组合特征方法不同，MKL 是一种基于核水平的组合方法，其线性权重可以表示为式（10-32）。

$$K(H_i,\ H_j) = \sum_{z=1}^{K} \beta_z K_z (H_i^z,\ H_j^z),$$
$$\text{s. t. } \beta_z \geqslant 0,\ \sum_{z=1}^{K} \beta_z = 1 \qquad (10\text{-}32)$$

式中：H^z 表示第 z 通道的行为描述符；β_z 是第 z 通道的核函数权重；K_z 是第 z 通道的 CHI2 距离度量（χ^2）核函数。根据学习的共生统计特征，通道数目为 $1+K$，其中 K 表示多时间分辨率 STV 的通道数目。

在 K 通道多核学习框架下，SVM 分类器的输出可以表示为式（10-33）。

$$f_{\beta,w,b}(H,y) = \sum_{z=1}^{K} \beta_z \langle w_z, \Phi_z(H,y) \rangle + b_y \qquad (10\text{-}33)$$

式中：$\Phi_z(\cdot,\cdot)$ 是一个特征映射画板；b_y 是一个偏置变量。

在特征选择和分类识别框架下，目的是通过交替优化学习参数 w 和 β。基于 MKL 的 SVM 分类识别方法可以描述为下面的最小最大优化问题，如式（10-34）所示。

$$\min_{\beta,w,b,\xi} \frac{1}{2} \sum_{z=1}^{K} \beta_z \|w_z\|^2 + C \sum_{i=1}^{N_t} \xi_i$$

$$\text{s.t.} \quad \forall i: \xi_i = \max_{u \neq y_i} l[f_{w,b,\beta}(H_i, y_i) - f_{w,b,\beta}(H_i, u)] \qquad (10\text{-}34)$$

式中：l 是一个合适的凸损失函数；N_t 是训练集的尺度；C 是多核学习和训练误差 ξ_i 之间的一个平衡参数。

根据参考文献[51] 的陈述，在固定权重参数 β 的情况下，解决式（10-34）的最大最小问题获得 SVM 分类器参数 w 和 b。

10.3.5　实验结果及分析

（1）实验数据和设置

在本研究中，通过两个常用的行为数据库 KTH 和 UCF-Sports，在 2.8GHz CPU 和 8G RAM 的计算机上，用 MATLAB 2011b 编程验证嵌入方向和相对距离信息的概念特征对的共生统计。根据王等[14] 的方法，在 KTH 行为数据上，采用具有较低计算代价并获得了较好实验结果的 HoG/HoF 作为时空特征描述符。Cuboids 尺度定义为 13×13×5，分割为 3×3×2 时空块，4bin 的 HoG 和 5bin 的 HoF 特征描述符串联构建 162 维（HoG：72 维；HoF：90 维）的复合矢量描述符。对于 UCF-Sports 行为数据库，许多不利因素如成像设备的运动和复杂的场景等致使行为识别存在一定的困难，所以选择合适的行为描述符起到了至关重要的作用。依据其他文献的介绍，3D SIFT 描述符已经获得了较好的识别性能，尤其对于复杂的行为视频[31,52]，在这里选择该描述符作为时空特征。另外，对于多时间分辨率的局部内容 STV，采用三个时间尺度，分别由视频帧、三介近邻帧和五介近邻帧构成。需要说明的是，三介和五介近邻帧构建的时空体采用重叠一半视频帧的方法，如视频帧 1、2、3 构建第一个时空体，则第二个时空体的视频帧为 3、4、5。

（2）相对配置描述符的有效性

在这两个行为数据库上，首先采用 Loocv 评价相对配置特征的识别性能。总体来说，与分裂法评价识别性能的实验设置相比，Loocv 评价方法能获得相对稳定的识别性能。根据胡等[1] 的实验设置，通过 K-means 聚类算法学习一个大小为 600 的视觉词码本。对于 KTH 数据库的所有场景类行为，点特征行为表示的基准方法获得了 93.49% 的平均识别率。对于 UCF-Sports 行为数据库，一个视频序列作为测试集，其他序列作为训练集。依据相关文献的实验设置，低水平特征视觉词码本的尺度设置为 800[52]。人体行为的平均识别率达到了 82.28%，以混淆矩阵的形式表示。

在低水平码本尺度的设置下，分别设置概念词尺度为 {10，20，30} 来评价概念特征对共生统计描述符的识别性能。对于 KTH 和 UCF-Sports 行为数据库，概念特征对共生统计描述符的码本尺度设置为 {300，500}。在不同的近邻尺度下，每条曲线表示在某一概念码本尺度下的共生统计特征的识别性能。该识别性能曲线可以看作一个关于近邻尺度介数的函数。对于 KTH 行为数据库，当近邻尺度设置为 {1，5，10，15，20，25，30，35} 时，识别率在90.49%和93.33%之间浮动，而对于 UCF-Sports 行为数据库，识别率在80.52%和83.3%之间浮动。与点特征的行为模型相比，采用相对配置（概念特征对的共生统计）的识别性能与之相当。另外，从图 10-25 中可以看出，学习共生统计的近邻尺度对分类识别性能的依赖性不是很明显。因此，在余下的试验中，设置概念码本的大小为 20、概念特征对的近邻尺度为10 来评价本研究方法的识别性能。

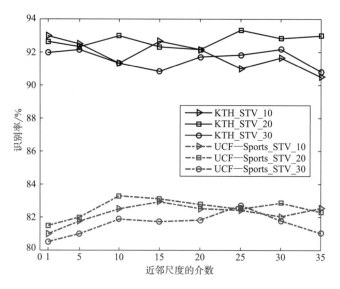

图 10-25　在 KTH 和 UCF 数据库上共生统计特征的识别性能与近邻尺度的关系

同样，在 UCF-Sports 行为数据库上，采用分裂的实验评价设置验证局部特征对共生统计描述符的有效性。当概念词码本的大小、近邻组合特征的尺度和内容码本的大小分别设置为 {20，10，500} 时，3D SIFT 描述符、"STV" 内容特征以及其组合特征的识别结果如表 10-11 所示。在表 10-11 中，与点特征行为表示的识别性能相比，局部特征对的共生统计描述符获得了较好的识别性能，大约高出点特征模型识别率12%。同样地，通过早期融合MKL 组合点特征和 STV 特征获得了最好的识别性能，识别结果分别高出点特征行为表示识别率17.59%和 STV 特征行为建模识别率5.11%。

表 10-11　在 UCF-Sports 行为数据库上的识别率

方法	识别率/%
点特征的行为表示（P）	64.3
STV（MKL）	76.78
P+STV（MKL）	81.89

（3）编码方法对识别性能的影响

在分裂评价框架下，采用 UCF-Sports 行为数据库比较局部流形约束 LLC、LLC 以及标准的 SC 编码方法对识别性能的影响。局部流形约束度量 LLC 采用 M-LLC 标识。在相同的码本条件下，采用嵌入方向和相对距离的概念特征对共生统计评价编码方法，实验结果如表 10-12 所示。在表 10-12 中，与 LLC 和 SC 编码方法相比，M-LLC 编码方法获得了较好的识别性能，也就是说，该方法编码特征能够很好地表示行为。

表 10-12　在 UCF-Sports 行为数据库上不同编码方法的识别性能

编码方法	识别率/%
M-LLC	76.78
LLC	75.09
SC	73.89

（4）在基准行为数据库上的识别性能

①在 KTH 上的实验结果及分析。依据对相对配置特征的识别性能分析，在 MKL 结合 SVM 分类框架下，评价组合特征的识别性能。在这里，总计有四个通道（一个点特征通道和三个 STV 特征通道）。当概念码本、近邻尺度以及内容码本设置为 $\{20, 10, 300\}$ 时，详细的识别性能如图 10-26（b）所示以混淆矩阵的形式表示。在图 10-26（b）中，与其他行为类相比，笔者发现相似行为类如 "慢跑" 获得了相对低的识别率。这一现象是由于行为类 "慢跑" 和 "跑" 的特征具有较强的相似性，导致行为类 "慢跑" 被误分类为行为类 "跑"。与点特征行为建模（基准方法）的识别性能相比 [图 10-26（a）]，采用 MKL 融合不同类型的特征获得了明显的改进。所以，这两类行为特征通过 MKL 早期融合后对于点特征模型具有补偿作用。

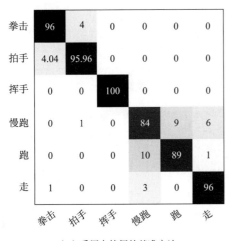

（a）采用点特征的基准方法

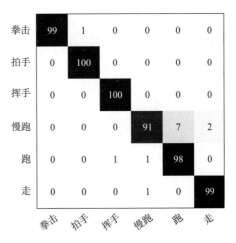

（b）采用组合特征的方法

图 10-26　KTH 行为数据库的识别性能

在相同的评价框架下，比较本部分方法与其他文献的识别性能。采用 MKL 融合多通道特征的识别结果和其他方法的识别结果如表 10-13 所示。采用时空兴趣点和多尺度 STV 内容特征在 MKL 组合特征框架下获得了 97.83% 的识别率。该识别结果与袁等[31] 的识别结果相当，明显优于科瓦什卡（Kovashka）等[13] 和盛等[45] 的方法。与基准方法相比，在 MKL 框架下组合特征得到了 4.4% 的识别性能增益。

表 10-13　在 KTH 行为数据上其他方法的识别性能与本章方法比较

方法	年	识别率/%
本研究方法	—	97.83
Sheng 等[45]	2015	92.15
Yuan 等[31]	2014	98.78
Kovashka 等[13]	2010	94.53
Laptev 等[41]	2008	91.8

②在 UCF-Sports 行为数据库上实验结果及分析。对于复杂的 UCF-Sports 行为数据库，以前大多报道的试验结果均采用留一法评价框架。然而，为了避免场景对实验的影响，田等[53] 分裂行为数据库为不相关联的训练集和测试集。在分裂框架下，关于组合特征（时空兴趣点和相对配置）的详细识别性能如图 10-27（b）所示以混淆矩阵的形式表示。在留一法评价框架下，组合特征的详细识别性能以混淆矩阵形式给出，如图 10-27（c）所示。与其他类行为相比，笔者观测到行为类如"踢球""骑马""滑板"呈现出较大的识别误差。事实上，这种混淆现象同样出现在已有的方法中，如袁等[31]、吴等[52]、张等[54]。总的来说，与基准方法相比［图 10-27（a）］，行为类如"高尔夫"和"踢球"的识别率得到了明显的提高。好的识别结果得益于新的描述符和点特征在 MKL 框架下组合。所以说，概念特征对的共生统计描述符可以看作点特征行为建模的补偿信息。

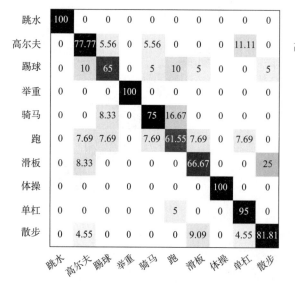

（a）基准方法的识别结果

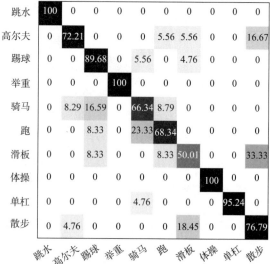

（b）在分裂评价框架下，采用MKL组合特征识别结果

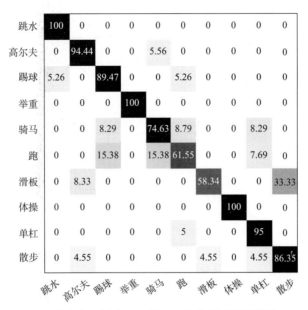

（c）在留一法框架下，采用MKL组合特征的识别结果

图 10-27 在 UCF-Sports 行为数据库上的识别结果

最后，在复杂的 UCF-Sports 行为数据库上阐述两种类型特征在 MKL 框架下的有效性。在 Loocv 评价框架下，表 10-14 列出了其与其他方法识别结果的比较。MKL 融合点特征行为表示和多尺度概念特征对的共生统计获得了 85.57% 的识别率，优于张等[54] 以及 Laptev 等[41] 的实验结果。需要说明的是，这些相关文献均采用局部时空特征建立行为模型。另外，本节方法和袁等[31]、盛等[45]、王等[48] 以及科瓦什卡等[13] 的方法都具有相当的识别性能。总的来说，这些方法均采用局部特征的共生统计构建组合特征，之后建立行为模型并分类识别行为。同样地，在分裂评价框架（Split）下，表 10-14 中列出了本研究方法与相关文献的识别结果。在相同的评价框架下，与其相关的方法比较，MKL 组合点和概念共生统计获得了较优越的识别结果。

表 10-14 在 UCF-Sports 行为数据上其他方法与本研究方法的识别性能比较

方法	年	识别率/%
本研究方法	—	85. 57（Loocv）
		81. 89（Split）
Wang 等[48]	2014	78. 6（Split）
Tian 等[53]	2013	75. 2（Split）
Raptis 等[25]	2012	79. 4（Split）
Yuan 等[31]	2014	87. 33（Loocv）
Sheng 等[45]	2015	87. 33（Loocv）

续表

方法	年	识别率/%
Wang 等[48]	2014	88.7（Loocv）
Zhang 等[54]	2013	84.7（Loocv）
Kovashka 等[13]	2010	87.27（Loocv）
Laptev 等[41]	2008	82.6（Loocv）

10.4 本章小结

本章通过对局部特征之间的关系等问题的改进来增强行为表示的判别性，以达到提高行为识别的性能。主要包括以下三个部分：

第一，提出了分层语义特征组的行为模型。为了抑制成像设备诱导的运动，在分层特征提取框架下，笔者提出了以自底向上的方式学习自由形状空、时支撑域的描述符。利用运动补偿和人体运动的属性，抑制了运动场景信息。自适应尺度 Mean-Shift 聚类算法标定底层特征，学习人体部位的语义特征组。运动补偿技术对齐近邻帧 ROI 后，依据运动特征在空域局部共生和时域一致的属性，选择时域差分的残差信息作为底层特征。采用自适应尺度 Mean-Shift 聚类算法和视频帧的先验信息学习人体部位描述符，对于人体对象的表示，采用统计方法描述视频窄切片。在标准的行为数据库上，实验验证了自适应尺度度量 Mean-Shift 聚类算法产生的特征组能够较好地表示语义人体部位。在此基础上，视频窄切片的凝聚统计能够较好地描述人体对象。与相关文献的 SPM、固定网格分割、欧式距离度量学习近邻复合特征相比，本研究方法学习的分层特征组在 KTH 和 UCF-Sports 行为数据库上获得了优越的识别性能。

第二，提出了人体部位树结构关系的行为模型。考虑到人体运动风格的多样性，笔者从时间分辨率的角度研究人体部位特征，提出了人体部位的树结构模型。该方法通过超像素分割运动视频帧，学习空间语义共生点集合表示运动人体部位在空域的属性。在构造特征树阶段，以递归的方式匹配近邻数据节点作为树模型的高层节点。考虑到点集合之间的匹配缺乏可靠性，本研究以图像块匹配作为点特征匹配的桥梁。与传统的学习多尺度时空内容特征不同，构建的特征树表示不同时间分辨率的人体部位之间的关系。在 KTH、UCF-YT 以及 HO-HA 行为数据上，通过实验验证，树结构建立多重时间分辨率人体部位的模型具有较好的行为描述能力。具体来说，基于特征树的行为建模提高了基准方法以及其他一些方法的行为识别性能。

第三，提出了学习概念特征对判别共生统计的行为模型。考虑到人体局部特征之间的关系，如共生、方位、相对距离等，本研究提出了将概念特征对的方向和相对距离信息嵌入局部共生统计的行为模型。利用局部流形约束的稀疏子空间聚类算法学习语义码本并标定 STIPs 为概念特征。统计概念特征对的方位和相对距离信息，并按照方位和相对距离的分布将这些判别信息嵌入局部共生统计。在特征融合阶段，采用多核学习融合点特征和多通道共生统计特征的行为表示作为 SVM 分类器的最终输入。与 K-means 聚类标定 STIPs 的方法不同，采用改进的稀疏子空间聚类算法充分考虑了高维矢量存在的多重子流形结构。在特征对共生统计框架下，将概念特征对的方向和相对距离嵌入局部共生统计来增强行为表示的判别性。在 KTH 和 UCF-Sports 行为数据库上，通过实验验证，概念特征对的共生统计获得了较好的识别效果。与基准方法和部分其他参考文献方法相比，在 MKL 和 SVM 分类框架下，融合特征的行为表示增强了行为描述符的判别性，提高了识别性能。

参考文献

[1] HU Q, QIN L, HUANG Q M, et al. Action recognition using spatial-temporal context [C] //2010 20th International Conference on Pattern Recognition. Istanbul, Turkey. IEEE, 2010: 1521-1524.

[2] LAN T, WANG Y, MORI G. Discriminative figure-centric models for joint action localization and recognition [C] //2011 International Conference on Computer Vision. Barcelona. IEEE, 2011: 2003-2010.

[3] SONG Y L, MORENCY L P, DAVIS R. Action recognition by hierarchical sequence summarization [C] // 2013 IEEE Conference on Computer Vision and Pattern Recognition. Portland, OR, USA. IEEE, 2013: 3562-3569.

[4] WEI C P, CHAO Y W, YEH Y R, et al. Locality-sensitive dictionary learning for sparse representation based classification [J]. Pattern Recognition, 2013, 46 (5): 1277-1287.

[5] PARK D, ZITNICK C L, RAMANAN D, et al. Exploring weak stabilization for motion feature extraction [C] //2013 IEEE Conference on Computer Vision and Pattern Recognition. Portland, OR, USA. IEEE, 2013: 2882-2889.

[6] UEMURA H, ISHIKAWA S, MIKOLAJCZYK K. Feature tracking and motion compensation for action recognition [C] //Proceedings ofthe British Machine Vision Conference 2008. Leeds. British Machine Vision Association, 2008: 1-10.

[7] JAIN M, JEGOU H, BOUTHEMY P. Better exploiting motion for better action recognition [C] //Proceedings of the 2013 IEEE Conference on Computer Vision and Pattern Recognition. ACM, 2013: 2555-2562.

[8] WANG B, LIU Y, XIAO W H, et al. Position and locality constrained soft coding for human action recognition [J]. Journal of Electronic Imaging, 2013, 22 (4): 041118.

[9] GAO S H, TSANG I W H, CHIA L T. Laplacian sparse coding, Hypergraph Laplacian sparse coding, and applications [J]. IEEE Transactions on Pattern Analysis and Machine Intelligence, 2013, 35 (1): 92-104.

[10] JENATTON R, MAIRAL J, OBOZINSKI G, et al. Proximal methods for hierarchical sparse coding [J]. Journal of Machine Learning Research, 2011, 12: 2297-2334.

[11] WANG J W, ZHANG H B. Structured dictionary learning based on composite absolute penalties [C] //DU W. Informatics and Management Science III. London: Springer, 2013: 367-374.

[12] WANG B, LIU Y, WANG W, et al. Multi-scale locality-constrained spatiotemporal coding for local feature based human action recognition [J]. The Scientific World Journal, 2013, 2013: 405645.

[13] KOVASHKA A, GRAUMAN K. Learning a hierarchy of discriminative space-time neighborhood features for human action recognition [C] //2010 IEEE Computer Society Conference on Computer Vision and Pattern Recognition. San Francisco, CA, USA. IEEE, 2010: 2046-2053.

[14] WANG H, ULLAH M M, KLASER A, et al. Evaluation of local spatio-temporal features for action recognition

［C］//Proceedings ofthe British Machine Vision Conference 2009. London. British Machine Vision Association，2009.

［15］ 王亮. 基于判别模式学习的人体行为识别方法研究［D］. 哈尔滨：哈尔滨工业大学，2011.

［16］ 李拟珺. 基于计算机视觉的人体动作识别技术研究［D］. 南京：东南大学，2015.

［17］ ZHANG X J, ZHANG H, CAO X C. Action recognition based on spatial－temporal pyramid sparse coding ［C］//Proceedings of the 21st International Conference on Pattern Recognition（ICPR2012）. Tsukuba, Japan. IEEE, 2012: 1455-1458.

［18］ SUN Q R, LIU H. Learning spatio－temporal co－occurrence correlograms for efficient human action classification ［C］//2013 IEEE International Conference on Image Processing. Melbourne, VIC, Australia. IEEE, 2013: 3220-3224.

［19］ SUN J, WU X, YAN S C, et al. Hierarchical spatio－temporal context modeling for action recognition［C］// 2009 IEEE Conference on Computer Vision and Pattern Recognition. Miami, FL. IEEE, 2009: 2004-2011.

［20］ COMANICIU D, MEER P. Mean shift: A robust approach toward feature space analysis［J］. IEEE Transactions on Pattern Analysis and Machine Intelligence, 2002, 24（5）: 603-619.

［21］ WANG J J, YANG J C, YU K, et al. Locality－constrained Linear Coding for image classification［C］//2010 IEEE Computer Society Conference on Computer Vision and Pattern Recognition. San Francisco, CA, USA. IEEE, 2010: 3360-3367.

［22］ QI X B, XIAO R, GUO J, et al. Pairwise rotation invariant co－occurrence local binary pattern［C］// European Conference on Computer Vision. Berlin, Heidelberg: Springer, 2012: 158-171.

［23］ SHAO L, ZHEN X T, TAO D C, et al. Spatio－temporal Laplacian pyramid coding for action recognition［J］. IEEE Transactions on Cybernetics, 2014, 44（6）: 817-827.

［24］ SANIN A, SANDERSON C, HARANDI M T, et al. Spatio－temporal covariance descriptors for action and gesture recognition［C］//2013 IEEE Workshop on Applications of Computer Vision（WACV）. Clearwater Beach, FL, USA. IEEE, 2013: 103-110.

［25］ RAPTIS M, KOKKINOS I, SOATTO S. Discovering discriminative action parts from mid－level video representations［C］//2012 IEEE Conference on Computer Vision and Pattern Recognition. Providence, RI, USA. IEEE, 2012: 1242-1249.

［26］ YI Y, LIN Y K. Human action recognition with salient trajectories［J］. Signal Processing, 2013, 93（11）: 2932-2941.

［27］ CASTRODAD A, SAPIRO G. Sparse modeling of human actions from motion imagery［J］. International Journal of Computer Vision, 2012, 100（1）: 1-15.

［28］ XIAO W H, WANG B, LIU Y, et al. Action recognition using Feature Position Constrained Linear Coding ［C］//2013 IEEE International Conference on Multimedia and Expo（ICME）. San Jose, CA. IEEE, 2013: 1-6.

［29］ BILINSKI P, BREMOND F. Statistics of pairwise co－occurring local spatio－temporal features for human action recognition［C］//European Conference on Computer Vision. Berlin, Heidelberg: Springer, 2012: 311-320.

［30］ WANG S, YANG Y, MA Z G, et al. Action recognition by exploring data distribution and feature correlation ［C］//2012 IEEE Conference on Computer Vision and Pattern Recognition. Providence, RI, USA. IEEE, 2012: 1370-1377.

［31］ YUAN C F, LI X, HU W M, et al. Modeling geometric－temporal context with directional pyramid co－ occurrence for action recognition［J］. IEEE Transactions on Image Processing, 2014, 23（2）: 658-672.

［32］ TRICHET R, NEVATIA R. Video segmentation and feature co－occurrences for activity classification［C］//

IEEE Winter Conference on Applications of Computer Vision. Steamboat Springs, CO, USA. IEEE, 2014: 385-392.

[33] LIU A N, SU Y T, JIA P P, et al. Multiple/single-view human action recognition via part-induced multitask structural learning [J]. IEEE Transactions on Cybernetics, 2015, 45 (6): 1194-1208.

[34] BRENDEL W, TODOROVIC S. Learning spatiotemporal graphs of human activities [C] //2011 International Conference on Computer Vision. Barcelona, Spain. IEEE, 2011: 778-785.

[35] WANG X X, WANG L M, QIAO Y. A comparative study of encoding, pooling and normalization methods for action recognition [C] //LEE KM, MATSUSHITA Y, REHG JM, et al. Asian Conference on Computer Vision. Berlin, Heidelberg: Springer, 2013: 572-585.

[36] SUN S J, PARK H, HAYNOR D R, et al. Fast template matching using correlation-based adaptive predictive search [J]. International Journal of Imaging Systems and Technology, 2003, 13 (3): 169-178.

[37] CAO X C, ZHANG H, DENG C, et al. Action recognition using 3D DAISY descriptor [J]. Machine Vision and Applications, 2014, 25 (1): 159-171.

[38] LIU J G, LUO J B, SHAH M. Recognizing realistic actions from videos "in the wild" [C] //2009 IEEE Conference on Computer Vision and Pattern Recognition. Miami, FL, USA. IEEE, 2009: 1996-2003.

[39] YE Y T, QIN L, CHENG Z W, et al. Recognizing realistic action using contextual feature group [C] //The Era of Interactive Media. New York: Springer, 2013: 459-469.

[40] OSHIN O, GILBERT A, BOWDEN R. Capturing the relative distribution of features for action recognition [C] //2011 IEEE International Conference on Automatic Face & Gesture Recognition (FG). Santa Barbara, CA, USA. IEEE, 2011: 111-116.

[41] LAPTEV I, MARSZALEK M, SCHMID C, et al. Learning realistic human actions from movies [C] //2008 IEEE Conference on Computer Vision and Pattern Recognition. Anchorage, AK, USA. IEEE, 2008: 1-8.

[42] ZHANG X R, YANG H, JIAO L C, et al. Laplacian group sparse modeling of human actions [J]. Pattern Recognition, 2014, 47 (8): 2689-2701.

[43] HOAI M, LAN Z Z, DE LA TORRE F. Joint segmentation and classification of human actions in video [C] // CVPR. Colorado Springs, CO, USA. IEEE, 2011: 3265-3272.

[44] WU X X, XU D, DUAN L X, et al. Action recognition using context and appearance distribution features [C] //CVPR. Colorado Springs, CO, USA. IEEE, 2011: 489-496.

[45] SHENG B Y, YANG W K, SUN C Y. Action recognition using direction-dependent feature pairs and non-negative low rank sparse model [J]. Neurocomputing, 2015, 158: 73-80.

[46] BURGHOUTS G J, SCHUTTE K. Spatio-temporal layout of human actions for improved bag-of-words action detection [J]. Pattern Recognition Letters, 2013, 34 (15): 1861-1869.

[47] ZHAO Q, IP H H S. Unsupervised approximate-semantic vocabulary learning for human action and video classification [J]. Pattern Recognition Letters, 2013, 34 (15): 1870-1878.

[48] WANG H R, YUAN C F, HU W M, et al. Action recognition using nonnegative action component representation and sparse basis selection [J]. IEEE Transactions on Image Processing: a Publication of the IEEE Signal Processing Society, 2014, 23 (2): 570-581.

[49] ASSARI S M, ZAMIR A R, SHAH M. Video classification using semantic concept co-occurrences [C] // 2014 IEEE Conference on Computer Vision and Pattern Recognition. Columbus, OH, USA. IEEE, 2014: 2529-2536.

[50] ELHAMIFAR E, VIDAL R. Sparse subspace clustering: Algorithm, theory, and applications [J]. IEEE Transactions on Pattern Analysis and Machine Intelligence, 2013, 35 (11): 2765-2781.

［51］ DONG Y, GAO S, TAO K, et al. Performance evaluation of early and late fusion methods for generic semantics indexing ［J］. Pattern Analysis and Applications, 2014, 17 （1）: 37-50.

［52］ WU B X, YUAN C F, HU W M. Human action recognition based on context-dependent graph kernels ［C］ // 2014 IEEE Conference on Computer Vision and Pattern Recognition. Columbus, OH, USA. IEEE, 2014: 2609-2616.

［53］ TIAN Y C, SUKTHANKAR R, SHAH M. Spatiotemporal deformable part models for action detection ［C］ // 2013 IEEE Conference on Computer Vision and Pattern Recognition. Portland, OR, USA. IEEE, 2013: 2642-2649.

［54］ ZHANG X R, YANG Y, JIAO L C, et al. Manifold-constrained coding and sparse representation for human action recognition ［J］. Pattern Recognition, 2013, 46 （7）: 1819-1831.

第 11 章 基于深度学习的 视频人体行为识别

11.1 基于深度学习的视频人体行为识别的研究现状

随着互联网技术和数字电子设备的快速发展，视频信息正在成为人们日常生活中最主要的信息来源之一。每天都会产生数亿万小时的视频数据，这些数据需要利用计算机进行识别和分析。因此，利用计算机对视频数据进行处理已经成为一种趋势。在人工智能高速发展的时代下，如何高效地利用计算机识别视频内容，成为目前急需解决的现实问题。

随着人工智能技术的发展，图像或视频信息处理在军事和民用领域变得越来越重要。行为识别的方法由最初的手工设计特征到现在的基于深度学习的方法，各种网络架构和算法不断被提出。基于深度学习的方法可以从大量数据中自动地发现抽象和高层次的特征，而无须人工干预，深度学习可以适应不同类型和规模的数据，具有强大的泛化能力和表达能力。基于视频行为识别[1] 的深度学习模型大量涌现，识别精度也远超基于手工特征的行为识别方法。根据模型的输入模态不同，人体行为识别方法可以分为两类：基于 RBG 视频帧和基于人体骨架序列。

目前，在行为识别研究中 RGB 视频是最为普遍使用的输入模态，其获取成本低廉。尽管 RGB 视频获取简单，但其中包含大量冗余和噪声，这些背景噪声通常会影响识别任务。因此，需要从视频数据中提取有效的特征进行行为分类。早期的行为识别方法主要通过手工设计浅层特征来提取空间和时间维度的特征信息。手工特征包含外形、轮廓、大小、颜色以及运动特征（如轨迹、光流特征、加速度等）。拉普捷夫（Laptev）[1] 在 2005 年提出了一种基于空间—时间兴趣点（Space-Time Interest Points，STIPs）的视频特征提取方法。该方法通过检测视频中的稳定兴趣点，提取这些点周围的空间和时间信息，生成用于描述视频局部特征的向量。这些描述符可以用来对视频进行关键帧提取、动作识别和跟踪等任务。基于深度学习的行为识别算法比这些人工设计的特征更具有效性和准确性，因为后者容易受到其他因素的干扰，并且需要耗费大量时间进行操作。

随着深度学习技术的重大进步，基于深度学习的行为识别方法已经成为主流。相对于传统方法，深度学习可以通过自动从原始数据中学习高层次的抽象表示，以及处理大规模数据集来实现行为识别。目前，使用深度学习进行行为识别的方法可以归为以下几类：双流体系结构；结合卷积神经网络和长短期记忆神经网络的混合模型；基于三维卷积网络的模型。

2014 年，喀尔巴斯（Karpathy）等[2] 开始尝试将卷积神经网络应用到行为识别中，并研究了多种融合时空特征的方法，如早期融合、晚期融合和卷积融合。但这些融合策略没有考虑到视频帧之间的时序变化，最终导致识别效果不佳。西蒙尼扬（Simonyan）等[3] 开创性地提出一种基于双流架构的行为识别方法，该方法利用两个并行的卷积神经网络对视频进行处理。其中一个网络用于处理图像帧的外观信息，另一个网络则用于处理运动信息。这两个网络的输出被级联在一起，进而进行分类。这种双流结构有效地利用了视频中的静态和动态信息，同时也减少了模型的参数量和计算复杂度。双流结构在多个视频动作识别数据集上都取得了优异的性能，得益于外观信息和运动信息的互补。王等[4] 在 2016 年提出了一种名为 TSN（Temporal Segment Network）的深度神经网络模型，旨在提高视频行为识别的性能和效率。该模型通过在时间维度上对视频进行分段，每个时间段内提取多个帧的特征，并将它们合并成一个时间段级别的特征向量。不同片段的类分数通过分段聚合函数进行融合产生分段一致性，最终得到视频级的预测。这种分段方式可以有效地利用长范围时间结构信息，而不是只关注局部或全局信息，通过稀疏采样和融合函数来捕捉视频中不同尺度和层次的动作模式。随后大多数双流方法都是在 TSN 的基础下对其进行扩展，杜等[5] 基于 TSN 引入姿态注意机制，来关注视频中人物的关节点信息，并结合 LSTM 使其能够捕捉到更多的运动特征。迪巴（Diba）等[6] 提出了一种新型的深度学习模型，称为深度时间线性编码网络（Deep Temporal Linear Encoding Networks，DTLEN），用于视频行为识别。该模型通过学习视频中不同时刻的线性变换矩阵，从而能够更好地捕捉视频中的时间信息。此外，DTLEN 还能够处理具有不同长度的视频，从而提高模型的通用性。周等[7] 也是在 TSN 基础上提出时间关系网络（Temporal Relation Network，TRN），来表征不同时间段的依赖关系，通过对视频中不同物体之间的关系进行建模，学习和推理视频帧的时序依赖关系，以及在时间维度上进行多尺度融合，使其在多个时间尺度上有效地捕捉时序关系，从而提高时序推断能力。林等[8] 发现直接将空间位移策略应用于时间维度并不能提供高性能和效率，由于部分通道被转移到相邻帧，当前帧不能再访问通道中包含的信息，这可能会损失 2D CNN 主干的空间建模能力。因此，他们推出了一种时间转移模块（Temporal Shift Module，TSM），该模块能够通过对视频进行不同位置的偏移，增强模型对时间变化的感知能力，可以显著降低模型的计算成本，同时保留视频时间信息。周波等[9] 提出了一种融合深度特征和手工特征的方法，通过在多个卷积流中同时使用这些特征，来提高行为识别的准确性和鲁棒性。

在早期的双流网络中，主要关注的是外观和短期运动。但是，许多复杂的行为是由许多原子动作组成的，而且这些动作的持续时间较长，因此捕捉视频的长距离依赖关系非常重要[10]。为了应对此问题，提出了一种混合模型。该模型结合了卷积神经网络（Convolutional Neural Network，CNN）和长短期记忆网络（Long Short-Term Memory，LSTM），被称为 CNN-LSTM。其工作原理是，首先利用 CNN 从输入数据中提取空间特征，然后利用 LSTM 从时间序列数据中提取序列特征。一般而言，CNN 层用于提取静态图像的空间特征，而 LSTM 层用于提取动态序列的时间信息。Donahue 等率先[11] 将卷积神经网络与长短期记忆神经网络（LSTM）结合，CNN 逐帧提取空间，LSTM 编码空间特征在时间的相关性，从而进行识别。Sharma 等[12] 使用卷积神经网络（CNN）提取视频帧的特征图，然后使用 LSTM 对特征图进行编码，并生成一个注意力权重矩阵，用于加权平均特征图得到一个上下文向量。该上下文向量再输入另一个 LSTM 进行分类，并输出一个动作类别概率分布。谢昭等[13] 提出基于时空关注度的 LSTM 方法，以解决传统方法中的时间序列信息不足、空间信息被忽略等问题。

该方法采用了一种新颖的时空关注度机制，结合了长短期记忆网络（LSTM）和卷积神经网络（CNN），可以自适应地对关键时刻和空间位置进行注意力调控。Gammulle 等[14] 提出了一种名为"Two Stream LSTM"的深度融合框架，两个 LSTM 流分别用于处理时间序列的空间信息和时间信息。通过将这两个流进行融合，可以更准确地识别人类的动作，同时该框架还通过引入一种新的门控机制来进一步提高模型的性能。欧阳等[15] 提出了一个使用三维卷积神经网络（CNN）和长短时记忆（LSTM）模型组合的动作识别多任务学习架构。所提出的架构涉及同时训练多个任务，包括动作识别、动作定位和帧级动作分割。3D-CNN 模型被用来从视频帧中提取空间和时间特征，而 LSTM 模型被用来捕捉动作的时间动态。作者表明，所提出的多任务学习方法在各种动作识别数据集上优于单任务模型，包括 UCF101 和 HM-DB51。Zhou 等[16] 探讨了一种基于注意力机制的 LSTM 模型，用于识别异常行为，并使用可变池化来处理不同长度的输入序列。该模型在训练过程中自适应地学习哪些时间步骤是最相关的，从而更好地捕捉异常行为的特征。总的来说，结合 CNN 和 LSTM 的方法可以更好地捕捉视频数据中的空间和时间特征，从而提高人体行为识别的准确性和稳定性。

3D-CNN 被引入是因为 2D-CNN 无法充分捕捉时序信息。第一个利用 3D 卷积处理时空特征的深度学习框架是 C3D[17]，然而，3D 卷积神比 2D 卷积多一维度，需要优化的参数就更多。针对 3D 卷积参数大的问题，膨胀卷积神经网络（I3D）[18] 被提出来，它首先在 Kinetics 数据集上充分的预训练之后，并对卷积和池化核从 2D 膨胀到 3D，同时使用另外一个流建模运动特征，最后在公共数据集上取得了优异的性能。随后 P3D[19] 和 R（2+1）D[20] 相继被提出来，通过使用伪 3D 残差网络来学习视频空间和时间表示的方法。伪 3D 残差网络即 2D 卷积操作来处理视频中的每个时间步，3D 卷积操作来考虑视频的时间相关性。Jiang 等[21] 设计两个功能模块，一个是通道式的时空模块（CSTM），利用 3D 卷积操作来捕捉局部时空信息，并使用通道注意力机制来增强不同通道之间的相关性；另一个是通道式运动模块（CMM），利用 2D 卷积操作来获取每一帧图像中各个位置的运动信息，并使用通道注意力机制来增强不同位置的相关性。两个模块合并成为一个简单有效、即插即用的时空运动编码模块（STM）。

11.2　基于多尺度特征交互加权融合的人体行为识别研究

近年来，随着深度学习在特征处理方面表现出的强大能力，基于深度学习的人体动作识别方法得到了广泛的应用。早期常用的方法有 CNN 模型，即直接从视频序列中提取视频帧，然后送入卷积神经网络进行训练，实现端到端（end-to-end）的识别分类工作。与手工特征建模行为相比，深度学习模型可以获得较好的识别性能。然而，CNN 深度模型通常学习空间特征，而忽略了时间运动信息。事实上，时间运动特征在视频人体动作识别中起着关键作用。为获取时间线索，一种研究方向采用 C3D 搭建模型，另一种采用 CNN 与 LSTM 相结合，构建人体行为的时空表征。

大多数基于 CNN-LSTM 模型的行为识别采用高语境全连接特征作为 LSTM 的输入[22]，缺乏动作的细节，对不同层次提取的特征利用不足，最终导致识别效果不理想。此外，基于 CNN-LSTM 模型的注意能力较弱，可能会导致噪声干扰甚至性能退化[23]。张等[24] 设计了由特征提取模块、注意模块和融合模块组成的时空双注意网络（STDAN）。在 STDAN 中提取了卷积神经网络的卷积特征和全连接层特征，丰富了视频表示的初始层次。利用 CNN-LSTM 和 FC-LSTM 处理具有不同时间上下文信息的长时间序列特征，且为了增强网络的时空注意能力，设计了时间注意模块（TAM）和联合时空注意模块（JSTAM），有效地挖掘 STDAN 的潜力。

受张等的研究[24] 启发，针对人体行为识别缺乏空间多尺度信息以及多尺度特征融合问题，本节在深度学习动作识别框架下，使用 EfficientNet[25] 网络与特征金字塔网络进行多尺度特征的提取，在多尺度特征融合阶段，引用注意力机制，将融合后的特征作为 LSTM 的输入，进而学习帧特征之间的时间关系，最后输入 Softmax 分类器进行行为分类。

11.2.1 整体网络模型框架

本节在 CNN-LSTM 主体模型框架下，通过改进模型结构，提取有效的时空行为特征对目标视频进行识别分类，人体行为识别框架如图 11-1 所示。该框架主要由以下模块构成：数据预处理与空间特征提取模块，改进的双向特征金字塔模块，多尺度特征融合模块、双向 LSTM 模块、分类模块。

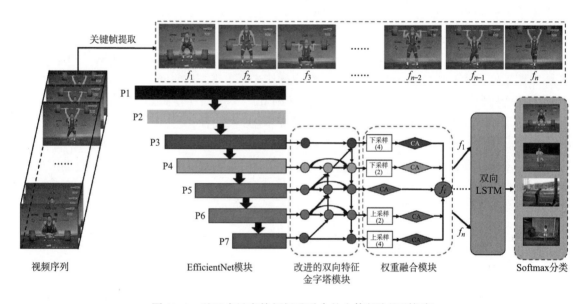

图 11-1　基于多尺度特征权重融合的人体行为识别框架

11.2.2 网络结构

（1）数据预处理

原始视频数据不能直接作为卷积神经网络的输入，需要先把每段视频分解为连续的视频帧。常见的行为识别算法采用 RGB 和光流图像作为输入，如空间流卷积网络。通常情况下，目标动作仅占原视频小部分，同时运动目标可能被众多背景信息遮挡干扰，产生较多的冗余信息，导致提取行为特征的难度增加。多数空间流网络采用逐帧或跳帧的方式，同样保留了大量的冗余信息，对网络训练起到一个反向作用。针对冗余信息问题，本章利用唐等[26] 提出的密度聚类和局部极值点的关键帧提取技术，通过引入信息熵量化每帧，然后通过熵的局部极值，利用计算的聚类中心作为最终提取的关键帧。提取的关键帧样例如图 11-2 所示，其中红色框图像为所提取的关键帧。

图 11-2　关键帧提取样例

（2）空间特征提取模块

通过引入残差结构，ResNet 模型[27] 避免深度神经网络模型性能下降的问题，图 11-3 给出了残差网络模块。通过相关文献证明与分析，残差模块不会增加整个 ResNet 模型的计算量和额外参数，可以加速训练模型，提升模型的训练效果。近几年，研究者在残差模块的基础上引入 NIN，使用 $1×1$ 卷积层减少训练模型的参数量，使得扩展更深的模型结构成为可能，如 50 层、101 层、152 层的 ResNet 网络。该方法不仅能保证模型性能，其错误率和计算复杂度也都保持在较低水准。

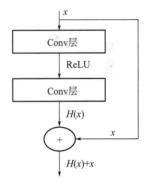

图 11-3　残差网络模块

DenseNet[28] 属于一种稠密连接网络，每两层之间进行直接连接。即网络中每一层使用前面所有层特征的映射作为输入，使其自身特征的映射作为所有后续层的输入。例如，一个 M 层网络，连接数为 $M(M+1)/2$。5 层密集连接模型如图 11-4 所示。DenseNet 通过连接不同层的特征图实现特征传递，从而有效地利用特征。此外，DenseNet 将所有层进行连接，即相当于每一层将输入与损失直接连接，可以降低梯度消失的状况。另外，DenseNet 模型的缺点也十分明显。由于其连接的密集性，网络训练计算复杂度较高；与其他网络模型相比，可能会占用更多的 GPU 显存。

EfficientNet 是一种新的 CNN 网络，具有较少的参数、较好的推理速度。该网络使用复合系数统一缩放网络宽度、深度、分辨率，大大地提高了模型的精度和效率。通过新的标度方

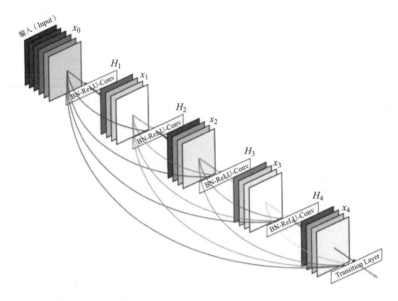

图 11-4　5 层网络 DenseNet 模型

法和自动机器学习技术，与其他 CNN 模型（ResNet、DenseNet、VGGNet）相比，EfficientNet 模型更加准确，参数数量和每秒峰值速度 FLOPs（floating point operations persecond）每秒浮点运算次数都减少了一个数量级。结果表明，EfficientNet 达到了目前最优的准确率，参数的数量大大减少，说明 EfficientNet 具有良好的迁移能力。在 ImageNet 预训练模型的基础上，利用 EfficientNet-BO 作为空间特征提取模块；在分类任务中，EfficientNet-BO 能够以更小的参数数量和每秒浮点运算次数超过 Resnet50，说明 EfficientNet-BO 具有高效的网络结构和特征提取能力，将网络应用于视频人体行为的空间特征提取是可行的。

如图 11-1 所示，P1～P7 层分别代表 EfficientNet 的 1～7 层。P1、P2 层提取浅层特征，包含纹理、边缘信息，易受背景、环境影响，噪声信息多。P6、P7 层特征图抽象，但具有丰富的高层次语义信息。同时，P1、P2 层的特征图尺寸比较大，增加网络的计算量。综合考虑，为了实现降低网络计算的复杂性，同时考虑多尺度特征融合，本部分使用 EfficientNet 的后 5 层输出作为双向特征金字塔的输入。在 UCF11 数据集上，EfficientNet 网络提取特征图如图 11-5 所示。

（3）改进的双向特征金字塔模块

为增加输入 LSTM 网络的特征丰富性，提取空间特征后，通过改进的双向特征金字塔实现多尺度特征的交互。如图 11-6（a）所示，FPN[29] 通过自上而下的方式聚合特征，遗憾的是，该方法只是单向信息的流动。如图 11-6（b）所示，BiFPN[25] 在 FPN 基础上，引入自下而上的信息流，采用跳跃方式实现跨尺度连接。在 BiFPN 基础上，增加 P5、P6 层向下传递信息流，如图 11-6（c）所示。改进的双向特征金字塔内单元运算如图 11-7 所示，其中，1×1×64 代表卷积核和通道数；上采样采用最近邻采样，比例系数为 2；下采样使用最大池化，核尺寸为 2。

改进的 BiFPN 模块的具体公式描述如式（11-1）~式（11-8）。

$$P_7^{\text{out}} = \text{Conv}(P_7^{\text{in}}) + \text{resize}_{\text{down}}(P_6^{\text{out}}) \tag{11-1}$$

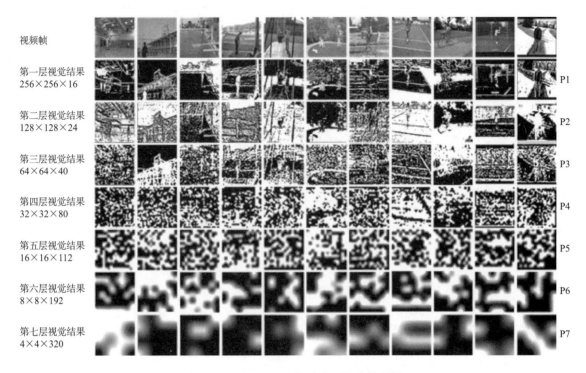

视频帧

第一层视觉结果
256×256×16　　　　　　　　　　　　　　　　　　　　　　　　　　　　　P1

第二层视觉结果
128×128×24　　　　　　　　　　　　　　　　　　　　　　　　　　　　　P2

第三层视觉结果
64×64×40　　　　　　　　　　　　　　　　　　　　　　　　　　　　　P3

第四层视觉结果
32×32×80　　　　　　　　　　　　　　　　　　　　　　　　　　　　　P4

第五层视觉结果
16×16×112　　　　　　　　　　　　　　　　　　　　　　　　　　　　　P5

第六层视觉结果
8×8×192　　　　　　　　　　　　　　　　　　　　　　　　　　　　　P6

第七层视觉结果
4×4×320　　　　　　　　　　　　　　　　　　　　　　　　　　　　　P7

图 11-5　EfficientNet 提取的可视化特征图

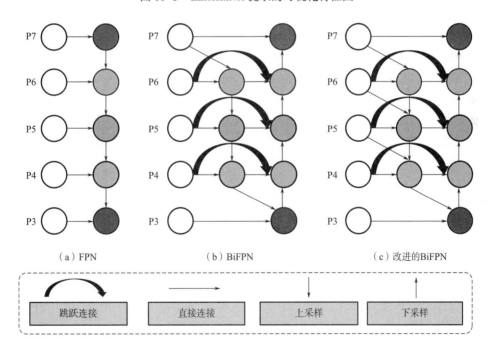

（a）FPN　　　　　　（b）BiFPN　　　　　　（c）改进的BiFPN

| 跳跃连接 | 直接连接 | 上采样 | 下采样 |

图 11-6　FPN 及其改进

$$P_6^{\text{middle}} = \text{Conv}(P_6^{\text{in}}) + \text{resize}_{\text{up}}(P_7^{\text{in}}) \tag{11-2}$$

$$P_6^{\text{out}} = \text{Conv}(P_6^{\text{middle}}) + \text{resize}_{\text{down}}(P_5^{\text{out}}) + \text{Conv}(P_6^{\text{in}}) \tag{11-3}$$

$$P_5^{\text{middle}} = \text{Conv}(P_5^{\text{in}}) + \text{resize}_{\text{up}}(P_6^{\text{in}}) + \text{resize}_{\text{up}}(P_6^{\text{middle}}) \tag{11-4}$$

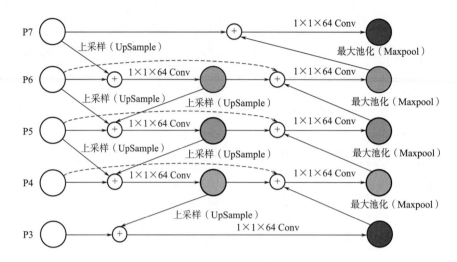

图 11-7　改进的 BiFPN 单元内部运算结构

$$P_5^{\text{out}} = \text{Conv}(P_5^{\text{middle}}) + \text{resize}_{\text{down}}(P_4^{\text{out}}) + \text{Conv}(P_5^{\text{in}}) \tag{11-5}$$

$$P_4^{\text{middle}} = \text{Conv}(P_4^{\text{in}}) + \text{resize}_{\text{up}}(P_5^{\text{in}}) + \text{resize}_{\text{up}}(P_5^{\text{middle}}) \tag{11-6}$$

$$P_4^{\text{out}} = \text{Conv}(P_4^{\text{middle}}) + \text{resize}_{\text{down}}(P_3^{\text{out}}) + \text{Conv}(P_4^{\text{in}}) \tag{11-7}$$

$$P_3^{\text{out}} = \text{Conv}(P_3^{\text{in}}) + \text{resize}_{\text{up}}(P_4^{\text{middle}}) \tag{11-8}$$

式中：P_i^{in}、P_i^{middle}、P_i^{out}（$i = 3$，4，5，6，7）分别表示图 11-6（c）中的每层特征图。通过 $\text{resize}_{\text{up}}$、$\text{resize}_{\text{down}}$ 实现特征图分辨率的统一，通过 Conv（）函数实现通道数的统一，最终每层特征图通道数为 64。

（4）融合模块

融合模块分两步进行，第一步将双向特征金字塔的输出输送到坐标注意力模型[29] 进行特征的加权分配，第二步将每层加权后的特征通过采样操作实现分辨率的统一，最终将 5 层输出特征进行融合。

坐标注意力可以在特征空间中捕获准确的位置信息，对语义分词有一定的帮助。该注意力模型以通道注意为基础，将每个通道分解成两个一维特征在水平、垂直方向的编码过程，在不同方向上聚集特征。坐标注意力框架如图 11-8 所示，其中，"X Avg Pool"表示一维水平全局池化，"Y Avg Pool"表示一维垂直全局池化。

给定输入 X，分别沿水平、垂直坐标编码每个通道，输出如式（11-9）、式（11-10）所示。

$$Z_c^h(h) = \frac{1}{w} \sum_{0 \leqslant i < w} x_c(h, i) \tag{11-9}$$

$$Z_c^h(w) = \frac{1}{h} \sum_{0 \leqslant i < h} x_c(j, w) \tag{11-10}$$

式中：c 为第 c 个通道；h、w 分别为长、宽。

下一步，通过式（11-9）和式（11-10）聚合生成特征图，通过 torch.cat（）函数实现。然后通过 1×1 卷积转换函数 F_1 生成中间特征图，见式（11-11）。

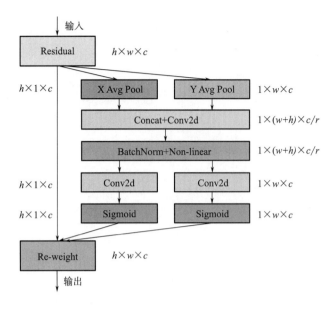

图 11-8　坐标注意力框架图

$$f = \delta\left[F_1\left(z^h,\ z^w\right)\right],\ f \in \mathbf{R}^{(h+w)\times c/r} \tag{11-11}$$

式中：δ 为非线性激活函数；r 为缩减因子，本文设置为 32。

之后将所得到的 f^h、f^w 分别经过 1×1 卷积转换函数 F_h、F_w，得到与输入 X 具有相同通道数的张量，见式（11-12）。

$$\boldsymbol{g}^h = \sigma\left[F_h(f^h)\right],\ \boldsymbol{g}^w = \sigma\left[F_w(f^w)\right] \tag{11-12}$$

式中：$\sigma(\cdot)$ 为 Sigmoid 函数。最终得到的输出如式（11-13）所示。

$$y_c(i,\ j) = x_c(i,\ j) \times \boldsymbol{g}_c^h(i) \times \boldsymbol{g}_c^w(j) \tag{11-13}$$

因相邻每层特征图的尺寸相差 1 倍，使用采样策略实现每层特征图尺寸大小一致，以保证后续多尺度特征的融合。采样过程如图 11-1 中权重融合模块所示，其中括号内的数字表示采样尺度比例。采样后的特征图拥有统一的分辨率和通道数，最后将采样后的特征输入坐标注意力机制模块进行特征加权。

（5）模块参数介绍

为了实现视频片段中人体行为的快速准确识别，提出了一种高效的行为识别网络框架。流程主要分为以下 4 个步骤：①关键帧的提取；②EfficientNet 作为主干网络提取视频帧中的空间特征；③使用改进 BiFPN 实现 EfficientNet 的后 5 层（P3~P7）特征的加强与丰富；④丰富后的不同尺度特征分别发送到坐标注意力模块，进一步突出特征表示，随后经采样后进行融合，融合后的特征输入长短时记忆网络中用于时间序列特征的提取；⑤输出的特征送入 Softmax 分类器，实现基于视频的人体行为识别。各模块的具体参数如图 11-9 所示。其中，CA 表示坐标注意力模块，FC 代表全连接层。w、h、c、d 分别代表宽度、高度、通道数和特征维度。具体介绍如下：

第一步，提取到的视频关键帧输入网络模型中，尺寸被重新调整为 512×512×3。即 EfficientNet 的输入为 512×512×3。输出为 P3~P7 层的特征，其中 P3（64×64×40）、P4（32×32×80）、P5（16×16×112）、P6（8×8×192）、P7（4×4×320）。括号内前两位数字表示特征图像

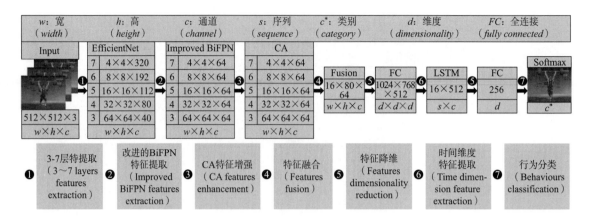

图 11-9　本节框架各部分的具体特性

的长度和宽度，最后一位表示图像的通道数。

第二步，第一步得到的 5 层（P3、P4、P5、P6、P7）特征被发送到改进的 BiFPN 以丰富特征，输出的 5 层特征图尺度分别为 P3（64×64×64）、P4（32×32×64）、P5（16×16×64）、P6（8×8×64）、P7（4×4×64）。

第三步，将第二步得到的每层特征图分别送入坐标注意力模块，输出的特征图尺度不变。然后经过采样，每层特征图大小均为 16×16×64。在 P5 层进行多级特征的融合，通过使用 torch. cat（）函数拼接特征图，拼接后的特征图大小为 16×80×64。

第四步，将拼接后的特征图通过全接连层（三个全连接层组成，隐含层分别为 1024，768，512）实现空间特征的降维操作。最终空间特征维度为 512。

第五步，然后将提取的 16 帧关键帧图像的空间特征发送到 LSTM 模块，实现时间维度上的特征提取。该模块输入尺寸为 16×512，输出尺寸为 1024（此处采用双向 LSTM，输出的特征维度需要乘以 2）。

第六步，将第五步得到的特征图输送到网络全连接层进行降维，得到 256 维的时空特征并输入到 Softmax 分类器，完成对视频中人体行为的分类识别任务。

11.2.3　实验环境与参数设置

本模型在 DGX 服务器上进行实验，硬件配置为 8 块 Tesla V100 GPU，每块含 32GB 运行内存。实验软件及环境配置为：Ubuntu 16.08；CUDA 10.1；Python 3.7；Pytorch 1.8.0；MATLAB。实验参数设置：对于关键帧，按照文献[41,42]设置。每个视频提取关键帧的数量为 16 帧。对于个别视频提取不足 16 帧的问题，通过复制策略补充样本。为提高网络的学习能力，使用 Ranger 优化器优化网络参数，权重衰减参数设置为 $5×10^{-4}$，网络训练中采用的损失函数为交叉熵函数。使用 ReduceLROnPlateau（）函数自动调整学习率，初始学习率为 10^{-3}。为了避免模型过度拟合，Dropout Radio 设置为 0.3。结合视频帧大小，考虑内存大小，Batch size 设置为 32，迭代次数为 120 次。采用预先训练好 EfficientNet-B0 网络提取特征，三层全连接层的输出设置为 1024、768、512。LSTM 有 3 层，隐藏层单元参数设置为 512，LSTM 层的最后输出特征经过全连接降为 256 维，作为 Softmax 分类器的输入。

11. 2. 4 实验结果与分析

在该部分，将对所提方法以及模型组件的有效性在 UCF 系列数据集上验证，最后，与现有行为识别方法进行比较。在 UCF11 数据集上，与其他常用 CNN（ResNet50、ResNet101、DensNet169）做对比试验，验证 EfficientNet 网络模型进行空间特征提取的有效性，识别准确率如表 11-1 所示。采用本节提出的 EfficientNet-LSTM 模型，识别准确率达到了 95.94%，比经典的 ResNet101-LSTM 算法提高了 1.88%，比 DensNet169-LSTM 模型提高了 1.25%。试验结果表明，使用 EfficientNet 作为特征提取器提取的多尺度特征更有利于后续模块的学习。

表 11-1 在 UCF11 数据集上的准确率

模型	准确率/%
ResNet50-LSTM	93.12
ResNet101-LSTM	94.06
DensNet169-LSTM	94.69
本研究（EfficientNet-LSTM）	95.94

在公共行为数据集 UCF11、UCF50 上，分析衡量所提深度网络模型各组件的有效性。对于 BiFPN 与改进的 BiFPN，与原 BiFPN 模块进行比较，均以 EfficientNet 后 5 层特征作为输入，BiFPN 输出结果作为 LSTM 模块的输入。实验结果如表 11-2 所示。BiFPN 模块在 UCF11 数据集上，准确率达到 93.44%，利用改进的 BiFPN 模块，识别准确率提高了 0.94%。在较大数据集 UCF50 上，模型精度提高了 0.38%。这说明 P5、P6 前端层原始特征对行为识别有贡献，改进的 BiFPN 模块实现各层特征融合，为后续模块提供了丰富的行为特征。

表 11-2 所提方法在数据集上的准确率

框架结构	UCF11/%	UCF50/%
BiFPN+LSTM	93.44	91.94
Improved BiFPN+LSTM	94.38	92.32
Improved BiFPN+CA+LSTM	95.94	94.88

位置信息是生成空间选择性注意特征图的重要因素，然而大多数通道注意力往往忽略了这些信息。通过添加坐标注意力，通道注意力中被嵌入位置信息，网络可以增强感兴趣对象的表示，有效地提取更加突出的判别性信息，进而提高识别率。与未加入注意力模块的网络模型相比，在 UCF11 数据集上进行实验验证，识别准确率提高了 1.56%。在 UCF50 数据集上，最终的识别准确率提高了 2.56%。

此外，本研究采用混淆矩阵描述实际标签和预测标签之间的差异。在 UCF50、UCF11 数据集，混淆矩阵如图 11-10、图 11-11 所示。

在 UCF50 数据集中，大部分行为类的识别准确率在 90% 以上，有一些预测动作类别标签的准确率较低。最值得注意的是，"划船"行为的准确率仅为 77%，误判为视频标签为"划独木舟"和"游艇"。这是因为行为类具有很强的类间相似性，即运动模式。三种行为的视频样本如图 11-12 所示。

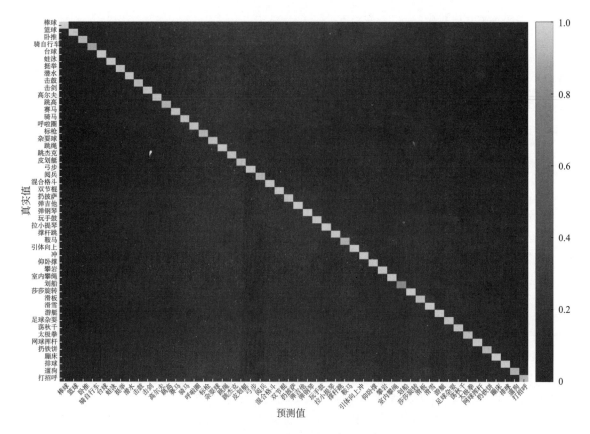

图 11-10　UCF50 数据集的混淆矩阵

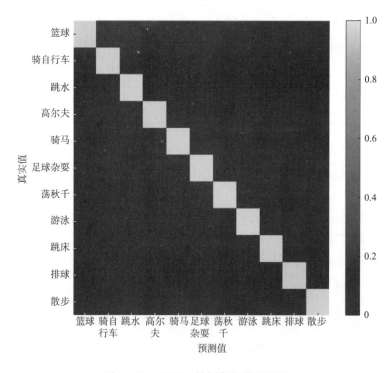

图 11-11　UCF11 数据集的混淆矩阵

（a）划船　　　　　　　　　　（b）划独木舟　　　　　　　　　（c）游艇

图 11-12　三类行为的视频帧

最后，本研究方法与其他模型在两个数据集上进行比较，如表 11-3 所示。与孟等[31] 所使用的时空卷积网络和 LSTM 的组合模型相比，本研究算法框架拥有更精细的网络结构，不仅捕捉到更深层次的特征，还能实现多尺度特征的信息交互与权重分配，在 UCF11 数据集上展现出更加优秀的性能，准确率提高了 11.74%。在 UCF50 数据集上，乌拉（Ullah）等[32] 首先将连续监控视频流划分为重要镜头，使用基于人类显著性特征的卷积神经网络选择重要镜头；本研究所提主体框架与其类似，不同之处在于部分细节模型构造不同，本节更偏向于多尺度特征的提取与优化融合，尽管如此，在数据集上验证也表现出良好的性能。

表 11-3　本研究方法与其他方法比较

UCF11		UCF50	
潘和曹[33]	89.24%	穆罕默迪等[37]	94.90%
格哈雷（Gharaee）等[34]	89.50%	黄等[38]	93.30%
唐等[35]	89.20%	史等[39]	92.94%
奥罗斯科（Orozco）等[31]	91%	舒等[40]	93.70%
葛等[36]	93.48%	乌拉等[32]	94.90%
本研究方法	95.94%	本节的方法	94.88%

11.3　基于改进密度聚类和上下文引导双向 LSTM 模型的行为识别

视频中的人类动作通常由具有时间相关性的连续帧表示，空间和时间线索在动作识别研究中起着关键作用。然而，在光照、行为风格、多视图等复杂多样的条件下，用于表示动作视频的学习特征缺乏鲁棒性。因此，如何有效地学习时空特征对不同的动作进行建模成为视频行为识别研究中的关键问题。

CNN 具有出色的特征学习能力，可以分层提取特征，应用于各种任务中。然而，CNN 模型倾向于学习空间特征而忽略时间运动特征。在某些场景下，仅依靠空间信息进行动作识别会导致某些行为类别的混淆和错误。从视频帧中，不难看出识别视频中的动作主要是由视频中空间特征和时间特征决定的。比如在打高尔夫的动作中，会出现绿草地、高尔夫球杆等具有代表性的空间特征。如果仅靠单张图片进行识别，通常会忽略动作行为的时间持续性，若单张图片中的空间特征较为显著，也可以直接使用图片分类的方法进行识别。但是对于背景复杂、空间特征不明显，或者空间特征相似的情况下，只依靠空间信息进行动作识别会导致某些行为类别的混乱和错误。事实上，同一类别的动作实例具有不同的特征，而不同类别的动作实例可能具有类似的运动和外观信息。例如，像"跑步"与"挥手"，"跑步"动作有独特的特性，如"抬腿"和"摆臂"，有规律的协作运动，但挥手动作有单肢运动。然而，在视觉上相似的动作的情况下，如图 11-13 所示，"跑步"和"慢跑"，只考虑四肢的运动是不太有用的。因此，视频序列的时间关系起着重要的作用，提供了关于外观的时间动态信息。因此，在设计行为识别模型时，模型对时空特征的学习能力决定了模型的识别能力。

图 11-13　第一排跑步，第二排慢跑

受上述方法的启发，笔者提出了一种上下文引导的双向长短期记忆神经网络（Context-Guided BiLSTM）。该方法将相邻关键帧的高级语义信息引导到学习相关性，然后使深度学习网络能够充分聚合时空上下文信息。具体来说，改进的密度聚类用于提取关键帧，保留子行为之间的连续性并去除了大量冗余信息，之后在 CNN 和双向 LSTM 的基本框架下，采用 Context-Guided BiLSTM 的深度残差连接网络，以有效地建立行为的时空内容。关键信息是在每一层都增加了一个额外的具有剩余连通性的空间信息传输通道，并且随着时间的推移反复更新 LSTM 单元每一层的记忆状态。为了解决相邻层之间的信息不能通过存储单元传输的问题，笔者设计了一个 Context-Guided Layer。该结构通过跳过连接在帧之间传递语义信息，并指导相邻关键帧的内容信息的学习。LSTM 充分学习低、中、高层次语义信息的动态特征，然后整合不同层次框架之间的依赖关系。在通过 Context-Guided BiLSTM 和 ConvLSTM 编码后，引入一个融合层，然后将结果作为 Softmax 层的输入。实验表明，笔者提出的基于上下文引导的双向 LSTM 模型的方法优于大多数高级算法。

11.3.1　整体网络模型框架

与上述工作相比，本书提出了一个新的网络模型，学习时间和空间特征，如图 11-14 所示。通过在相邻的关键帧之间建立连接，每一帧不仅接受自己的上下文信息，还引导前一帧的高级语义信息，以进一步探索空间信息的时间依赖性。

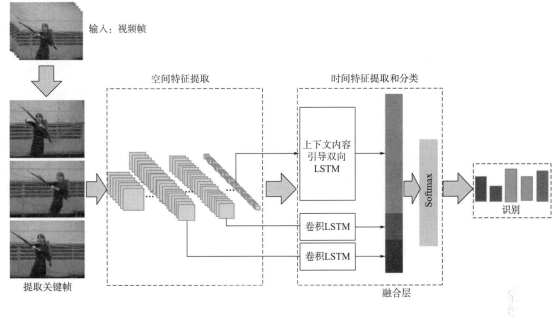

图 11-14　总体框架

（1）自适应关键帧提取

与图像相比，视频包含的信息更丰富，也更冗余。如何使用无监督方法提取关键帧对于许多行为识别和分析任务至关重要。有学者[41]将信息熵作为度量提出了一种提取关键帧的方法，该方法使用相对熵作为相邻帧的距离度量来区分视频内容的变化。同时，有学者[42]提出了一种基于图像信息熵和边缘匹配率的关键帧提取方法。唐等[43]选择局部熵峰值计算密度聚类中心，然后提取关键帧。然而，密度聚类算法限制了参数截止距离 d_c。如果没有先验知识，d_c 的值就不合适设置。为了解决这个问题，笔者采用了一种改进的密度聚类算法来提取关键帧，如表 11-4 所示，该算法使用基尼指数来自适应地选择参数。关键帧序列（Skeyframes）定义如下。

$$S_{\text{keyframes}} = f_{\text{keyframes}}(V) \tag{11-14}$$

式中：$f_{\text{keyframes}}(\cdot)$ 表示提取关键帧的过程；V 表示一个视频序列。

表 11-4　关键帧提取算法

V：原始视频序列
N：类别
$S_{\text{keyframes}}$：关键帧序列
1. 计算 V 中所有帧的图像熵集合 E
2. 找到局部最大值和最小值的集合 x，形成映射点
3. 对于一个 d_c，根据式（11-15）~式（11-18），计算一个基尼指数 G
4. 通过设置增加截断距离 d_c，计算对应的基尼指数 G
5. 得到最小值 $\{G\}$，选择最优截止距离 d_c，求出 C
6. 将 C 降序排列，选择前 N 个作为聚类中心
7. 找到 N 个聚类中心对应的关键帧索引
8. 返回 $S_{\text{keyframes}}$.

根据参考文献[44] 可知，基尼指数衡量数据的纯度。基尼指数越小，数据分布的不确定性就越小。在计算局部密度时，事先预设了一个截止距离 d_c。如果没有预先的知识，就很难确定具有适当价值的截止距离。在本书中，截止距离 d_c 由小变大。首先通过图像熵计算所有帧的熵序列 E，然后将熵值映射到二维空间。选择局部的最大值和最小值来形成与熵值对应的映射点。这里，相邻的点被定义为局部区域。本区域中所选择的最大值和最小值的集合用 $x = \{x_1,\ x_2,\ x_3,\ \cdots,\ x_n\}$ 来表示。代表视频内容较大变化的 x_i，被用来对每个点进行密度聚类。在密度聚类算法中，对于一个 d_c，具有较大局部密度 ρ_i 和最小距离 δ_i 的点一般被认为是潜在的聚类中心 C_i，其定义为式（11-15），局部密度的计算见式（11-16）。

$$C_i = \rho_i \times \delta_i \qquad (11-15)$$

$$\rho_i = \sum i \neq j \begin{Bmatrix} 0, & \text{dist}(x_i,\ x_j)\ -\ d_c > 0 \\ 1, & \text{dist}(x_i,\ x_j)\ -\ d_c \leqslant 0 \end{Bmatrix} \qquad (11-16)$$

式中：dist($\cdot$) 表示两个位置的距离；最小距离 δ_i 由 dist($x_i,\ x_j$) 确定，约束条件为 $\rho_i < \rho_j$，s.t. $i \neq j$。计算出 C_i 后，通过式（11-17）计算出一个概率。

$$p_i = \frac{C_i}{\displaystyle\sum_{i=1}^{n} \left(\delta_i * \delta_i * \sum_{i \neq j} \left(\text{dist}(x_i,\ x_j)\ -\ d_c\right)\right)} \qquad (11-17)$$

根据概率 p，数据的基尼指数由式（11-18）定义。

$$G(x) = 1 - \sum_{i=1}^{n} (p_i)^2 \qquad (11-18)$$

这里，如果 d_c 每次都改变，并且 δ_i 和 ρ_i 每次都由式（11-16）计算。这样就生成了数据的基尼指数，如图 11-15（a）曲线所示。在曲线中，最小值对应于最优值 d_c。当 d_c 确定后，就得到聚类中心 C。对 C_i 集合进行排序，然后选择前几个值较大的点作为聚类中心，如图 11-15（b）所示。最后，将原始视频序列替换为获得的关键帧，如图 11-16 所示。

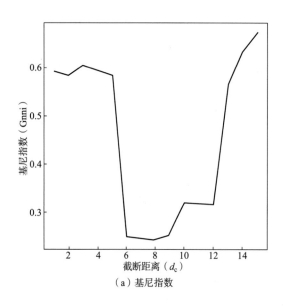

（a）基尼指数

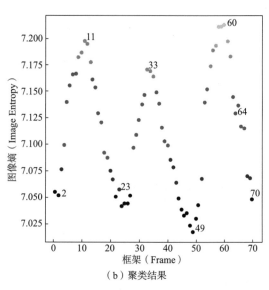

（b）聚类结果

图 11-15　基尼指数及获得聚类结果

图 11-16　关键帧

（2）上下文内容引导的双向 LSTM

具有残差连接的网络可以缓解梯度消失的问题。同时，双向 LSTM 可以学习长距离的信息。基于这些优点，笔者提出了一个新的双向 LSTM 网络（被命名为 Context-Guided BiL-STM），如图 11-17 所示。该网络有三个堆栈块，每个块是一个上下文引导层，由两层 LSTM 构建。第一层的输入是 $\{x_0, x_1, x_2, \cdots, x_t, x_{t+1}, \cdots, x_{\text{end}}\}$，它们对应于 CNN 从每个关键帧提取的特征。经过堆栈块的学习，输出集由 $\{\vec{d}_0, \vec{d}_1, \vec{d}_2, \cdots, \vec{d}_t, \vec{d}_{t+1}, \cdots, \vec{d}_{\text{end}}\}$ 表示，其中 $\vec{d}_t$ 定义见式（11-19）。

$$\overleftrightarrow{d}_t = [\vec{h}_t^l, \overleftarrow{h}_t^l] \tag{11-19}$$

式中，$\overleftrightarrow{d}_t$ 为第 t 个组合特征，由最后一层 Context-Guided BiLSTM 的输出连接；$\vec{h}_t^l$ 和 $\overleftarrow{h}_t^l$ 分别表示第 t 个时间步长的 Context-Guide BiLSTM 网络的输出。考虑到每一帧信息对识别任务的非比

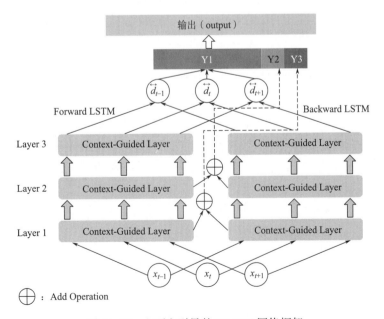

图 11-17　上下文引导的 BiLSTM 网络框架

例贡献，笔者使用注意力机制来自动关注关键信息。因此，不同的权重是通过归一化操作来估计的，其定义见式（11-20）。

$$A_t = \frac{\exp[\boldsymbol{w} \cdot d_t]}{\sum\limits_{t=1}^{L} \exp[\boldsymbol{w} \cdot d_t]} \tag{11-20}$$

式中：$\boldsymbol{w}$ 表示权重矩阵，与端到端网络一起学习；A_t 表示归一化的注意力权重，决定哪一帧对某一类别动作给予更多关注；L 为一个视频中的帧数。随后，所有时间步骤的特征向量根据时间上的注意力 A_t 被预测，注意力加权的视频表示法 $Y1$ 由式（11-21）计算。

$$Y1 = \sum_{t=1}^{L} A_t d_t \tag{11-21}$$

为了使上下文引导的 BiLSTM 网络更加清晰，首先将第二层前向上下文引导层中最后一帧的隐藏状态定义为 $\vec{h}_{\text{end}}^2$。同时，$\overleftarrow{h}_0^2$ 被定义为后向上下文引导层的状态。$\vec{h}_{\text{end}}^2$ 和 $\overleftarrow{h}_0^2$ 相加，用式（11-22）表示，结果称为 $Y2$。与 $Y2$ 类似，$Y3$ 也是在上下文引导层的第一层生成的，由式（11-23）表示。

$$Y2 = \vec{h}_{\text{end}}^2 \oplus \overleftarrow{h}_0^2 \tag{11-22}$$

$$Y3 = \vec{h}_{\text{end}}^1 \oplus \overleftarrow{h}_0^1 \tag{11-23}$$

最后，多层行为描述 $Y = [Y1, Y2, Y3]$ 有助于融合层的输入。

这里，为了清楚地了解网络框架，给出了图 11-18。由两个相邻的 BiLSTM 层组成的内容引导层（Context-Guided Layer）详见如下。上下文引导层的输入和输出是由黑色细曲线的剩余连接建立的。空间信息的转移是为了缓解梯度消失的问题，加强特征传播。在时间传递方向上，通过在当前帧和前一帧的顶层输出之间建立跳过连接，如粗黑曲线所示，相邻关键帧的高级语义信息被引导以增强短期时间特征。在这个框架下，时间信息通过多个跳过连接向前和向后传递，全局性的上下文信息与时间依赖性一起被聚合起来。具体来说，图 11-18 中的 $\vec{h}_t^{l-1}$ 是 $l-1$ 层在时间 t 上向前的隐藏状态，它由隐藏状态 $\vec{h}_{t-1}^{l-1}$、$\vec{h}_{t-1}^l$ 和 $\vec{h}_t^{l-2}$ 根据式（11-24）～式（11-28）决定。

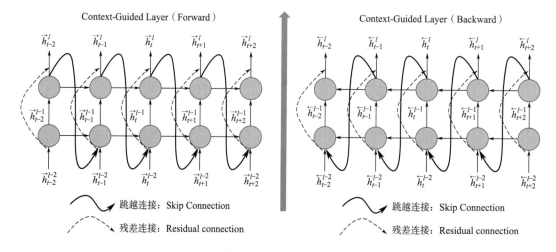

图 11-18　内容引导层

$$i_t^{l-1} = \sigma\,(\boldsymbol{W}_{h_{l-1}i}\,\vec{h}_{t-1}^{l-1} + \boldsymbol{W}_{h_{l}i}\,\vec{h}_{t-1}^{l} + \boldsymbol{W}_{h_{l-2}i}\,\vec{h}_t^{l-2} + b_i) \tag{11-24}$$

$$f_t^{l-1} = \sigma\,(\boldsymbol{W}_{h_{l-1}f}\,\vec{h}_{t-1}^{l-1} + \boldsymbol{W}_{h_{l}f}\,\vec{h}_{t-1}^{l} + \boldsymbol{W}_{h_{l-2}f}\,\vec{h}_t^{l-2} + b_f) \tag{11-25}$$

$$c_t^{l-1} = f_t^{l-1}\odot c_{t-1}^{l-1} + i_t^{l-1}\odot \tanh(\boldsymbol{W}_{h_{l}c}\,\vec{h}_{t-1}^{l-1} + \boldsymbol{W}_{h_{l}c}\,\vec{h}_{t-1}^{l} + \boldsymbol{W}_{h_{l-2}c}\,\vec{h}_t^{l-2} + b_c) \tag{11-26}$$

$$o_t^{l-1} = \sigma\,(\boldsymbol{W}_{h_{l-1}o}\,\vec{h}_{t-1}^{l-1} + \boldsymbol{W}_{h_{l}o}\,\vec{h}_{t-1}^{l} + \boldsymbol{W}_{h_{l-2}o}\,\vec{h}_t^{l-2} + b_o) \tag{11-27}$$

$$\vec{h}_t^{l-1} = o_t^{l-1}\odot \tanh(c_t^{l-1}) \tag{11-28}$$

式中：i、f、o 和 c 分别表示输入门、遗忘门、输出门和存储单元；向量 $h_l\boldsymbol{\omega}$ 是 l 层的隐藏状态（$\omega \in \{i,\,f,\,o,\,c\}$）；$\boldsymbol{W}_{h_l\omega}$ 表示它们相关的权重矩阵；b_i、b_f、b_c 和 b_o 表示输入、遗忘、单元和输出的偏置向量；σ 是 sigmoid 函数；$\odot$ 表示对应元素之积。

　　这里，对于第一层，输入是 $\{x_0,\,x_1,\,x_2,\,\cdots,\,x_t,\,x_{t+1},\,\cdots,\,x_{\text{end}}\}$ 的集合。同样，$\overleftarrow{h}_t^{l-1}$ 是 $l-1$ 层在时间 t 向后方向的隐藏状态，如式（11-29）~式（11-33）所示。

$$i_t^{l-1} = \sigma\,(\boldsymbol{W}_{h_{l-1}i}\,\overleftarrow{h}_{t+1}^{l-1} + \boldsymbol{W}_{h_{l}i}\,\overleftarrow{h}_{t+1}^{l} + \boldsymbol{W}_{h_{l-2}i}\,\overleftarrow{h}_t^{l-2} + b_i) \tag{11-29}$$

$$f_t^{l-1} = \sigma\,(\boldsymbol{W}_{h_{l-1}f}\,\overleftarrow{h}_{t-1}^{l-1} + \boldsymbol{W}_{h_{l}f}\,\overleftarrow{h}_{t-1}^{l} + \boldsymbol{W}_{h_{l-2}f}\,\overleftarrow{h}_t^{l-2} + b_f) \tag{11-30}$$

$$c_t^{l-1} = f_t^{l-1}\odot c_{t-1}^{l-1} + i_t^{l-1}\odot \tanh(\boldsymbol{W}_{h_{l}c}\,\vec{h}_{t-1}^{l-1} + \boldsymbol{W}_{h_{l}c}\,\vec{h}_{t-1}^{l} + \boldsymbol{W}_{h_{l-2}c}\,\vec{h}_t^{l-2} + b_c) \tag{11-31}$$

$$o_t^{l-1} = \sigma\,(\boldsymbol{W}_{h_{l-1}o}\,\vec{h}_{t-1}^{l-1} + \boldsymbol{W}_{h_{l}o}\,\vec{h}_t^{l} + \boldsymbol{W}_{h_{l-2}o}\,\vec{h}_t^{l-2} + b_o) \tag{11-32}$$

$$\vec{h}_t^{l-1} = o_t^{l-1}\odot \tanh(c_t^{l-1}) \tag{11-33}$$

（3）多级特征融合

　　CNN 的浅层通常提取包含场景上下文的高分辨率特征。随着网络深度的增加，空间尺寸减小，倾斜的特征抽象出语义信息。全连接层合并了所有先前的卷积特征，输出用于表示视频动作。组合特征具有很强的解析能力，并被视为动作分类器的输入。在这里，每个卷积层的编码信息可以以图像的形式显示，如图 11-19 所示。从图 11-19 中可以看出，在早期层中，特征图通常是高分辨率的，包含场景信息的轮廓，而在更深的层中，特征图变得小而抽象。较高层的语义感知特征具有更强的识别能力，一般作为动作分类的最终特征。

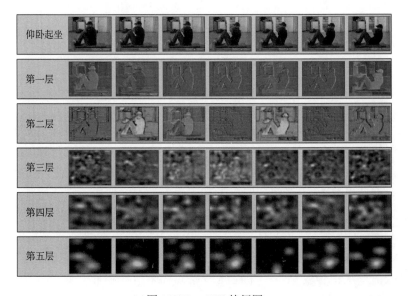

图 11-19　CNN 特征图

低级和中级特征由 ConvLSTM 学习，并由式（11-34）定义。

$$h_{conv}^i = \text{ConvLSTM}(x_{conv}^i) \tag{11-34}$$

高级语义特征的长期内容信息如式（11-35）所示。

$$Y = g(x_0, \ x_{t+1}, \ x_{t+2}, \ \cdots, \ x_{end}) \tag{11-35}$$

式中：$g(\cdot)$ 表示所提出的上下文引导 BiLSTM 模块；x_t 为经过 CNN 学习后第 t 个关键帧的输出。

提取特征后，使用全连接层对其进行融合。其分类可以通过以下方式定义，见式（11-36）。

$$y = \text{softmax}(W[\ h_{conv}^i, \ h_{conv}^j, \ Y]) \tag{11-36}$$

11.3.2　实验设置与分析

（1）实验配置

在 PyTorch 深度学习的框架下，使用带有 DGX1-GPU 的服务器来训练笔者提出的模型。引入 Adma 优化策略，初始学习率为 0.001，批量大小为 64，辍学率为 0.5。笔者使用梯度剪切法来防止梯度爆炸，阈值设置为 15。为了提高模型的通用性，采用随机水平翻转数据增强方法。输入关键帧的数量为 16。如果提取的关键帧数小于 16 帧，则使用其他帧的随机填充来达到 16 帧。另一组使用分段采样方法，将视频分成 4 个片段，并在每个片段中随机采样 4 个帧。视频中的所有帧都被裁剪为 224×224，以满足 CNN 的要求。预处理后，关键帧将按顺序馈送到 ResNet152，后者在 ImageNet 数据集上进行预训练。

（2）实验分析

为了评估对识别结果的影响，利用 ResNet152 和上下文引导的 BiLSTM 深度学习模型，在数据集 UCF11 上进行两项基于关键帧提取技术的实验。实验中不添加多级特征融合模块，按实验配置中的描述设置实验条件。从表 11-5 的结果中可以看出，关键帧提取方法可以在一定程度上提高视频识别。

表 11-5　关键帧提取和其他采样技术评价

方法	准确率/%
分段采样 16 帧	98.1
关键帧	98.3

在数据集 J-HMDB 和 UCF11 上，与 BiLSTM、Res-BiLSTM、Dense-BiLSTM 相比，笔者提出的上下文引导 BiLSTM 取得了更好的结果，如表 11-6 所示。所有实验均基于骨干 BN-Inception 网络，不增加多级特征融合模块，以 16 个关键帧为输入。其他实验条件按实验配置中的描述进行。在这里，Res-BiLSTM 是一种基于残差学习的架构，它使用跳过连接为信息传输提供额外的通道。与原始 BiLSTM 方法相比，Res-BiLSTM 方法的识别性能有所提高。基于密集连接结构的文献[45] 比残差学习方法[46] 获得更好的结果，两个数据集的识别率分别提高了 1.3% 和 1.5%。上下文引导的 BiLSTM 通过在相邻时间段之间建立跳跃连接来调节输入，每个阶段的高级信息从中传输到下一个时间节点，从而指导相邻关键帧的语义学习。因此，与参考文献[56] 相比，内容引导的 BiLSTM 的识别率分别提高了约 3% 和 0.6%。

表 11-6　模型评价

方法	J-HMDB 准确率/%	UCF11 准确率/%
BiLSTM	72.3	96.0
Res-BiLSTM	73.3	96.2
Dense-BiLSTM	74.6	97.7
Context-Guided BiLSTM（本研究）	77.5	98.3

　　高级特征携带丰富的语义信息，但丢失了大部分空间信息。同时，低级特征具有丰富的外观。为了融合不同层的输出，本研究使用两个变体 LSTM 对特征进行编码。在 UCF11 数据集上，通过融合上下文引导 BiLSTM 和 ConvLSTM 编码的多级特征，识别结果表明其略有改善（表 11-7）。

表 11-7　融合模块的影响

方法	准确率/%
Context-Guided BiLSTM	98.3
BiLSTM+ConvLSTM	98.75

　　总体而言，本研究的方法在 UCF11 上表现良好，而 J-HMDB 是一个包含 923 个不同动作视频的大型集合，这使得识别任务更具挑战性。由于这些挑战和问题，本研究在 J-HMDB 数据集上的方法与其他数据集相比性能较差，但识别率优于最先进的技术。混淆矩阵是分析结果的宝贵工具，图 11-20 显示了 J-HMDB 数据集的一些动作的识别结果。识别准确率低的类别，容易被混淆识别。例如，"坐"和"站"相对容易混淆，因为它们的空间细节相似，并

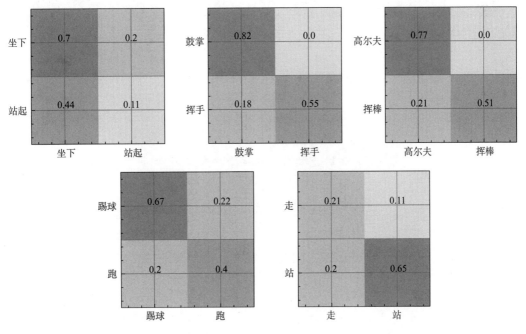

图 11-20　上下文引导 BiLSTM 在 J-HMDB 上部分混淆矩阵

且它们的运动差异较小。笔者还观察到，某些视频帧中的"坐"和"站"容易造成视觉错误，并且这两个类别的内容都不会随着时间的推移而发生显著变化。同时，笔者可以看到步行的动作很容易与站立的动作混淆。从容易混淆的动作中，分析了 LSTM 模型利用基于视频帧的特征学习外观的动态信息，但缺乏局部人体姿态的关系。因此，细粒度的动作表示仍然是动作识别的一个挑战。

笔者在 UCF11、UCF Sport 和 J-HMDB 数据集上以条形图形式显示的类级识别结果如图 11-21。从图 11-21（a）和（b）可以看出，基于本研究系统的篮球投篮、骑自行车、骑马、举重和步行运动等动作的准确率均超过 98%。但是，像"跳水"和"跳跃"、"跑步"和"步行"这样的活动有一些混乱，获得了较差的表现，因为这些动作的上下文差异不是很好区分。类似地，笔者在 J-HMDB 数据集上评估了本研究提出的方法，该方法可以识别梳理、接球、跳跃、踢腿等活动，识别准确率超过 90%，所有动作的平均识别准确率达到 78.1%，如图 11-21（c）所示。

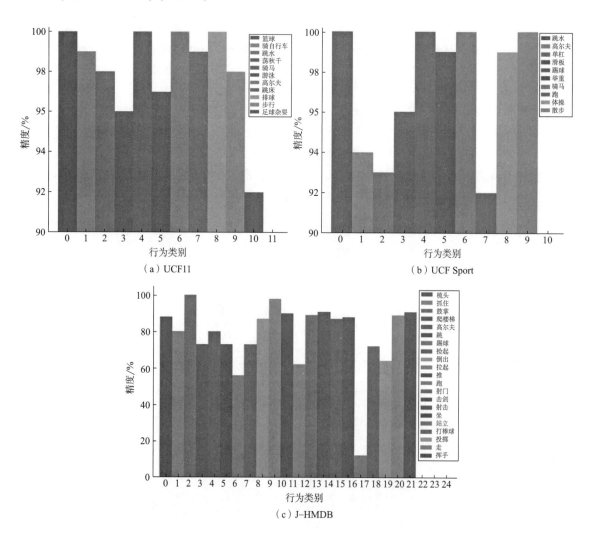

图 11-21　本研究的方法在 UCF11、UCF Sports 和 J-HMDB 数据集上的识别分类精度

与 BiLSTM、Res-BiLSTM 和 Dense-BiLSTM 相比，上下文引导的 BiLSTM 也可用于视频动作检测。例如，在图 11-22 中，场景描绘了一个士兵直奔前方。起初，很难判断其行为，可能是慢慢走过。这是一个远距离的动作，单靠视觉外观是无法识别的。本研究提出的方法可以正确地将其检测为"跑"动作。这是因为通过引导相邻关键帧信息可以进一步增强网络对远距离时态信息进行建模的能力。

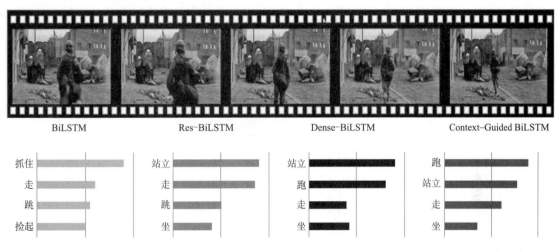

图 11-22　不同的时间建模模块及其相应的检测分数进行动作识别

与一些最先进的方法相比，UCF11、J-HMDB 和 UCF Sports 数据集上的总体性能如表 11-8 所示。在这里，Bag of Vision（BoW）[47]、王[48]、路[49] 和 iDT[50] 是传统的基于手动特征的动作识别方法，其余文献基于深度学习模型。手动特征无法很好地模拟复杂背景下行为的时空信息。因此，基于手动特征的方法的一般能力通常有限，识别精度较低。在这里，涂等[51] 提出了一种多流卷积神经网络来识别人类行为。孟等[52] 整合了二次时空卷积神经网络（QST-CNN）和长短期记忆神经网络（LSTM）。戴等[53] 提出了一种端到端的双流注意力 LSTM 网络，该网络选择性地聚焦原始有效图像特征，并对每个深度特征利用不同程度的注意力。默罕默德等[54] 使用扩展卷积神经网络（DCNN）选择性地关注框架中的有效特征，并应用残差块来升级特征。从表 11-8 中，可以看到本研究的方法在 UCF11、UCF Sports 和 J—HMDB 数据集上取得了有竞争力的结果，这有力地证明了本研究的方法通过从相邻关键帧引导高级语义信息，在时间间隔内捕获不同尺度的信息以进行更高层次的抽象，并且在长距离时间模型中具有出色的能力。

表 11-8　在三个数据集上与当前最新方法的比较

UCF11		UCF Sports		J-HMDB	
方法	准确率/%	方法	准确率/%	方法	准确率/%
巴塔查里亚等 2011[47]	76.5	王等 2012[48]	85.6	路等 2015[49]	58.6
王等 2013[50]	84.2	王等 2013[48]	89.1	拉玛辛格等 2017[55]	67.2
叶等 2018[56]	85.3	徐等 2019[57]	97.8	闫等 2019[58]	69.5

续表

UCF11		UCF Sports		J-HMDB	
方法	准确率/%	方法	准确率/%	方法	准确率/%
孟等 2018[52]	89.7	孟等 2018[52]	93.2	涂等 2018[51]	71.17
甘穆勒（Gammulle）等 2017[14]	89.2	甘穆勒等 2017[14]	92.2	张等 2019[59]	77.2
潘和李 2020[60]	89.24	Nazir 等 2018[61]	97.3	华等 2021[62]	77.8
Ijjina 等 2016[63]	94.6	Ijjina 等 2016[63]	98.9	Ijjina 等 2016[63]	69.0
戴等 2020[53]	96.9	戴等 2020[53]	98.6	戴等 2020[53]	76.3
默罕默德等 2021[54]	98.3	默罕默德等 2021[54]	99.1	默罕默德等 2021[54]	80.2
本研究方法	98.75	本研究方法	97.6	本研究方法	78.1

11.4　本章小结

本章的重点是探讨人体行为识别的特征提取方向，并提出了两种算法。

提出了一种上下文引导的双向长短期记忆神经网络（Context-Guided BiLSTM），旨在通过引导相邻关键帧的高级语义信息来学习关键帧内容相关性，并使深度学习网络能够充分聚合时空上下文信息。具体而言，笔者使用改进的密度聚类算法来提取关键帧，从而保留子行为之间的连续性并去除冗余信息。在基于 CNN 和双向 LSTM 的框架下，笔者提出了一种名为 Context-Guided BiLSTM 的深度残差连接网络，以有效建立行为的时空内容。笔者在每一层增加了一个具有剩余连接的额外空间信息传输通道，并且随着时间的推移反复更新 LSTM 单元的记忆状态，以充分学习低、中、高层次的动态语义特征，并整合不同层次框架之间的依赖关系。为了解决相邻层之间信息不能通过存储单元传输的问题，设计了 Contex-Guided Layer，该结构通过跳跃连接在帧之间传递语义信息，并指导相邻关键帧内容信息的学习。最后，笔者通过 Context-Guided BiLSTM 和 ConvLSTM 编码获得时空特征，引入一个融合层，将结果作为 Softmax 层的输入。实验结果表明，融合后的时空特征比单一空间特征或单一时间特征拥有更出色的识别性能。

基于 CNN-LSTM 框架，提出了一种改进的人体行为识别算法。总体技术路线为：采用关键帧技术进行数据预处理，利用 EfficientNet 和改进的双向特征金字塔进行多尺度特征提取和交互，然后将空间特征作为空间注意力模块的输入、融合，通过长短时记忆网络模块学习帧特征之间的时间关系，注意力模块实现了空间位置信息保存和时间序列特征集成。最后，采用 Softmax 分类器对动作行为分类、识别。在 UCF 系列数据集上，验证结果表明，改进方法具有有效性和较高的识别准确率。

参考文献

［1］LAPTEV I. On space-time interest points［J］. International Journal of Computer Vision, 2005, 64（2）: 107-

123.

［2］ KARPATHY A, TODERICI G, SHETTY S, et al. Large-scale video classification with convolutional neural networks ［C］//2014 IEEE Conference on Computer Vision and Pattern Recognition. Columbus, OH, USA. IEEE, 2014: 1725-1732.

［3］ SIMONYAN K, ZISSERMAN A. Two-stream convolutional networks for action recognition in videos ［C］// Proceedings of the 27th International Conference on Neural Information Processing Systems-Volume 1. December 8-13, 2014, Montreal, Canada. ACM, 2014: 568-576.

［4］ WANG L M, XIONG Y J, WANG Z, et al. Temporal segment networks: Towards good practices for deep action recognition ［C］//European Conference on Computer Vision. Cham: Springer, 2016: 20-36.

［5］ DU W B, WANG Y L, QIAO Y. RPAN: an end-to-end recurrent pose-attention network for action recognition in videos ［C］//2017 IEEE International Conference on Computer Vision (ICCV). Venice, Italy. IEEE, 2017: 3745-3754.

［6］ DIBA A, SHARMA V, VAN GOOL L. Deep temporal linear encoding networks ［C］//2017 IEEE Conference on Computer Vision and Pattern Recognition (CVPR). Honolulu, HI, USA. IEEE, 2017: 1541-1550.

［7］ ZHOU B L, ANDONIAN A, OLIVA A, et al. Temporal relational reasoning in videos ［C］//Computer Vision-ECCV 2018: 15th European Conference, Munich, Germany, September 8-14, 2018, Proceedings, Part I. ACM, 2018: 831-846.

［8］ LIN J, GAN C, HAN S. TSM: temporal shift module for efficient video understanding ［C］//2019 IEEE/CVF International Conference on Computer Vision (ICCV). Seoul, Korea (South). IEEE, 2019: 7082-7092.

［9］ 周波, 李俊峰. 基于多流卷积神经网络的行为识别 ［J］. 计算机系统应用, 2021, 30 (8): 118-125.

［10］ SIGURDSSON G A, DIVVALA S, FARHADI A, et al. Asynchronous temporal fields for action recognition ［C］//2017 IEEE Conference on Computer Vision and Pattern Recognition (CVPR). Honolulu, HI, USA. IEEE, 2017: 5650-5659.

［11］ DONAHUE J, HENDRICKS L A, GUADARRAMA S, et al. Long-term recurrent convolutional networks for visual recognition and description ［C］//2015 IEEE Conference on Computer Vision and Pattern Recognition (CVPR). Boston, MA, USA. IEEE, 2015: 2625-2634.

［12］ SHARMA S, KIROS R, SALAKHUTDINOV R. Action recognition using visual attention ［C］. Proceedings of the International Conference on Learning Representations (ICLR) Workshop, 2016.

［13］ 谢昭, 周义, 吴克伟, 等. 基于时空关注度 LSTM 的行为识别 ［J］. 计算机学报, 2021, 44 (2): 261-274.

［14］ GAMMULLE H, DENMAN S, SRIDHARAN S, et al. Two stream LSTM: A deep fusion framework for human action recognition ［C］//2017 IEEE Winter Conference on Applications of Computer Vision (WACV). Santa Rosa, CA, USA. IEEE, 2017: 177-186.

［15］ OUYANG X, XU S J, ZHANG C Y, et al. A 3D-CNN and LSTM based multi-task learning architecture for action recognition ［J］. IEEE Access, 2019, 7: 40757-40770.

［16］ ZHOU K, HUI B, WANG J F, et al. A study on attention-based LSTM for abnormal behavior recognition with variable pooling ［J］. Image and Vision Computing, 2021, 108: 104120.

［17］ TRAN D, BOURDEV L, FERGUS R, et al. Learning spatiotemporal features with 3D convolutional networks ［C］//2015 IEEE International Conference on Computer Vision (ICCV). Santiago, Chile. IEEE, 2015: 4489-4497.

［18］ CARREIRA J, ZISSERMAN A. Quo vadis, action recognition? A new model and the kinetics dataset ［C］// 2017 IEEE Conference on Computer Vision and Pattern Recognition (CVPR). Honolulu, HI, USA. IEEE,

2017：4724-4733.

[19] QIU Z F, YAO T, MEI T. Learning spatio-temporal representation with pseudo-3D residual networks [C] // 2017 IEEE International Conference on Computer Vision (ICCV). Venice, Italy. IEEE, 2017：5534-5542.

[20] TRAN D, WANG H, TORRESANI L, et al. A closer look at spatiotemporal convolutions for action recognition [C] //2018 IEEE/CVF Conference on Computer Vision and Pattern Recognition. Salt Lake City, UT, USA. IEEE, 2018：6450-6459.

[21] JIANG B Y, WANG M M, GAN W H, et al. STM：SpatioTemporal and motion encoding for action recognition [C] //2019 IEEE/CVF International Conference on Computer Vision (ICCV). Seoul, Korea (South). IEEE, 2019：2000-2009.

[22] BALLAS N, YAO L, PAL C, et al. Delving deeper into convolutional networks for learning video representations [EB/OL]. 2015：arXiv：1511. 06432. http：//arxiv. org/abs/1511. 06432

[23] LIU J, WANG G, HU P, et al. Global context-aware attention LSTM networks for 3D action recognition [C] //2017 IEEE Conference on Computer Vision and Pattern Recognition (CVPR). Honolulu, HI, USA. IEEE, 2017：3671-3680.

[24] ZHANG Z F, LV Z M, GAN C Q, et al. Human action recognition using convolutional LSTM and fully-connected LSTM with different attentions [J]. Neurocomputing, 2020, 410：304-316.

[25] TAN M X, LE Q V. EfficientNet：Rethinking model scaling for convolutional neural networks [EB/OL]. 2019：arXiv：1905. 11946. http：//arxiv. org/abs/1905. 11946

[26] TANG H, LIU H, XIAO W, et al. Fast and robust dynamic hand gesture recognition via key frames extraction and feature fusion [J]. Neurocomputing, 2019, 331 (C)：424-433.

[27] HE K M, ZHANG X Y, REN S Q, et al. Deep residual learning for image recognition [C] //2016 IEEE Conference on Computer Vision and Pattern Recognition (CVPR). Las Vegas, NV, USA. IEEE, 2016：770-778.

[28] HUANG G, LIU Z, VAN DER MAATEN L, et al. Densely connected convolutional networks [C] //2017 IEEE Conference on Computer Vision and Pattern Recognition (CVPR). Honolulu, HI, USA. IEEE, 2017：2261-2269.

[29] LIN T Y, DOLLÁR P, GIRSHICK R, et al. Feature pyramid networks for object detection [C] //2017 IEEE Conference on Computer Vision and Pattern Recognition (CVPR). Honolulu, HI, USA. IEEE, 2017：936-944.

[30] HOU Q B, ZHOU D Q, FENG J S. Coordinate attention for efficient mobile network design [C] //2021 IEEE/CVF Conference on Computer Vision and Pattern Recognition (CVPR). Nashville, TN, USA. IEEE, 2021：13708-13717.

[31] Orozco C I, Buemi M E, Berlles J J. CNN-LSTM architecture for action recognition in videos [J]. Simposio Argentino de Imágenesy Visión, 2019：7-12.

[32] ULLAH A, MUHAMMAD K, DEL SER J, et al. Activity recognition using temporal optical flow convolutional features and multilayer LSTM [J]. IEEE Transactions on Industrial Electronics, 2019, 66 (12)：9692-9702.

[33] PAN Z G, LI C. Robust basketball sports recognition by leveraging motion block estimation [J]. Signal Processing：Image Communication, 2020, 83：115784.

[34] GHARAEE Z, GÄRDENFORS P, JOHNSSON M. First and second order dynamics in a hierarchical SOM system for action recognition [J]. Applied Soft Computing, 2017, 59：574-585.

[35] TANG P J, WANG H L, KWONG S. Deep sequential fusion LSTM network for image description [J].

Neurocomputing, 2018, 312 (C): 154-164.

[36] GE H W, YAN Z H, YU W H, et al. An attention mechanism based convolutional LSTM network for video action recognition [J]. Multimedia Tools and Applications, 2019, 78 (14): 20533-20556.

[37] MOHAMMADI E, JONATHAN WU Q M, SAIF M, et al. Hierarchical feature representation for unconstrained video analysis [J]. Neurocomputing, 2019, 363 (C): 182-194.

[38] HUANG Q Y, SUN S, WANG F. A compact pairwise trajectory representation for action recognition [C] // 2017 IEEE International Conference on Acoustics, Speech and Signal Processing (ICASSP). New Orleans, LA, USA. IEEE, 2017: 1767-1771.

[39] SHI Y M, ZENG W, HUANG T J, et al. Learning Deep Trajectory Descriptor for action recognition in videos using deep neural networks [C] //2015 IEEE International Conference on Multimedia and Expo (ICME). Turin. IEEE, 2015: 1-6.

[40] SHU Y, SHI Y M, WANG Y W, et al. ODN: opening the deep network for open-set action recognition [C] //2018 IEEE International Conference on Multimedia and Expo (ICME). San Diego, CA, USA. IEEE, 2018: 1-6.

[41] GUO Y J, XU Q, SUN S H, et al. Selecting video key frames based on relative entropy and the extreme studentized deviate test [J]. Entropy, 2016, 18 (3): 73.

[42] REN L P, QU Z Y, NIU W Q, et al. Key frame extraction based on information entropy and edge matching rate [C] //2010 2nd International Conference on Future Computer and Communication. Wuhan, China. IEEE, 2010: V3-91-V3-94.

[43] TANG H, LIU H, XIAO W, et al. Fast and robust dynamic hand gesture recognition via key frames extraction and feature fusion [J]. Neurocomputing, 2019, 331 (C): 424-433.

[44] LIU H Y, ZHOU M C, LU X S, et al. Weighted Gini index feature selection method for imbalanced data [C] //2018 IEEE 15th International Conference on Networking, Sensing and Control (ICNSC). Zhuhai, China. IEEE, 2018: 1-6.

[45] ZHU Y Q, JIANG S Q. Attention-based densely connected LSTM for video captioning [C] //Proceedings of the 27th ACM International Conference on Multimedia. October 21-25, 2019, Nice, France. ACM, 2019: 802-810.

[46] VAN DEN OORD A, KALCHBRENNER N, KAVUKCUOGLU K. Pixel recurrent neural networks [C] // Proceedings of the 33rd International Conference on International Conference on Machine Learning-Volume 48. June 19-24, 2016, New York, NY, USA. ACM, 2016: 1747-1756.

[47] BHATTACHARYA S, SUKTHANKAR R, JIN R, et al. A probabilistic representation for efficient large scale visual recognition tasks [C] //CVPR. Colorado Springs, CO, USA. IEEE, 2011: 2593-2600.

[48] WANG H R, YUAN C F, HU W M, et al. Supervised class-specific dictionary learning for sparse modeling in action recognition [J]. Pattern Recognition, 2012, 45 (11): 3902-3911.

[49] LU J S, RAN X, CORSO J J. Human action segmentation with hierarchical supervoxel consistency [C] // 2015 IEEE Conference on Computer Vision and Pattern Recognition (CVPR). Boston, MA, USA. IEEE, 2015: 3762-3771.

[50] WANG H, SCHMID C. Action recognition with improved trajectories [C] //2013 IEEE International Conference on Computer Vision. Sydney, NSW, Australia. IEEE, 2013: 3551-3558.

[51] TU Z G, XIE W, QIN Q Q, et al. Multi-stream CNN: Learning representations based on human-related regions for action recognition [J]. Pattern Recognition, 2018, 79: 32-43.

[52] MENG B, LIU X J, WANG X L. Human action recognition based on quaternion spatial-temporal convolutional

neural network and LSTM in RGB videos [J]. Multimedia Tools and Applications, 2018, 77 (20): 26901-26918.

[53] Dai C, Liu X, Lai J. Human action recognition using two-stream attention based LSTM networks [J]. Applied soft computing, 2020, 86: 105820.

[54] MUHAMMAD K, MUSTAQEEM, ULLAH A, et al. Human action recognition using attention based LSTM network with dilated CNN features [J]. Future Generation Computer Systems, 2021, 125 (C): 820-830.

[55] RAMASINGHE S, RAJASEGARAN J, JAYASUNDARA V, et al. Combined static and motion features for deep-networks-based activity recognition in videos [J]. IEEE Transactions on Circuits and Systems for Video Technology, 2019, 29 (9): 2693-2707.

[56] YE J M, WANG L N, LI G X, et al. Learning compact recurrent neural networks with block-term tensor decomposition [C] //2018 IEEE/CVF Conference on Computer Vision and Pattern Recognition. Salt Lake City, UT, USA. IEEE, 2018: 9378-9387.

[57] XU W R, MIAO Z J, YU J, et al. Action recognition and localization with spatial and temporal contexts [J]. Neurocomputing, 2019, 333 (C): 351-363.

[58] YAN A, WANG Y L, LI Z F, et al. PA3D: pose-action 3D machine for video recognition [C] //2019 IEEE/CVF Conference on Computer Vision and Pattern Recognition (CVPR). Long Beach, CA, USA. IEEE, 2019: 7914-7923.

[59] ZHANG P F, LAN C L, XING J L, et al. View adaptive neural networks for high performance skeleton-based human action recognition [J]. IEEE Transactions on Pattern Analysis and Machine Intelligence, 2019, 41 (8): 1963-1978.

[60] PAN Z G, LI C. Robust basketball sports recognition by leveraging motion block estimation [J]. Signal Processing: Image Communication, 2020, 83: 115784.

[61] NAZIR S, YOUSAF M H, NEBEL J C, et al. A Bag of Expression framework for improved human action recognition [J]. Pattern Recognition Letters, 2018, 103: 39-45.

[62] HUA M, GAO M Q, ZHONG Z C. SCN: Dilated silhouette convolutional network for video action recognition [J]. Computer Aided Geometric Design, 2021, 85: 101965.

[63] IJJINA E P, MOHAN C K. Hybrid deep neural network model for human action recognition [J]. Applied Soft Computing, 2016, 46 (C): 936-952.

第 12 章　基于骨骼信息的行为识别

12.1　基于骨骼信息的行为识别的研究现状

骨骼信息被认为是一种高级特征，因为节点和邻域之间具有密切的相关性，从而提供了丰富的身体结构信息。基于骨骼的人体动作识别算法通常使用低维表示的骨骼信息，因此它表现出高效的计算能力。此外，骨架信息对于光照变化具有很强的稳健性，而且对视点和外观具有不变性。通过骨架中关节位置和关节之间的相互关系可以有效地表征人体行为。

从数据输入的角度来看，人体行为识别的研究主要可以遵循两个方向：直接研究 RGB 视频捕捉人体动作；利用深度传感器和姿态估计算法获取人体动作相关的骨骼数据。此外，高度精确的深度相机或位姿估计算法，也很容易获得骨架数据。已有研究表明，人体关节点序列和关节轨迹运动信息对于动作识别具有良好的鲁棒性。

传统的基于骨骼的动作识别方法是通过一系列旋转、平移等三维操作，手工提取骨骼特征。齐亚法德（Ziaeefard）等[1] 将整个骨架序列压缩成累积骨架化的图像（Cumulative Skeletonized Images，CSI），生成代表骨架点分布的直方图用于动作识别。夏等[2] 在前人研究的基础上，将 CSI 扩展到 3D 特征空间，并利用隐马尔可夫模型（HMM）预测动作类别。杨等[3] 设计了一种人体动作的表示形式，即特征关节（Eigen Joints，EJs），利用骨骼的二维位置和运动信息，然后 EJs 生成的中间特征输入朴素贝叶斯分类器进行分类。但是，由于映射过程需要大量的计算，这种方法缺乏实时性。马苏德（Massod）等[4] 利用初始骨架序列设置中立姿态，利用 K-means 聚类方法将关节的各个独立特征分为 5 类，应用二进制向量表示类别索引，最后通过逻辑回归和多实例学习生成动作描述。侯赛因（Hussein）等[5] 使用三维关节位置的协方差矩阵（Cov3DJ）作为骨架序列的描述符，采用时间层次结构添加时间信息。冉等[6] 提出自适应骨架中心的人体行为识别算法，依据特征值的变化自适应地选择坐标中心，重新对原始坐标矩阵进行归一化。这些方法虽然取得了一定的效果，但存在着明显的缺陷。一方面，用大量的三维坐标表示高维骨架特征，复杂的特征表示和较高的计算成本使得手工特征提取非常困难。另一方面，由于人类骨骼的拓扑结构在不同的数据集之间的差异性，导致基于手工制作特征的识别算法通用性有限。

随着深度学习的蓬勃发展，CNN 模型、RNN 模型和 GCN 等模型已成为基于骨骼特征进行动作识别的主导模型。基于 CNN 的方法：王等[7] 将骨骼建模为关节轨迹图（Joint Trajectory Map，JTM），将关节特征嵌入纹理图像中，并进行颜色编码，然而编码过程过于复杂。李等[8] 利用关节投影三维坐标生成几张新的二维图像，并将其作为预先训练 VGG-19 模型的输入，结果与参考文献[7] 相比，二维投影计算效率更高。王[7] 和李[8] 生成的伪图像保留了空间特征，但却丢失了动作的运动信息。李等[9] 设计了一个以代数几何为指导，结合空间特征和运动关联的形状—运动表示。基于 RNN 的方法：李（Lee）等[10] 提出了集成时间滑动 LSTM 网络学习人体各部位的时间依赖性，忽略了人体骨骼的空间构型。王等[11] 提出了一种新的两流 RNN 来提取时空特征，在数据预处理过程中，交换骨架的轴线来增强空间配置。由于表示动作的骨架数据可能包含噪声和遮挡，刘等[12] 为 LSTM 组装了信任门单元来消除噪声，将表示关节的三维坐标在时域内连接，形成运动矢量序列并输入 LSTM 中。然而，在空间域中，网络并没有明确告知关节之间的对应关系[13]。因此，刘等[14] 进一步提出了一种时空注意 LSTM，利用骨骼的上下文相关性，有选择性地聚焦于信息量更大的关节，进一步增强空间依赖性。基于 GCN 的方法：人体骨骼具有自然的拓扑结构，可以用图形建模。在这一指导思想下，许多先进的著作[15-17] 在 GCNs 的帮助下取得了显著的成绩。闫等[18] 首先提出时空图，构建时空图卷积网络（ST-GCN），利用图卷积算子提取骨架空间特征，利用二维卷积算子学习时间运动相关性。为使 ST-GCN 生成的图嵌入更具鲁棒性，史等[15] 设计了一种自适应图策略，使模型自动修改图的邻接矩阵。此外，提出了一种多尺度双流框架，该框架可以耦合关节中的一阶特征和骨骼中的二阶特征。最后，将双流框架和自适应图策略组合到 ST-GCN 中，定义为双流自适应图卷积网络（2s-AGCN）。

12.2 基于骨架特征 Hough 变换的行为识别

12.2.1 引言

骨架特征受场景和光照影响较小，已被广泛地应用于行为识别等领域。与低级特征（纹理、形状、尺寸等）相比，作为人体高级特征的骨架信息可以更加准确地描述视频图像中人体的运动模式，具有较强的适应性。骨架特征一般包含坐标特征和几何特征。坐标特征指人体骨骼关节点的坐标信息，几何特征指骨骼关节点之间的距离信息以及相邻骨骼关节之间的角度信息。

目前，基于骨架特征建模型的方法主要有两大类：骨架特征结合传统模型，如采用 K-means 聚类、FV 编码、朴素贝叶斯或者 SVM 分类器等传统机器学习方案进行分类预测；骨架特征作为深度模型的输入信息，进而采用端对端（End-to-End）的方式识别行为，如 GCN 模型[15-17] 等。本节采用骨骼特征和传统方法建模并识别行为。对于传统方法，存在以下问题：计算成本高；特征表示鲁棒性缺失；不同数据集的人体骨骼拓扑结构差异性较大。

为了降低计算复杂度、提升特征的鲁棒性，本章将骨骼关节的线运动轨迹映射到霍夫（Hough）空间，构建点轨迹特征；此外，受郑潇等[19] 以骨架特征构建时空特征描述符的启发，将骨骼的角度、轨迹特征相融合，进行识别与分类人体行为。

12.2.2 整体网络模型框架

具体操作步骤如下：第一，将视频数据分解为连续的视频帧，然后使用二维姿态估计开源库 OpenPose 提取视频帧的人体骨骼关键点，以 json 格式文件保存骨骼关键点坐标。第二，相邻骨骼关键点以向量形式表示骨骼关节，随后骨骼关节矢量通过霍夫变换映射到霍夫空间，计算霍夫空间点的运动轨迹，即点迹表征骨骼关节运动。第三，采用高斯混合模型训练码本，通过 Fisher 向量（Fisher Vector）编码表示轨迹特征。第四，行为特征量化后，视频表示作为线性支持向量机的输入，对视频进行识别与分类。此外，本文计算了相邻骨骼关节间的角度特征，验证其与霍夫转换后的轨迹特征融合的识别效果。实验结果表明，融合特征表现出更优越的性能。本研究的整体框架如图 12-1 所示。

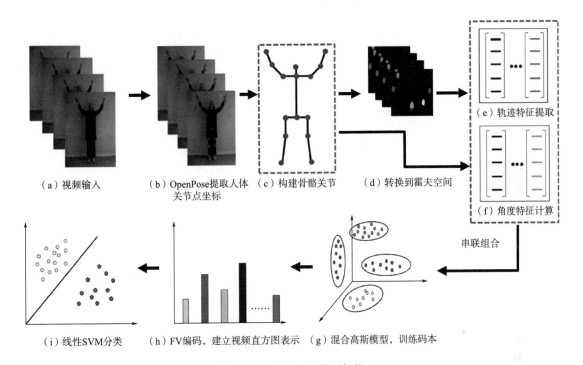

图 12-1　行为识别模型架构

12.2.3　二维姿态估计

在 OpenPose 开源框架下，3 种二维姿态模型用于提取人体骨骼关键点，分别为"BODY-25""COCO-18"和"MPI-15"，如图 12-2（a）所示。其中，基于 COCO 和 MPI 模型提取身体关键点的个数为 18 和 15。"BODY-25"可以提取 25 个骨骼关键点，与前两种方法相比，增加了人体髋部部位。事实上，髋部与人体大多数行为动作有关。因此，本研究使用"BODY 25"模型提取视频中人体的骨骼关键点。图 12-2（b）给出了"BODY 25"模型提取的关键点，数字代表位置标记序号。

由图 12-2（b）可以看出，在视频帧 25 个关键点中，序号 15~24 位置的关键点表示的身体部位分别为眼、耳朵、脚后跟、大脚趾和小脚趾。这些身体部位对人体行为识别的影响不大，而前 15 个身体部位如躯干、四肢等，可以很好地描述运动行为。提取出的部分连续人体骨骼关键点可视化如图 12-3 所示。关键点构建相邻骨骼关节角度信息由表 12-1 所示。在不影响识别精度的情况下，为降低计算量，本研究使用前 15 个关键点描述行为。

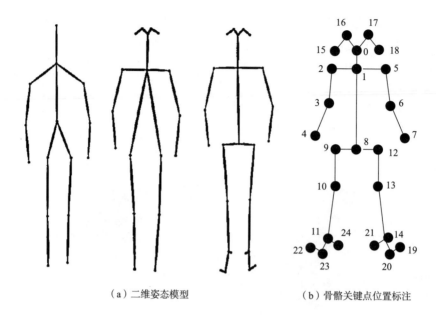

（a）二维姿态模型   （b）骨骼关键点位置标注

图 12-2　二维姿态和骨骼

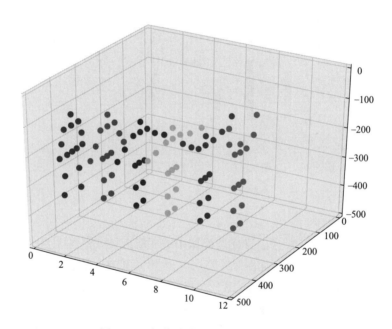

图 12-3　部分连续骨骼关键点可视化

12.2.4　特征描述

（1）角度特征

假设两个相邻的骨骼关键点坐标为 $r_i = (x_i, y_i)$、$r_j = (x_j, y_j)$，$i \neq j$，则两点构建人体骨骼关节，采用向量 $\boldsymbol{P}$ 表示，如式（12-1）所示。

$$\boldsymbol{P} = (x_j - x_i, \ y_j - y_i) \tag{12-1}$$

表 12-1　关键点构建骨骼关节角度信息

角度序号	关节 1	关节 2
1	主躯干（1，8）	左肩（1，5）
2	主躯干（1，8）	右肩（1，2）
3	主躯干（1，8）	左髋（8，12）
4	主躯干（1，8）	右髋（8，9）
5	左前臂（6，7）	左上臂（5，6）
6	右前臂（3，4）	右上臂（2，3）
7	左上臂（5，6）	左肩（1，5）
8	右上臂（2，3）	右肩（1，2）
9	左肩（1，5）	颈部（0，1）
10	右肩（1，2）	颈部（0，1）
11	左大腿（12，13）	左小腿（13，14）
12	右大腿（9，10）	右髋（8，9）
13	左大腿（12，13）	左髋（8，12）
14	右大腿（9，10）	右小腿（10，11）

根据表 12-1 骨骼关节之间的关系，分别计算 14 个由相邻人体关节向量组成的角度信息，如式（12-2）所示。

$$\theta = \arccos \frac{P * U}{\| P \| \| U \|} \tag{12-2}$$

式中：$\| P \|$、$\| U \|$ 分别表示相邻人体关节向量的长度；$*$ 表示两个关节向量的点积。对于某一个骨骼帧，其空域角度信息特征集合 A 可以由式（12-3）表示。

$$A = (\theta_1, \theta_2, \cdots, \theta_{14}) \tag{12-3}$$

（2）二维姿态轨迹特征

对于二维姿态轨迹特征，采用 OpenPose 提取人体关键点的运动轨迹表示。考虑到关键点运动过程中会偏离原始位置，发生漂移，设置关键点运动轨迹长度为 L，其值为 16。当轨迹长度超过 16 帧时，将多余部分移除。

轨迹形状序列可以表示为式（12-4）。

$$Q = (\Delta P_t, \cdots, \Delta P_{t+L-1}) \tag{12-4}$$

式中：$\Delta P_t = (P_{t+1} - P_t) = (x_{t+1} - x_t, y_{t+1} - y_t)$。

将得到的向量归一化为位移向量的大小之和，见式（12-5）。

$$Q' = \frac{(\Delta P_t, \cdots, \Delta P_{t+L-1})}{\sum_{j=t}^{t+L-1} \| \Delta P_j \|} \tag{12-5}$$

则 15 个人体关节点形成的轨迹特征向量见式（12-6）。

$$T_{\text{2DPoses}} = (Q'_1, Q'_2, \cdots, Q'_{15}) \tag{12-6}$$

（3）霍夫空间轨迹特征

霍夫变换于 1962 年被提出，在图像处理中，常被用来进行直线检测。霍夫变换能使时间、空间复杂度增高，但对图像缺失的直线、噪声不敏感。基于此，本研究将骨骼关节看作一条直线段，然后将其映射到霍夫空间。将骨骼关键点坐标 r_1、r_2 在笛卡尔坐标系中建立直线函数，如图 12-4（a）所示。函数表达式见式（12-7）。

$$y = kx + b \tag{12-7}$$

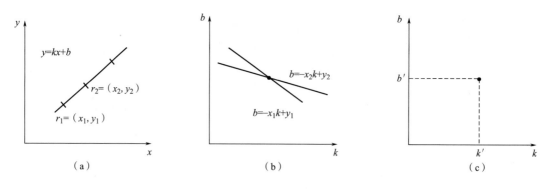

图 12-4　霍夫变换过程

根据霍夫变换，将式（12-7）转换为分别以 k、b 为自变量、因变量的方程组，如式（12-8），图 12-4（b）给出了坐标系表示。求解式（12-8），即得到两条直线的交点，如图 12-4（c）所示。

$$\begin{cases} b = -kx_1 + y_1 \\ b = -kx_2 + y_2 \end{cases} \tag{12-8}$$

当式（12-7）中斜率 k 无穷大时，斜截式不能表征所有的直线段。因此，将式（12-7）转换到极坐标系，令 $k = -\cos\theta/\sin\theta$，$b = r/\sin\theta$ 整理化简可得式（12-9）、式（12-10）。

$$r = x\cos\theta + y\sin\theta \tag{12-9}$$

$$\theta = \arctan\left(\frac{x_j - x_i}{y_j - y_i}\right) \tag{12-10}$$

图 12-5　参数 r、θ

式中：r 为直线到坐标原点的距离；θ 为 x 轴与垂直于直线的夹角，如图 12-5 所示。

通过上述理论分析，二维姿态映射到霍夫空间，每一个人体骨骼关节被看作一个点，骨骼关节轨迹反映到霍夫空间中，即变为对应点运动。通过空间变换，减少直线残缺以及噪声的影响，增强抗干扰能力，提升特征描述的鲁棒性。此外，特征描述如轨迹表示方法简单。霍夫空间中点运动的部分轨迹如图 12-6 所示。

在霍夫空间中，点运动形成的轨迹可表示为如式（12-11）所示。

$$\boldsymbol{Q}_H = (\Delta \boldsymbol{P}_{Ht}, \cdots, \Delta \boldsymbol{P}_{Ht+L-1}) \tag{12-11}$$

式中：$\Delta \boldsymbol{P}_{Ht} = (\boldsymbol{P}_{Ht+1} - \boldsymbol{P}_{Ht}) = (r_{Ht+1} - r_{Ht},\ \theta_{Ht+1} - \theta_{Ht})$，　表示点从 t 时刻到 $t+1$ 时刻在霍夫空间中的运动状态。Q_H 归一化如式（12-12）所示。

$$Q'_H = \frac{(\Delta \boldsymbol{P}_{Ht},\ \cdots,\ \Delta \boldsymbol{P}_{Ht+L-1})}{\sum_{j=Ht}^{Ht+L-1} \| \Delta \boldsymbol{P}_j \|} \tag{12-12}$$

则提取的轨迹特征向量序列如式（12-13）所示。

$$\boldsymbol{T}_{\mathrm{Hough}} = (\boldsymbol{Q}'_{H1},\ \boldsymbol{Q}'_{H2},\ \cdots,\ \boldsymbol{Q}'_{H14}) \tag{12-13}$$

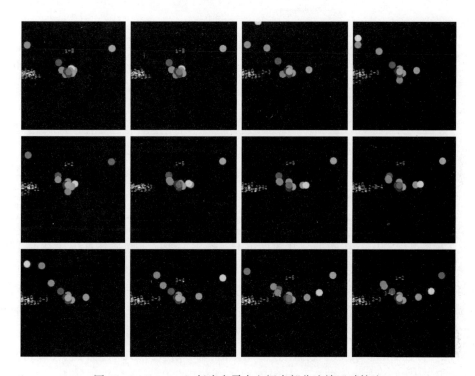

图 12-6　"waving"行为在霍夫空间中部分连续运动轨迹

12.2.5　特征编码

在传统机器学习的行为识别框架中，视觉词袋和 FV 编码的行为识别模型被广泛地使用。视觉词袋最早应用于信息检索领域，通过统计字典中单词出现的频率来描述样本的分布，属于零阶统计信息。基于 Fisher 向量法的行为识别，码本采用混合高斯模型（Gaussian Mixture Model，GMM）训练产生。编码特征描述符与视觉码字之间的平均一阶期望信息和二阶方差信息差异扩展了视觉词袋。因此，Fisher 向量编码能够较好地表示视频中人体行为信息，FV 编码具体步骤如图 12-7 所示。

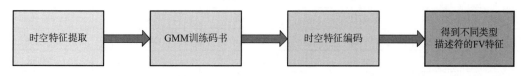

图 12-7　FV 编码流程

本部分设置高斯分布模型的个数 m 值为 100，原始特征维度为 D，通过 Fisher 向量编码后，每种行为特征类型所拥有的特征向量维度为 $m+2Dm$，之后采用串联操作融合不同特征作为视频表示。

12.2.6 实验分析

本章在英特尔 酷睿 i5-1035G 系列处理器@ 1.00GHz，16G 内存计算机主机下，采用 Python3.7 语言编程仿真。采用留一交叉验证法（Leave-One-Out-Cross-Validation，LOOCV）进行评价。

为了验证霍夫空间中点轨迹特征的有效性，在四个公共数据集上做对比实验。其中，a 表示骨骼关节点轨迹特征作为输入的行为识别分类结果，b 表示将人体关节经 Hough 变换后，在霍夫空间中产生的点轨迹特征作为模型的输入，识别结果如表 12-2 所示。

表 12-2 基于两种轨迹特征的识别率/%

方法	数据集及识别率			
	KTH	Weizmann	KARD	Drone-Action
a	79.63	78.46	84.63	52.92
b	93.16	86.48	92.59	54.58

由表 12-2 可以看出，在四种公共数据集上，经霍夫变换，轨迹特征（方法 b）作为模型的输入，在 KTH 和 KARD 数据集上，识别精度在 93% 左右。与骨骼关节轨迹（方法 a）相比，视频行为识别精度分别提升了 13.53%、7.96%。方法 b 提升较高的原因主要有以下两点：骨架特征经霍夫变化后具有更强的抗干扰能力，鲁棒性较强；相比于骨骼关节的运动，变换后的特征，极大程度上避免了跟踪过程发生漂移现象。在 Weizmann 数据集上，识别精度提升了 8.02%，在 Drone-Action 数据集上，识别准确率则从 52.92% 上升到了 54.58%。Drone-Action 数据集识别准确率整体偏低，其原因在于该数据集中人体行为视频由无人机拍摄，动作行为模糊、视角多变，提取关键点受到极大的干扰。实验结果验证了本章所提方法的有效性，即霍夫变换后的轨迹特征对人体行为识别分类有较好的鲁棒性。

此外，角度特征、轨迹特征（方法 b）经过融合作为视频人体行为表示，实验结果如表 12-3 所示。角度特征和轨迹特征融合后表现出更佳的识别精度。这是因为融合特征既包含了有效的空间位置信息（如角度、形状等），同时能捕获连续视频序列的时间信息（如连续视频帧之间的特征轨迹运动）。因此，在行为识别领域，融合特征比单一特征更具有鲁棒性。

表 12-3 本节所提方法的准确率/%

方法	数据集及识别率			
	KTH	Weizmann	KARD	Drone-Action
角度	94.49	90.32	85.00	57.50
轨迹（b）	93.16	86.07	92.59	54.58
融合特征（角度、轨迹）	98.17	96.77	94.44	79.58

本节所提方法与其他文献在 KTH 和 Weizmann 数据集进行比较，如表 12-4 所示。涂等[20] 提出了一种基于光流和相关主题模型（CTM）的人体复杂动作识别方法，主要利用运动结构（structure from motion，SFM）重建缺失的点轨迹数据，以减轻自遮挡问题对行为分类的影响，最后利用关联主题模型（CTM）的主题模型对动作进行分类。辛格（Singh）等[21] 提出了一种基于子图像直方图均衡化增强和关键姿势轮廓的人体活动识别混合模型以降低光照影响。通过实验表明，本节所提行为识别算法框架相比于上述方法获得了良好的分类效果。在 Weizmann 数据集上，文献［22，23］使用关键位姿的方法识别精度高达 100%，但是本节算法在 KTH 数据集上识别准确率却高出两者，进一步证明了本节模型所构建特征表示的鲁棒性。

表 12-4　KTH、Weizmann 数据集的精确率/%

方法	数据集	
	KTH	Weizmann
尼伯斯等[24]	83.30	90.00
张等[25]	91.33	92.89
龚等[26]	93.17	96.66
Chou 等[27]	90.58	95.56
张和陶[28]	93.50	93.87
涂等[20]	90.60	89.20
阿尔梅达等[29]	96.80	—
辛格等[21]	94.50	97.60
Tran 等[30]	95.67	—
维什瓦卡玛等[22]	95.35	100
刘等[23]	94.8	100
本研究方法	98.17	96.77

在 KTH 数据集上，实验结果的归一化混淆矩阵如图 12-8 所示，平均识别准确率为 98.17%。由混淆矩阵可看出，"慢跑"和"奔跑"两类行为的识别分类容易出现的错误，出现这种状况的原因主要是两种行为的空间运动模式相似。

在 Weizmann 数据集上，使用融合时空特征进行行为识别，准确率为 96.77%。尽管该数据集视频数据较少，本节所提行为识别算法仍能很好地学习视频行为特征，相比于其他行为识别算法，获得了更加优越的识别效果。混淆矩阵如图 12-9 所示。

在 KARD 数据集上，实验结果的归一化混淆矩阵如图 12-10 所示，平均行为识别精度为 94.44%。由图 12-10 可以看出，11 类动作的识别准确率达到了 100%。与 KTH 数据集中的"慢跑"和"跑步"行为类似，本数据集中的"画勾"与"水平挥舞胳膊"两类行为，分类精度较低，分别为 67%、80%。两种行为之间容易出现误判，主要原因在于两类

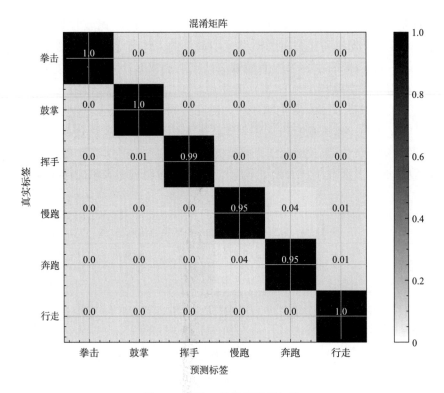

图 12-8 KTH 数据集混淆矩阵

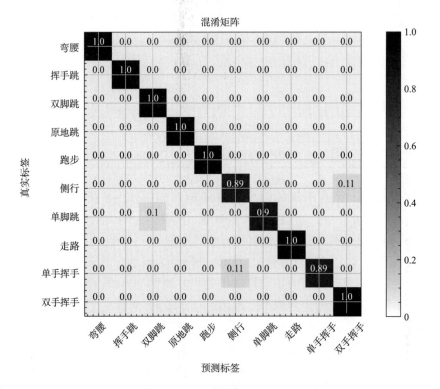

图 12-9 Weizamnn 数据集混淆矩阵

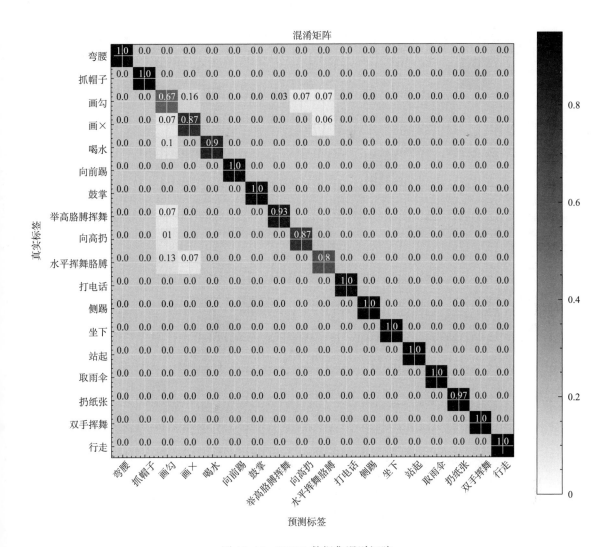

图 12-10　KARD 数据集混淆矩阵

行为均为手臂的空间运动变化。此外，两种动作执行过程中存在较多行为姿态重叠，增加了分类难度。

　　在 Drone-Action 数据集上，数据集整体的识别精度较低。相比于上述三种数据集，Drone-Action 数据集中的视频均采用无人机拍摄，而无人机拍摄角度广，相对于表演者距离较远，视频中存在表演者姿态尺度小、行为运动幅度小等现象，捕获行为具有较大的难度。此外，本数据集中存在相似运动空间模式的行为，如 "拍球" "杆击球"。与佩雷勒（Perera）等[31]所提算法相比，本算法的识别精度提升了 3.66%。此外，错误的行为分类与其保持一致。Drone-Action 数据集的标准化混淆矩阵如图 12-11 所示。

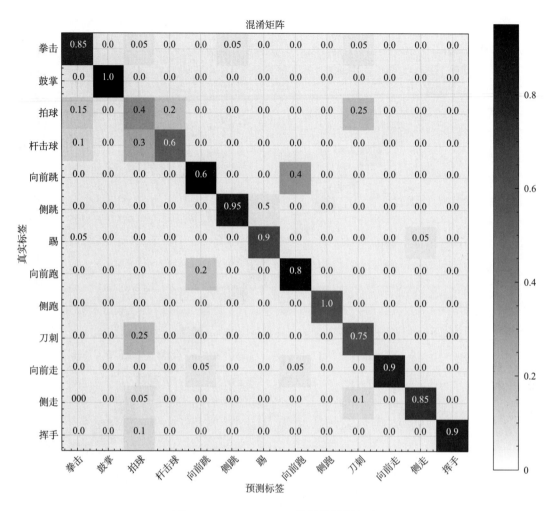

图 12-11　Drone-Action 数据集混淆矩阵

12.3　基于关节引导的全局自适应图卷积网络的骨架行为识别

12.3.1　引言

在基于图卷积的方法中，图拓扑的设计非常重要。最直接的方法是根据人体关节点的自然连接定义一个固定的图，之后还创建了一个可学习的掩码，与物理邻接矩阵相乘或相加，作为物理邻接矩阵的补充。但这些方法中，邻接矩阵采用预定义或数据驱动学习得到，因此图的拓扑缺乏灵活性。受 Non-local 网络[32] 的启发，有学者[33,34] 尝试采用一种非局部（内积）的操作，通过内积的方法计算两个关节点之间的距离，这个距离可以度量两个关节点之间的依赖程度。这种方法在一定程度上能够增强拓扑信息，提高模型的识别性能。然而，仅通过计算两个关节点之间的依赖关系是不够的，其余关节点的上下文信息对于构建可靠且稳定的拓扑结构也同等重要。当涉及较大的肢体部位运动以及各个关节之间的协调运动时，如跳跃和跑步，需要整个腿部关节、手臂关节等大范围肢体的相互协作，而像喝水动作则只需要手臂和手指的运动。因此，可以考虑计算人体关节部位之间的相关性来参与图卷积过程中邻接拓扑图的构建。

空间和时间信息在动作识别任务中具有重要作用，一些研究者在空间或时间维度引入注意力机制，其他维度进行全局平均操作。有学者[35] 认为空间和时间可能存在相互联系，所以仅仅从空间或时间进行加权往往不是最优的方法，需要设计一个联合时间和空间的注意力，来关注特定帧中对识别影响的关节点。

为了捕捉身体关节部位之间的语义相关性，加强对时空特征的学习作为本研究的出发点，我们设计了基于关节引导的全局自适应图卷积网络，该网络由两部分构成，第一个部分是采用注意力机制来引导关节部分语义信息的学习，并联合全局上下文关节点信息构造出更加灵活的拓扑图结构，然后利用 CNN 中解耦合的方法，聚合各通道和对应拓扑图，在不增加大量参数的情况下，进一步提高图卷积的空间表达能力。第二部分是通过设计一个联合时间和空间的注意力，来关注特定帧中对识别影响的关节点。该网络还采用多流架构，利用多种模态的特征，分别是关节点流、骨骼流、关节点运动流和骨骼运动流，最终将每个流的预测分数进行加权融合。在 NTURGB+D60、NTURGB+D120 骨骼数据集上进行实验，实验结果证明了本文方法的有效性，与相关方法的比较，本文方法准确率有明显优势。

12.3.2　整体网络模型框架

在本节中，我们提出了基于关节引导的自适应全局上下文图卷积网络，并在图 12-12 显示了总体的端到端的框架，它是由 6 个块堆栈而成，每个块的输出通道为 64、64、128、128、256 和 256。在开始添加 BN 层以规范化数据，最后进行全局平均化层，将不同样本的特征图池化到相同大小，最终输出到 Softmax 分类器以获得预测结果。其中每个堆栈块包含空间卷积部分，时间卷积部分和一个 Dropout 层，Dropout 设置为 0.5，为了稳定训练，并且为每个块

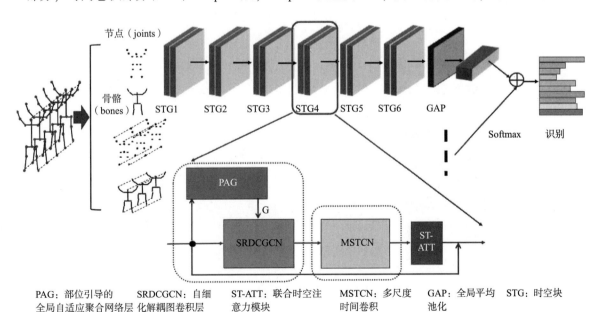

PAG：部位引导的　　SRDCGCN：自细　　ST-ATT：联合时空注　　MSTCN：多尺度　　GAP：全局平均　　STG：时空块
全局自适应聚合网络层　化解耦图卷积层　　意力模块　　　　　时间卷积　　　　池化

图 12-12　整体框架

添加残差连接。空间部分由部位引导的全局自适应聚合网络层（Part Attention Guided net, PAG）和自细化解耦图卷积（Self Refinement Decoupling Graph Convolution, SRDCGCN）组成，时间部分由多尺度时间卷积（Multi-scale time convolution, MSTCN）构成，最后嵌入联合时空注意力模块（Space-Time union Attention, ST-ATT）。随后，我们详细说明了所设计模型的主要模块。

12.3.3 网络模块

（1）部位引导的全局自适应聚合网络层（PAG）

为探索不同身体部位对整个动作序列的影响，我们手动将人体相应关节点分成五个部位，分别为左手、右手、脊柱、左腿、右腿，如图 12-13（b）所示。首先将输入特征沿着时间和关节维度进行全局平均池化，然后通过 Batch Norm 层和 RELU 函数层，随后采用 5 个全连接层计算注意力矩阵，并使用 Softmax 函数确定重要的身体部位。最后将五个部分的特征连接为具有不同权重的整体骨架表示。部位注意力是基于整个时间序列平均获得的全局上下文特征图，可以更好地引导图卷积层中拓扑图的构建和在帧内部位之间的依赖性。部位引导模块如式（12-14）、式（12-15）表示。

$$f_p = F_{\text{in}}(p) \otimes \delta\{\theta[\text{pool}(F_{\text{in}})W]W_p\} \tag{12-14}$$

$$F_{\text{out\_N}} = \text{cat}(\{f_p \mid p = 1, 2, \cdots, 5\}) \tag{12-15}$$

式中：F_{in} 和 $F_{\text{out\_N}}$ 为部位引导模块的输入和输出特征图；$\otimes$ 为元素乘法；θ 和 δ 分别为 ReLU 函数和 Softmax 函数；$W \in \mathbf{R}^{C \times \frac{C}{r}}$ 和 $W_p \in \mathbf{R}^{C \times \frac{C}{r}}$ 为可学习的参数矩阵，其中 W 是所有部分共享的，而 W_p 是每个部分特有的，用于计算最终的注意力权重；$p = 1, 2, 3, 4, 5$ 代表划分的 5 个身体部位。

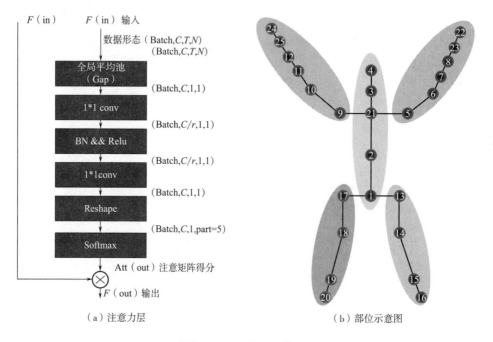

（a）注意力层　　　　　　　　（b）部位示意图

图 12-13　部位引导模块

在 GCN 行为识别模型中，邻接矩阵表示关节点间的依赖关系。由依据先验知识定义的拓扑结构仅包含静态信息，致使关节点之间的关系缺乏灵活性。考虑到全局关节上下文信息的优势，我们通过一个扩展网络生成邻接矩阵。该网络捕获同一个关节在时间和通道上的全局上下文信息，进而生成拓扑图结构。

在图 12-14 所示，首先通过一个全局平均池化获得全局的时间和通道信息，再利用多层感知机将维度为 N 的特征向量映射为 $N \times N$ 邻接矩阵，之后将输出重塑为（Batch, N, N）矩阵，并对矩阵中的每一行进行 L2 归一化操作。生成的动态邻接矩阵具有唯一性，在堆叠块之间不共享。所有关节的全局上下文相关性信息都可以通过训练迭代，由最小分类损失得出全局图 A_{global}，即动态生成具有全局关节上下文信息的图矩阵为式（12-16）。

$$A_{\text{global}} = \text{MLP}\big[\text{Gap}(F_{\text{out\_}N})\big] \tag{12-16}$$

输入 $F_{\text{out\_}N} \in \mathbf{R}^{\text{Batch} \times C \times T \times N}$ 为经过部位引导模块注意力加权的输出。

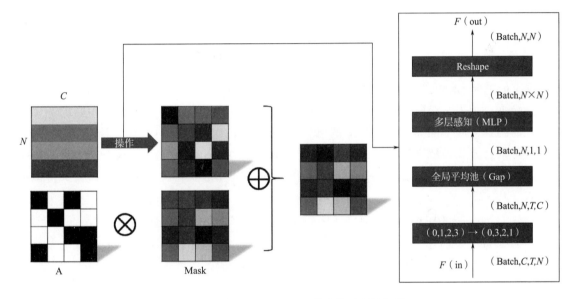

图 12-14 基于全局上下文信息构造邻接矩阵

除了动态生成邻接矩阵，将预先定义的邻接矩阵 A 与构造的可学习参数掩码矩阵 Mask 相乘作为输入，最后通过元素相加的方式将两者生成的矩阵融合形成新的邻接矩阵 G，其定义为式（12-17）。

$$G = A_{\text{global}} + \beta(A_{\text{Original}} \times A_{\text{mask}}) \tag{12-17}$$

式中：A_{Original} 为骨骼节点物理连接图；A_{mask} 为参数化的掩码矩阵，之后引入一个加权系数 β 平衡两种图的关系。

（2）自细化解耦图卷积层（SRDCGCN）

自细化解耦模块如图 12-15 所示，为进一步优化融合后的特征，乘法和加法可以进一步细化和增强特征映射，因此我们使用 1×1 的卷积的将输入特征扩展为通道数 C 的特征 f，同时保留有用的特征，将特征 f 送入解耦图卷积（Decoupling Graph Convolution，DCGCN）以获得用于乘法和加法运算的掩模 w 和偏置 b，其公式可以表示为式（12-18）~式（2-20）。

$$f = \mathrm{CNN}_{1\times1}(f_{\mathrm{in}}) \tag{12-18}$$

$$\boldsymbol{w}, \quad b = \mathrm{DCGCN}(f) \tag{12-19}$$

$$f_{\mathrm{out}} = \sigma(\boldsymbol{w} \odot f + b) \tag{12-20}$$

式中：f_{out} 为细化后的特征。

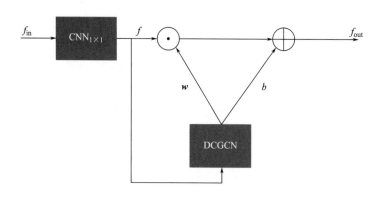

图 12-15　自细化解耦模块（SRDCGCN）

现有的基于 GCN 的骨架识别方法使用的都是耦合聚合的方式，即在所有的通道共享一个邻接矩阵，相当于在所有通道间共享相同的聚合内核。在本节中，笔者在不同的通道应用独立的内核，即不同通道具有独立的可训练相邻矩阵，在图 12-16 中用不同的颜色来表示，这种聚合方式为解耦聚合，通过这种方式可以大大提高 GCN 的空间聚合能力。对每个通道图执行特征聚合，并通过连接所有通道图的输出特征来获得最终输出，其公式可以表示为式（12-21）。

$$f = \mathrm{DCGCN}(\boldsymbol{X}, \boldsymbol{G}) = \left[\boldsymbol{G}_1 x_{:,1} \parallel \boldsymbol{G}_2 x_{:,2} \parallel \boldsymbol{G}_3 x_{:,3} \parallel \cdots \parallel \boldsymbol{G}_c x_{:,c} \right] \tag{12-21}$$

式中：$\boldsymbol{X}$ 为输入特征；f 为经过解耦聚合特征；$\parallel$ 为通道连接；$x_{:,c} \in \mathbf{R}^{N\times1}$ 和 $\boldsymbol{G}_c \in \mathbf{R}^{N\times N}$ 分别为 $\boldsymbol{X}$ 和 $\boldsymbol{G}$ 的第 c 个通道的特征。

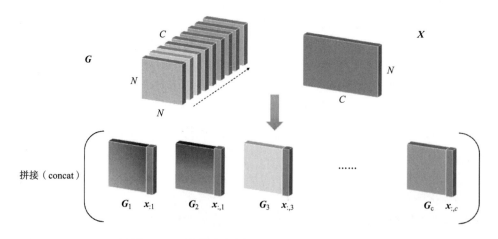

图 12-16　解耦聚合图卷积（DCGCN）示意图

笔者使用 CNN 中的解耦聚合方法，将每个通道的特征与提供对应的拓扑图进行聚合。在整个过程中，我们利用 PAG 模块输出的动态全局图 **G**，并根据输入样本进行推断。因此，该方法可以被视为一种动态图卷积，它会随着不同的输入样本而自适应地变化，如式（12-17）所示。在不增加大量参数的情况下，其很大程度上提高了 GCN 空间聚合的表达能力。

（3）时空联合注意力模块（ST-ATT）

图 12-17 为时空联合注意力模块，首先在空间和时间维度对输入特征分别进行池化，以获取全局时间和空间特征，然后将两个特征向量串联在一起，经过卷积层进一步压缩信息，之后利用两个独立的函数获取关于空间和时间的注意力分数，将两者的分数在通道维度上相乘，以获取全局序列的时空联合注意力分数，其表达式为式（12-22）、式（12-23）。

$$F_{\text{inner}} = \theta \{ [\text{pool}_s(F_{\text{in}}) \oplus \text{pool}_t(F_{\text{in}})] W \} \qquad (12\text{-}22)$$

$$F_{\text{out}} = F_{\text{in}} \otimes [\sigma(F_{\text{inner}} \cdot W_t) \otimes \sigma(F_{\text{inner}} \cdot W_s)] \qquad (12\text{-}23)$$

式中：pool_s 和 pool_t 分别为在空间和时间的池化操作；σ 为 sigmod 函数；θ 为 RELU 激活函数；W、W_t 和 W_s 为可学习的参数。

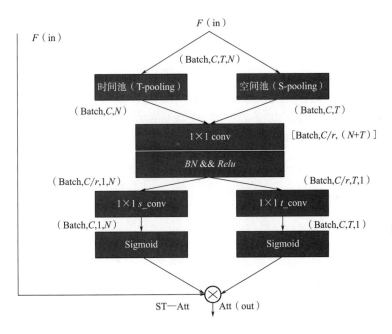

图 12-17　时空联合注意力模块（ST-ATT）

（4）多流融合架构

基于骨架的图卷积方法只关注关节点特征信息和骨骼特征，而忽略了其对应的运动特征信息。在人体骨架图中，两个关节点连接的长度和方向以及同一关节点在相邻两帧之间的运动轨迹提供了更重要的特征信息。在本节中，经过预处理后，输入特征主要分为三类：关节点位置、骨骼特征和其对应的运动特征。

将所有骨骼向量相加来计算重心，使用距离重心较近的关节点作为源关节，距离重心较远的关节点作为目标关节。每个骨骼被表示为从其源关节点指向其目标关节点的向量。例如，对于给定帧 t，其源关节 $v_t^i = (x_t^i, y_t^i, z_t^i)$ 及其目标关节 $v_t^j = (x_t^j, y_t^j, z_t^j)$，则骨骼的向量可表示为 $e_t^{ij} = (x_t^j - x_t^i, y_t^j - y_t^i, z_t^j - z_t^i)$。由于根关节未指定给任何骨骼，关节点数比骨骼数多一个,因此将一个值为 0 的空骨骼分配给根关节。对于运动信息,相同关节或骨骼在两个连续视频帧之间的差。例如,第 t 帧的关节点 $v_t^i = (x_t^i, y_t^i, z_t^i)$,对应在 $t+1$ 帧的关节点 $v_{t+1}^i = (x_{t+1}^i, y_{t+1}^i, z_{t+1}^i)$,$v_t^i$ 和 v_{t+1}^i 之间的运动信息可表示为 $m_{t,t+1}^i = (x_{t+1}^i - x_t^i, y_{t+1}^i - y_t^i, z_{t+1}^i - z_t^i)$。

整体架构如图 12-12 所示。关节、骨骼及其运动作为输入,最后使用加权总和融合多个流的 Softmax 分数,以获得动作分数并预测动作标签。

12.3.4 实验设置与结果分析

(1)实验设置

所有实验均使用 PyTorch 深度学习框架实现,最大训练次数设置为 130。初始学习速率设置为 0.1,并在第 10 轮后随余弦时间表衰减。此外,在前 10 个阶段应用预热策略,将学习率从 0 逐渐增加到初始值,以实现稳定的训练过程。采用动量为 0.9、权重衰系数减为 0.0001 的随机梯度下降(SGD)来调整参数。此外,在最终全连接层之前添加一个概率为 0.25 的 Dropout 层,以避免过度拟合。笔者在注意力模块中的卷积块中使用 Swish 激活函数,与 ReLU 函数相似,其光滑且处处可微。所有的实验都是在 2 块 TeslaV100 GPU 服务器上进行的。

(2)实验结果与分析

在本研究中,笔者在两个大规模数据集,即 NTURGB+D60 和 NTURGB+D120 上评估了提出的模型,还进行了消融实验,以验证模型中每个成分的贡献。最后,通过结果分析和可视化验证了该方法的有效性。此外,笔者在 ST-GCN 和 1s-AGCN 上调整其学习率,使其获得更好的性能,如表 12-5 所示,在 NTU—RGBD 数据集上的原始性能为 90.70%,并将其作为实验的基线。

表 12-5　模块分析实验结果

方法	GCN	ATT	MSTCN	Params/M	Top-1/%
ST-GCN	√	—	√	3.10	90.70
1s-AGCN	A_k, B_k, C_k	—	√	3.47	93.70
1s-本研究	PAG		√	2.92	95.09
	PAG+SRDCGCN	—	√	2.97	95.39
	PAG+SRDCGCN	ST-ATT	√	3.12	95.56

注　1s 表示单流。

①验证全局关节上下文信息对模型的影响

1s-AGCN 是对 ST-GCN 的进一步优化,通过参数化的方式对 GCN 中拓扑图的改进,在表 12-5 中 C_k 为 1s-AGCN 所设计的图结构,它通过归一化嵌入高斯函数来计算两个顶点之间相似度,以确定关节之间的连接强度。本研究所提出的 PAG 模块,在学习骨架拓扑时,由注意力机制引导关节语义信息参与图卷积过程中图结构的构建,同时内部的扩展网络能够从关节维度进行学习丰富的全局关节上下文信息。结果表明,PAG 模块提高了约 2% 的性能,进一步验证了本研究的动机,即周围关节对于学习动态骨架拓扑图的重要性。

为了显示本研究模型是如何工作的，笔者通过计算一些动作序列的注意力图，如图 12-18 所示，显示了几个采样帧的关节激活图。从图 12-19 中可以看出，"喝水"和"吃"这两个动作所有注意信息集中在手部关节，"扔"这一动作是靠手部关节和腿部关节的协调运动，因此模型对手部和腿部赋予了更高的注意力权重，在"坐"的动作中，模型对于下肢和手臂的关注度更高。

图 12-18　可视化样本动作注意力权重图

②自细化解耦模块

在表 12-5 中，笔者观察到，当自细化解耦图卷积（SRDCGCN）代替 ST-GCN 的卷积层后，模型参数量仅增加 0.05M，性能提高了约 0.3%，这也验证了细化解耦图卷积的有效性。在 ST-GCN 中静态拓扑图在卷积过程中是共享的，而本研究提出的细化解耦图卷积模块，将每个通道特征与相对应的拓扑图进行聚合，并通过乘法和加法操作来细化增强特征。

③加入时空联合注意力模块后

该模型准确性提高了约 0.5%。这表明插入注意力模块的重要性，时空联合注意力可以从整体骨架序列中的重要帧中挖掘更多的关节信息。图 12-19 为可视化两个随机样本关于节点索引（joints）的注意力图，每个子图由上至下为图卷积在各阶段的注意力权重图。前两行子图显示了时空联合注意力对空间关节具有更强的选择，而第三行子图则揭示了该模块对时间帧具有很强的区分性。

为了证明本章的模型与基线的改进，笔者分别绘制了 1s-AGCN 和本章模型的混淆矩阵和类级准确率图（图 12-20、图 12-21），它们都在 NTURGB+D 60 数据集以交叉视图（X-View）方式进行测试的。在混淆矩阵中，X 轴的标签是预测标签，Y 轴的是真实标签，矩阵中的元素为分类准确率。两个模型中动作"穿鞋"的分类准确率相差 16%，本模型在"吃零食""刷牙""打电话""敲键盘"等几个动作类别超过 1s-AGCN 至少 10% 的准确率。1s-AGCN 将"写"动作错误识别为"敲键盘"，而本研究的模型能够将其纠正过来。

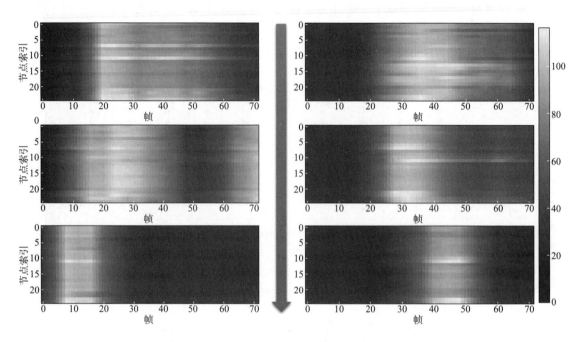

图 12-19　注意力激活图

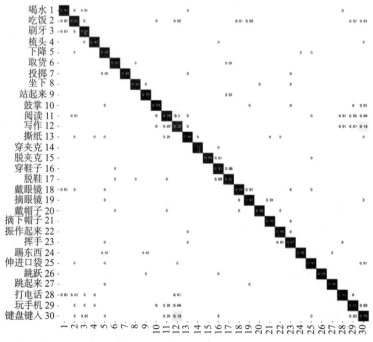

（a）1s-AGCN

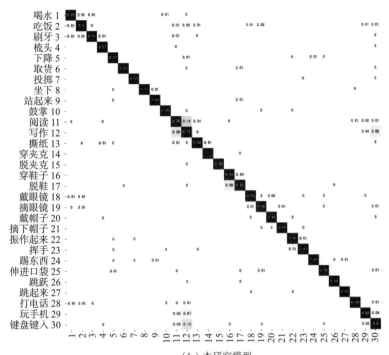

（b）本研究模型

图 12-20　混淆矩阵

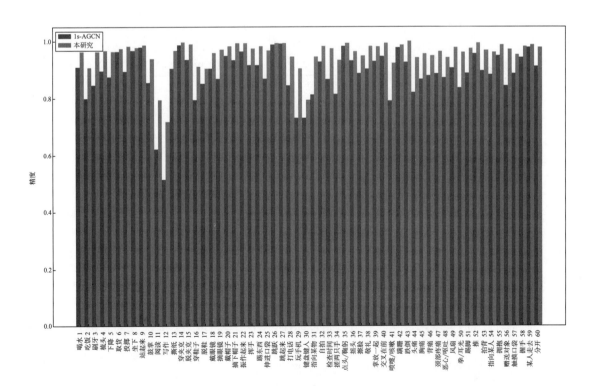

图 12-21　类级准确点头率图

最后，笔者在 NTU-RGB+D 和 NTU-RGB+D120 数据集上比较了本研究提出的模型与基于骨架的最先进动作识别模型的表现，如表12-6所示。现有许多先进方法都采用多模态融合框架。本研究的方法成功融合了四种模态结果，即关节、骨骼、关节运动和骨骼运动。结果表明，本研究方法在几乎所有评估基准下均优于现有方法。

表 12-6 本研究算法和其他先进算法对比结果

方法	NTU 60	NTU 60	NTU 120	NTU 120
	X-Sub	X-View	X-Sub	X-Set
HCN[36]	86.5	91.1	—	—
AGC-LSTM[37]	89.2	95.0	—	—
ST-GCN[38]	81.5	88.3	70.7	73.2
2s-AGCN[34]	88.5	95.1	82.9	84.9
Dynamic GCN[39]	91.5	96.0	87.3	88.6
FGCN[40]	90.2	96.3	85.4	87.4
MS-G3D[41]	91.5	96.2	86.9	88.4
Efficient GCN[42]	92.1	96.1	88.7	88.9
本研究方法（输入模态）				
（关节）	89.95	95.77	86.83	86.00
（骨骼）	88.21	94.47	84.58	82.45
（关节+骨骼+关节运动+骨骼运动）	91.17	96.65	89.81	88.78

12.4 本章小结

本章基于视频中人体骨架特征提取视频中人体行为的深度特征。主要有两个方面的内容：

提出了采用人体骨架信息为输入进行人体行为识别研究的算法框架。首先，通过二维姿态开源项目 OpenPose 提取出视频数据集中人体的关键骨骼点坐标。其次，通过相邻的坐标点构建骨骼关节向量，而后通过相邻的骨骼关节向量计算出人体主要部位的角度特征。除此之外，将骨骼关节向量映射到霍夫空间，以霍夫空间中点的运动轨迹表征现实状态下骨骼关节的运动轨迹，提取出轨迹特征，随后将空间特征（角度特征）和时间特征（轨迹特征）融合成时空特征并进行 FV 编码，编码后的时空特征输送到线性 SVM 分类器中进行视频行为分类。结果表明，转换后的霍夫空间轨迹特征表现出更优秀的性能。此外，融合后的时空特征比单一空间特征或单一时间特征取得了更加出色的识别性能。

提出了一种基于关节引导的全局自适应图卷积网络，旨在通过注意力机制引导模型对于关节语义的学习，并联合全局上下文关节信息和局部关节信息构造更加灵活的拓扑图结构，然后利用 CNN 中解耦合的方法，聚合各通道和对应拓扑图，在不增加大量参数的情况下，进一步提高图卷积的空间表达能力。为了关注对识别影响的关节，设计了一个联合时间和空间的注意力机制。此外，该网络采用多流架构，结合关节点流、骨骼流、关节点运动流和骨骼运动流等多种模态的特征，最终将每个流的预测分数进行加权融合。

参考文献

［1］ ZIAEEFARD M, EBRAHIMNEZHAD H. Hierarchical human action recognition by normalized-polar histogram ［C］//2010 20th International Conference on Pattern Recognition. Istanbul, Turkey. IEEE, 2010：3720-3723.

［2］ XIA L, CHEN C C, AGGARWAL J K. View invariant human action recognition using histograms of 3D joints ［C］//2012 IEEE Computer Society Conference on Computer Vision and Pattern Recognition Workshops. Providence, RI, USA. IEEE, 2012：20-27.

［3］ YANG X D, TIAN Y L. EigenJoints-based action recognition using Naïve-Bayes-Nearest-Neighbor ［C］// 2012 IEEE Computer Society Conference on Computer Vision and Pattern Recognition Workshops. Providence, RI, USA. IEEE, 2012：14-19.

［4］ ELLIS C, MASOOD S Z, TAPPEN M F, et al. Exploring the trade-off between accuracy and observational latency in action recognition ［J］. International Journal of Computer Vision, 2013, 101 (3)：420-436.

［5］ HUSSEIN M E, TORKI M, GOWAYYED M A, et al. Human action recognition using a temporal hierarchy of covariance descriptors on 3D joint locations ［C］//Proceedings of the Twenty-Third international joint conference on Artificial Intelligence. August 3-9, 2013, Beijing, China. ACM, 2013：2466-2472.

［6］ 冉宪宇, 刘凯, 李光, 等. 自适应骨骼中心的人体行为识别算法 ［J］. 中国图象图形学报, 2018, 23 (4)：519-525.

［7］ WANG P C, LI Z Y, HOU Y H, et al. Action recognition based on joint trajectory maps using convolutional neural networks ［C］//Proceedings of the 24th ACM international conference on Multimedia. October 15-19, 2016, Amsterdam, The Netherlands. ACM, 2016：102-106.

［8］ LI C, SUN S Q, MIN X, et al. End-to-end learning of deep convolutional neural network for 3D human action recognition ［C］//2017 IEEE International Conference on Multimedia & Expo Workshops (ICMEW). Hong Kong, China. IEEE, 2017：609-612.

［9］ LI Y S, XIA R J, LIU X, et al. Learning shape-motion representations from geometric algebra spatio-temporal model for skeleton-based action recognition ［C］//2019 IEEE International Conference on Multimedia and Expo (ICME). Shanghai, China. IEEE, 2019：1066-1071.

［10］ LEE I, KIM D, KANG S, et al. Ensemble deep learning for skeleton-based action recognition using temporal sliding LSTM networks ［C］//2017 IEEE International Conference on Computer Vision (ICCV). Venice, Italy. IEEE, 2017：1012-1020.

［11］ WANG H S, WANG L. Modeling temporal dynamics and spatial configurations of actions using two-stream recurrent neural networks ［C］//2017 IEEE Conference on Computer Vision and Pattern Recognition (CVPR). Honolulu, HI, USA. IEEE, 2017：3633-3642.

［12］ LIU J, SHAHROUDY A, XU D, et al. Spatio-temporal LSTM with trust gates for 3D human action recognition ［C］//European Conference on Computer Vision. Cham：Springer, 2016：816-833.

［13］ REN B，LIU M Y，DING R W，et al. A survey on 3D skeleton-based action recognition using learning method［EB/OL］. 2020：arXiv：2002. 05907. http：//arxiv. org/abs/2002. 05907.

［14］ LIU J，WANG G，HU P，et al. Global context-aware attention LSTM networks for 3D action recognition［C］//2017 IEEE Conference on Computer Vision and Pattern Recognition（CVPR）. Honolulu，HI，USA. IEEE，2017：3671-3680.

［15］ SHI L，ZHANG Y F，CHENG J，et al. Two-stream adaptive graph convolutional networks for skeleton-based action recognition［C］//2019 IEEE/CVF Conference on Computer Vision and Pattern Recognition（CVPR）. Long Beach，CA，USA. IEEE，2019：12018-12027.

［16］ HUANG Z，SHEN X，TIAN X M，et al. Spatio-temporal inception graph convolutional networks for skeleton-based action recognition［C］//Proceedings of the 28th ACM International Conference on Multimedia. October 12-16，2020，Seattle，WA，USA. ACM，2020：2122-2130.

［17］ SHI L，ZHANG Y F，CHENG J，et al. Skeleton-based action recognition with directed graph neural networks［C］//2019 IEEE/CVF Conference on Computer Vision and Pattern Recognition（CVPR）. Long Beach，CA，USA. IEEE，2019：7904-7913.

［18］ YAN S J，XIONG Y J，LIN D H. Spatial temporal graph convolutional networks for skeleton-based action recognition［J］. Proceedings of the AAAI Conference on Artificial Intelligence，2018，32（1）：1-10.

［19］ 郑潇，彭晓东，王嘉璇. 基于姿态时空特征的人体行为识别方法［J］. 计算机辅助设计与图形学学报，2018，30（9）：1615-1624.

［20］ TU H B，XIA L M，WANG Z W. The complex action recognition via the correlated topic model［J］. The Scientific World Journal，2014，2014：810185.

［21］ SINGH T，VISHWAKARMA D K. A hybrid framework for action recognition in low-quality video sequences［EB/OL］. 2019：arXiv：1903. 04090. http：//arxiv. org/abs/1903. 04090.

［22］ VISHWAKARMA D K，SINGH T. A visual cognizance based multi-resolution descriptor for human action recognition using key pose［J］. AEUE-International Journal of Electronics and Communications，2019，107：157-169.

［23］ LIU L，SHAO L，ZHEN X T，et al. Learning discriminative key poses for action recognition［J］. IEEE Transactions on Cybernetics，2013，43（6）：1860-1870.

［24］ NIEBLES J C，LI F F. A hierarchical model of shape and appearance for human action classification［C］//2007 IEEE Conference on Computer Vision and Pattern Recognition. Minneapolis，MN，USA. IEEE，2007：1-8.

［25］ ZHANG Z M，HU Y Q，CHAN S，et al. Motion context：A new representation for human action recognition［C］//European Conference on Computer Vision. Berlin，Heidelberg：Springer，2008：817-829.

［26］ GONG J，CALDAS C H，GORDON C. Learning and classifying actions of construction workers and equipment using Bag-of-Video-Feature-Words and Bayesian network models［J］. Advanced Engineering Informatics，2011，25（4）：771-782.

［27］ CHOU K P，PRASAD M，WU D，et al. Robust feature-based automated multi-view human action recognition system［J］. IEEE Access，2018，6：15283-15296.

［28］ ZHANG Z，TAO D C. Slow feature analysis for human action recognition［J］. IEEE Transactions on Pattern Analysis and Machine Intelligence，2012，34（3）：436-450.

［29］ DE ALCANTARA M F，MOREIRA T P，PEDRINI H，et al. Action identification using a descriptor with autonomous fragments in a multilevel prediction scheme［J］. Signal，Image and Video Processing，2017，11（2）：325-332.

［30］ TRAN K, KAKADIARIS I, SHAH S. Modeling motion of body parts for action recognition ［C］ //Proceedings ofthe British Machine Vision Conference 2011. Dundee. British Machine Vision Association, 2011: 1-12.

［31］ PERERA A G, LAW Y W, CHAHL J. Drone-action: An outdoor recorded drone video dataset for action recognition ［J］. Drones, 2019, 3 (4): 82.

［32］ BUADES A, COLL B, MOREL J M. A non-local algorithm for image denoising ［C］ //2005 IEEE Computer Society Conference on Computer Vision and Pattern Recognition (CVPR). San Diego, CA, USA. IEEE, 2005: 60-65.

［33］ LI B, LI X, ZHANG Z F, et al. Spatio-temporal graph routing for skeleton-based action recognition ［J］. Proceedings of the AAAI Conference on Artificial Intelligence, 2019, 33 (1): 8561-8568.

［34］ SHI L, ZHANG Y F, CHENG J, et al. Two-stream adaptive graph convolutional networks for skeleton-based action recognition ［C］ //2019 IEEE/CVF Conference on Computer Vision and Pattern Recognition (CVPR). Long Beach, CA, USA. IEEE, 2019: 12018-12027.

［35］ HOU Q B, ZHOU D Q, FENG J S. Coordinate attention for efficient mobile network design ［C］ //2021 IEEE/CVF Conference on Computer Vision and Pattern Recognition (CVPR). Nashville, TN, USA. IEEE, 2021: 13708-13717.

［36］ LI C, ZHONG Q Y, XIE D, et al. Co-occurrence feature learning from skeleton data for action recognition and detection with hierarchical aggregation ［C］ //Proceedings of the Twenty-Seventh International Joint Conference on Artificial Intelligence. July 13-19, 2018. Stockholm, Sweden. California: International Joint Conferences on Artificial Intelligence Organization, 2018: 786-792.

［37］ SI C Y, CHEN W T, WANG W, et al. An attention enhanced graph convolutional LSTM network for skeleton-based action recognition ［C］ //2019 IEEE/CVF Conference on Computer Vision and Pattern Recognition (CVPR). Long Beach, CA, USA. IEEE, 2019: 1227-1236.

［38］ YAN S J, XIONG Y J, LIN D H. Spatial temporal graph convolutional networks for skeleton-based action recognition ［J］. Proceedings of the AAAI Conference on Artificial Intelligence, 2018, 32 (1): 7444-7452.

［39］ YE F F, PU S L, ZHONG Q Y, et al. Dynamic GCN: Context-enriched topology learning for skeleton-based action recognition ［C］ //Proceedings of the 28th ACM International Conference on Multimedia. October 12-16, 2020, Seattle, WA, USA. ACM, 2020: 55-63.

［40］ YANG H, YAN D, ZHANG L, et al. Feedback graph convolutional network for skeleton-based action recognition ［J］. IEEE Transactions on Image Processing, 2022, 31: 164-175.

［41］ LIU Z Y, ZHANG H W, CHEN Z H, et al. Disentangling and unifying graph convolutions for skeleton-based action recognition ［C］ //2020 IEEE/CVF Conference on Computer Vision and Pattern Recognition (CVPR). Seattle, WA, USA. IEEE, 2020: 140-149.

［42］ SONG Y F, ZHANG Z, SHAN C F, et al. Constructing stronger and faster baselines for skeleton-based action recognition ［J］. IEEE Transactions on Pattern Analysis and Machine Intelligence, 2023, 45 (2): 1474-1488.